Roloff (Hg.) – Trockenstress bei Bäumen

Herausgegeben von
Andreas Roloff

Trockenstress bei Bäumen

Ursachen • Strategien • Praxis

Autor:innen:
Anne Dreßler, Britt Kniesel, Doris Krabel, Liu Ming,
Ulrich Pietzarka, Andreas Roloff, Lauritz Schrader

Quelle & Meyer Verlag Wiebelsheim

Adresse der Autor:innen:
Institut für Forstbotanik und Forstzoologie
Fakultät Umweltwissenschaften
Technische Universität Dresden
Pienner Str. 7
01737 Tharandt
Tel. 0351-463 31202 (Sekretariat)
www.tu-dresden.de/forstbotanik

Bibliografische Information der Deutschen Nationalbibliothek
Die Deutsche Nationalbibliothek verzeichnet diese Publikation in der Deutschen Nationalbibliografie; detaillierte bibliografische Daten sind im Internet über http://dnb.d-nb.de abrufbar.

Umschlagabbildungen: Andreas Roloff (3), Sven Herzog, Lauritz Schrader
Druck und Verarbeitung: Westermann Druck Zwickau GmbH
Printed in Germany/Imprimé en Allemagne
ISBN 978-3-494-01858-4

Inhalt

Intro: Bedeutung des Themas, Ausrichtung und Zielgruppen

Andreas Roloff

Trockenstress ist *das* Thema unserer Zeit (Abb. 0.1). Durch die Klimawandel-Diskussion, spätestens aber infolge der Sommer 2018, 2019 und 2020 möchten viele Städte und Gemeinden, Wald- und Parkverantwortliche sowie Stadtgrün-Planer wissen, wie man auf Trockenstress reagieren kann und welche die geeignet(st)en „Zukunfts-Baumarten" sind, die mit den erwarteten Klimaveränderungen (welche auch immer dies sind) am besten zurechtkommen und auch in 50 bis 100 Jahren noch ihre Funktionen erfüllen können.

Um zu Entscheidungen zu gelangen und Antworten auf diese Fragen zu finden, ist umfassendes Wissen darüber notwendig,

- was Trockenstress ist und welche Einflussfaktoren dafür besonders wichtig sind,
- welche Anpassungsstrategien dazu bei Bäumen auftreten,

Abb. 0.1: Erfolgreiche Trockenstress-Anpassung einer Robiniengruppe (im August 2019) – die Bäume noch grün, während ansonsten die Vegetation auf großen Flächen vertrocknet ist

- wie schon in der Baumschule und bei Baumpflanzungen darauf reagiert werden kann,
- welche Schadsymptome und -erreger in Verbindung mit Trockenstress wichtiger werden,
- welche Bedeutung und Erklärungsansätze Holzanatomie und Jahrringe, Trieblängen-Messungen, Genetik und Baumphysiologie dabei haben,
- welche Baumarten mögliche Favoriten sind und ob kleine Baumarten Vorteile bringen,
- was zu wenig Wasser (Trockenstress) mit zuviel Wasser (Vernässung) zu tun hat.

In diesem Handbuch soll der Stand des Wissens aus der Sicht unserer Untersuchungen am Lehrstuhl für Forstbotanik und im Forstbotanischen Garten der TU Dresden dargestellt werdeni wobei auch viele offene Fragen angesprochen werden. So erreichen unser Institut viele Anfragen dazu, da wir uns mit dem Thema seit über 25 Jahren befassen, dazu forschen und publiziert haben (Abb. 0.2).

Abb. 0.2: Erfolgreiche Anpassung an Trockenstress durch kleine Blätter mit dicker Cuticula an einer Rot-Buche, freistehend auf einem Sandstandort: mit sehr gutem Jahreszuwachs der Trieblängen 2018 bis 2020

Während bis 2019 Trockenstress schon länger eines von mehreren wichtigen Themen der Baumarten-Bewertung und -Findung war, ist es spätestens mit den Sommern 2019 und 2020 wohl inzwischen überall ganz nach vorne gerückt: Ohne Berücksichtigung der bauminternen Reaktionen und Abläufe bei Trockenstress kann man Trockenstress-Anpassung und -Toleranz schwer verstehen und daraus Handlungsempfehlungen ableiten. Aber auch für die Baumartenauswahl bzw. -bewertung, für welchen Standort auch immer, muss diese Anforderung aus unserer Sicht nun überall höchste Priorität erhalten: Dieser Leitfaden möchte dazu beitragen, fundiertere Entscheidungen zu treffen, wenn es um die Baumarten der Zukunft geht, oft bezeichnet als „Zukunfts-" oder „Klimabäume".
Wir Autor'innen hoffen, mit diesem Buch Hilfestellungen zu geben bei den vielen aktuellen Fragen zum Klimawandel und seinen Auswirkungen sowie für einen angepassten Baumbestand. Natürlich ist uns bewusst, dass es mehr wichtige Faktoren für die Baumartenwahl gibt als nur Trockenstress – dafür haben wir z. B. die Datenbank Citree entwickelt, mit bis zu 65 Wunsch- oder Ausschlusskriterien für fast 400 Baumarten und Sorten, sodass damit wohl die meisten Wünsche und Anforderungel erfüllt werden können (www.citree.de).
Zielgruppen dieses Handbuches sind vor allem Grünplaner, Landschafts-Architekten, Park-, Wald- und Baumverantwortliche, Gartenbau- und Baumschul-Praktiker, Studierende dieser Fachgebiete, ebenso aber auch interessierte Laien, Gartenbesitzer und Baumliebhaber.

1 Was ist Trockenstress und welche Einflussfaktoren sind besonders wichtig?

(Andreas Roloff)

Der scheinbar selbe Trockenstress kann bei verschiedenen Bäumen auch derselben Art zu ganz unterschiedlichen Reaktionen führen (Abb. 1.1) – darüber kann man oft nur staunen und versuchen, Erklärungen zu finden.

1.1 Begriffsklärung und Zielstellung

Wenn man über die Reaktionen von Bäumen auf Trockenstress nachdenkt, spricht oder schreibt, ist zunächst wichtig, einige Begriffe zu klären, da sie in der Literatur durchaus unterschiedlich verwendet werden und nicht jeder dasselbe meint. Die für das Thema dieser Abhandlung wichtigsten Begriffe sind folgende (vgl. Kap. 6 bis 9):

Abb. 1.1: Trockenstress-Anpassung und -reaktionen mehrerer Birnbäume, teils noch reversibel, links im Bild bereits final

- **Umgang mit Stress:**
  Entscheidend ist die genetische Grundausstattung mit erfolgter Modifikation durch die Umwelt. Die Anpassung kann erfolgreich und erfolglos sein – erfolgreiche Anpassung kommt z. B. durch Änderung von Eigenschaften zustande (Plastizität).
- **Trockenstress:**
  Er bezeichnet einen Belastungszustand durch Wassermangel – dieser zwingt Bäume zu Reaktionen der Trockenstress-Anpassung, welche kurzfristig oder langfristig erfolgen und sichtbar oder unsichtbar sein können.
- **Trockenstress-Anpassung:**
  Der Begriff beschreibt Reaktionen auf Trockenstress, also den Prozess bzw. die Strategie mit Wassermangel umzugehen. Dies kann erfolgreich sein, dann weist die Baumart Trockenstress-Toleranz auf. Die Reaktionen können aber auch erfolglos sein mit der Folge von Schäden bis hin zum Absterben von Organen, Kronenteilen oder des ganzen Baumes.
- **Trockenstress-Toleranz:**
  Sie beschreibt die erfolgreiche Anpassung an Trockenstress – die Baumart ist dann an Trockenstress angepasst. Dies ist auf zwei möglichen Wegen realisierbar, die sich allerdings längst nicht immer deutlich unterscheiden und zuordnen lassen:
  Ertragen von Trockenstress: z. B. durch Erreichen von weiteren Wasservorräten im Boden infolge Absenken des Wasserpotenzials (aber: höheres Risiko der Embolie-Anfälligkeit) oder mittels tiefer Wurzeln, wodurch eine längere Transpirationskühlung und Photosynthese ermöglicht wird.
  Trockenstress-Vermeidung (oder -verzögerung): durch morphologische Anpassungen (Blattbehaarung, Kurztriebe, Wasserspeicher im Stamm, etc.), sodass das Wasserpotenzial ±stabil gehalten werden kann.

Beim Thema Trockenstress und Stadtbaum-Verwendung ist vorweg darauf hinzuweisen: Es muss in erster Linie darum gehen, dass die Bäume möglichst viele Blätter (viel Blattfläche) und diese auch so lange wie möglich tragen, wenn sie ihre Funktionen optimal erfüllen sollen, z. B. Beschattung, Kühlung, Transpiration und Luftfilterung, im Wald Holzproduktion. Ein Baum, der bereits im Juli seine Blätter abwirft, um sich vor Wasserverlusten zu schützen oder wegen Schädlingen, kann für den oft besonders warmen Rest der Vegetationszeit dann diese Funktionen nicht oder nur noch (sehr) eingeschränkt erfüllen (Abb. 1.2, 1.3), selbst wenn viele sonstige Funktionen des Baumes wie z. B. Lebensraum und Biodiversität erhalten bleiben und weiterhin positiv zu bewerten sind.

1.2 Die Trockenstress-Sommer 2018, 2019 und 2020

Die Sommer 2018, 2019 und 2020 waren, zumindest in weiten Teilen Deutschlands (aber nicht in allen!), sehr trocken (DWD 2019), und man sah und sieht es immer noch vielen Bäumen deutlich an, dass sie mit den Wasserversorgungs-Verhältnissen Probleme hatten (Abb. 1.2, 1.3). In größeren Regionen, vor allem Ostdeutschlands und auf Sandböden,

Abb. 1.2: Bäume mit Blattschäden und Zweigen ohne Blätter können ab August ihre wichtigsten Funktionen wie z. B. Beschattung und Luftfilterung nicht mehr optimal erfüllen (Spitz-Ahorn August 2019).

ist das Grundwasser inzwischen vom verfügbaren Wasser nahe der Bodenoberfläche entkoppelt, d. h. das Grundwasser einschließlich kapillarem Aufstieg ist dort nicht mehr von den Bäumen erreichbar, außer für Altbäume von Pfahlwurzlern wie Eiche, Kiefer, Ginkgo. Somit werden Kurzzeitniederschläge und die Oberbodendurchwurzelung für die Anpassung der Bäume immer wichtiger, um in Trockenperioden zu überleben. Allerdings gab es währenddessen auch – gar nicht so wenige – Areale, in denen es den Bäumen offensichtlich ziemlich gut ging, sie also keine Stress-Symptome zeigten. Wenn man versucht, die Ursachen dafür zu finden, fiel auf, dass es durchaus häufiger Standorte mit Grundwasseranschluss in 1–2 m Tiefe gibt, auch verbreitet in vielen Städten. Dort hatten die älteren Bäume trotz der ausbleibenden Niederschläge noch genug Wasser von unten zur Verfügung und haben die strahlungsintensiven Hitzeperioden nicht nur gut verkraftet, sondern sogar regelrecht ausgenutzt, z. B. mit besonders guten Zuwächsen.
Auch bestimmte Baumarten mit nichtheimischer Herkunft wirkten selbst auf trockenen Standorten unvermindert wüchsig und vital, mehr dazu in den Kapiteln 12 und 13.

Abb. 1.3: Trockenschäden an Sommer-Linde im Juli 2018

1.3 Was am Trockenstress ist für seine Auswirkungen wichtig?

Für die Beurteilung von Anpassungsreaktionen an Trockenstress sind folgende Faktoren besonders entscheidend (Nennung von 10 Faktoren, ohne Anspruch auf Vollständigkeit, vgl. auch Kap. 2–11).

- **Zeitraum des Auftretens:**
  Dabei sind Herbst und Winteranfang meist relativ unproblematisch, Sommer und insbesondere Frühjahr hingegen kritischer zu sehen.
- **Dauer:**
  Bis zu 4 Wochen sind meist unproblematisch, 2–3 Monate hingegen kritisch, insbesondere bei Wiederholung innerhalb einer Vegetationsperiode.
- **Vorerfahrung/-schädigung:**
  Hat bereits nicht allzu lange zuvor eine kritische Trockenphase stattgefunden, sind die Auswirkungen i. d. R. viel bedeutsamer als beim ersten Mal. War der erste

Trockenstress jedoch moderat, kann er auch zu besserer Anpassung der Bäume bei nachfolgenden Trockenstressperioden führen. Dies ist z. B. bei etlichen Bäumen die einzig denkbare Erklärung dafür, dass sie 2020 trotz trockener Standorte immer noch sehr gut ausgesehen haben und gewachsen sind (vgl. Kap. 8, 9).

- **Kombination mit anderen Stressfaktoren** :
  Hier sind z. B. Hitze, Wind, intensive Strahlung, Frost, Ozon oder Pathogene zu nennen, die sich verstärkend auf die Stress-Intensität auswirken (vgl. Kap. 5).
- **Wassermangel im Boden oben/unten, (Mikro-)Standort**:
  Ist der Boden nur oberflächlich ausgetrocknet, verursacht dies deutlich weniger Stress, als wenn er bereits tiefgründig Wassermangel aufweist. Je nach Bodenart kann dabei der nutzbare Wasservorrat sehr unterschiedlich sein. Ebenso ist der Mikrostandort mit seinem Wasserspeichervermögen gerade in der Stadt oft entscheidend: unerwartete Wasserreservoire können z. B. über Verdichtungshorizonten oder Betonflächen, an Wasseradern und Zusammenflüssen von Niederschlägen entstehen (vgl. Kap. 10).
- **Lufttrockenheit**:
  Sie kann durch Nachschub von Wasser aus dem Boden eine Zeit lang kompensiert werden, solange für die Transpiration der Blätter von dort noch Reserven verfügbar sind. Wenn dieser Nachschub fehlt, wirkt Lufttrockenheit (insbesondere in Verbindung mit Wind) deutlich stressverschärfend.
- **Blätter, Zweige, Stamm, Wurzeln**:
  Die Organe eines Baumes reagieren sehr unterschiedlich sichtbar auf Trockenstress: die Blätter relativ frühzeitig und gut sichtbar, Zweige und Knospen deutlich schwächer und verzögert sowie schwieriger sichtbar wie auch die Wurzeln, am wenigsten der Stamm. Der Baum kann auch nach längerer Trockenheit bei Eintreten von Niederschlagsperioden noch Monate später wieder neu austreiben, anfangs aus regulären Knospen an den Zweigen, im fortgeschrittenen Stadium aus schlafenden Knospen – bis hin zum Neuaufbau einer „Sekundärkrone" (Abb. 1.4).
- **Baumalter**:
  Jungbäume sind unmittelbar nach der Pflanzung am stärksten gefährdet (Abb. 1.5), können allerdings meist auch am einfachsten bewässert werden. Mittelalte Bäume haben oft bereits hilfreiche Mikro-Wasserreservoire im Boden erschlossen und ihre Wurzeln ins Umfeld entwickelt. Altbäume sind i. d. R. am wenigsten anfällig, aber gerade bei diesen kann es auch kritisch werden, wenn sie neue oder extreme Wassermangel-Situationen erfahren, denn sie müssen ja eine große Krone versorgen.
- **Zeitraum seit Pflanzung und ihre Art/Qualität**:
  Insbesondere die ersten 5 Jahre nach einer Pflanzung sind kritisch, hier vor allem im ersten Jahr und ganz besonders bei Frühjahrspflanzung. So gab es 2018 in gepflanzten Forstkulturen Sachsens und Niedersachsens nach Frühjahrpflanzung bis zu 90% Ausfälle. Am besten entwickeln sich Bäume aus Saat bzw. Naturverjüngung: Ihre Wurzeln finden viel schneller Anschluss an die Bodenverhältnisse und erreichen schneller größere Wurzeltiefen und -breiten. Naturverjüngung oder Saat sind aber in der Stadt nur in Parkanlagen möglich. Ballenpflanzung kann wegen der Wasser-

speicherung im Ballen von Vorteil sein, jedoch für das Auswurzeln aus dem Ballen bei zu ungünstigen Bodenverhältnissen im Umfeld ein Problem für die Wurzelausbreitung bedeuten. Auch die Qualität der Pflanzung hat erhebliche Auswirkungen auf die Stresstoleranz in den Folgejahren.

- **Baumart, Herkunft, Ökotyp, Sorte, ggf. Veredlung**:
  Diese sind ebenfalls von entscheidender Bedeutung. Bei häufigeren Baumarten ist das Trockenstress-Anpassungspotenzial i. d. R. bekannt, bei Herkünften aus trockenen Regionen oder Ökotypen von Trockenstandorten oft weniger, bei Sorten ist es meist besonders schwierig zu beurteilen. Veredlungsstellen können ein zusätzliches Problem darstellen durch die Behinderung des Wassertransportes im Veredlungsbereich – diese Bäume sterben daher nach extremen Trockenperioden oft als erste ab (z. B. in den Sommern 2003, 2013, 2018, 2019).

Abb. 1.4: Bildung einer Sekundärkrone aus schlafenden Knospen, 12 Monate nach dem scheinbaren „Absterben" des Baumes (Linde)

Abb. 1.5: Unterschiedlich alte Bäume mit verschieden starker Schädigung (Ahorne, Eichen)

Dies sind nur 10 Beispiele für wichtige Einflussfaktoren auf erfolgreiche Anpassungsreaktionen, es lassen sich noch etliche weitere herausarbeiten. Wenn man nur einmal 3 verschiedene Ausprägungsstufen für jeden dieser 10 Faktoren ansetzt, ergeben sich schon hunderte möglicher Varianten von Trockenstress, was Intensität, Folgen und Reaktionen betrifft! Daran sieht man bereits, wie komplex die Fragestellung der Interpretation und Bewertung von Trockenstress ist und dass es *den* Trockenstress nicht gibt. Das bedeutet: Weitreichende Verallgemeinerungen und voreilige Schlussfolgerungen sind demzufolge nicht zulässig oder können sogar irreführend sein.

Eindrucksvolle Beispiele aus letzter Zeit für die Bedeutung der Kombination mit anderen Stressfaktoren wie z. B. Pathogenen mit sehr überraschenden Konsequenzen für eigentlich als besonders gut an Trockenstress angepasste Baumarten sind Buchsbaum und Esche (Rosskastanien-Miniermotte, Eschentriebsterben Abb. 1.6, vgl. Kap. 5): von zuvor als sehr robust eingestuften Gehölzarten sind sie plötzlich zu nicht mehr empfehlenswerten geworden.

Ein sehr wichtiger Weiser für die Beurteilung des zu erwartenden Triebwachstums im Folgejahr bei Trockenstress mit Blattschäden und Blattfall, wie 2018 und 2019 weit verbreitet aufgetreten, sind die Knospen (Abb. 1.7): Sie sind ab Juni sichtbar weitgehend fertig entwickelt und können daher für die Einschätzung eine entscheidende Hilfe sein, ob vorzeitiger Blattfall als Schutzreaktion positiv oder als Absterbesymptom negativ zu interpretieren ist. Dabei ist nur zu beachten, dass bei einigen Baumarten die Knospen unter dem Blattstiel verborgen sind (z. B. bei Platane und Korkbaum) oder sogar unter der Blattnarbe (z. B. bei Robinie) und somit im Sommer nicht frei sichtbar erscheinen. Außerdem ist die Knospengröße stark art- oder lichtabhängig, z. B. beim Feld-Ahorn gegenüber Spitz-/Berg-Ahorn oder bei der Rot-Buche an unterschiedlichen Zweigpositionen und in verschiedenen Kronenbereichen (Roloff 2018).

Weiter ist ein entscheidender Unterschied zu sehen zwischen Baumarten mit gebundenem Wachstum (die gesamte Knospenanlage erfolgt im Vorjahr, z. B. bei Rot-Buche und den meisten Übergangs- und Klimaxbaumarten) und mit freiem Wachstum (auch Neuanlage und sofortiger Austrieb im laufenden Sommer, z. B. bei Pappeln und den meisten Pionierbaumarten, Roloff 2018): erstere sind besonders früh fertig mit den Anlagen für das kommende Frühjahr und dann unempfindlicher gegenüber negativen

Abb. 1.6: Eschentriebsterben als zusätzlicher Stressfaktor einer zuvor sehr robusten Baumart

Einflüssen (Abb. 1.6), letztere können flexibler auf mehrfach wechselnde und vor allem bessere Bedingungen während der zweiten Hälfte der Vegetationsperiode reagieren.
Ein schwer kalkulierbarer, aber entscheidender Faktor des Umgangs von Bäumen mit Trockenstress ist ihr Anpassungspotenzial: so zeigen gerade Jungbäume meist ein viel besseres Anpassungspotenzial als Altbäume und kommen nach (üb)erlebten Stress-Situationen mit zukünftigen ähnlichen Situationen besser oder sogar besonders gut klar. Das Absterben vieler Altbäume einer Baumart bedeutet daher nicht, dass die Jungbäume derselben Baumart ebenso empfindlich und für zukünftige Verwendung nicht mehr geeignet sind, denn sie haben Jahrzehnte Zeit, sich auf Veränderungen einzustellen – solange diese nicht zu schnell erfolgen (vgl. Kap. 8, 9, 16).
Im folgenden Kapitel 2 werden mit dem Versuch annähernder Vollständigkeit mögliche Parameter zum Erkennen, Beschreiben, Beurteilen von Reaktionen und Anpassungen an Trockenstress bei Bäumen genannt und kurz erläutert.

Abb. 1.7: Vollentwickelte Knospen (links vorne im Bild) trotz Blattfalls im Juli 2019 an Hainbuche (gebundenes Wachstum).

1.4 Welchen Einfluss hat Streusalz-Einsatz im Winter für die Wasserversorgung im Sommer?

Bei Straßenbäumen ist Streusalz (NaCl) ein maßgeblich verstärkender Faktor für Trockenstress (Abb. 1.8). Denn die Auftausalze sind auch im Sommer noch im Bodenraum in Fahrbahnnähe vorhanden und führen zu Blattschäden (braune Blattränder durch zu hohe Chlorid-Konzentrationen) und zu Schwierigkeiten bei der Wasseraufnahme: Die Natrium-Ionen verdrängen wichtige Nährelemente wie Calcium, Kalium, Magnesium von den Oberflächen der Bodenteilchen, zerstören die Bodenstruktur durch Verschlämmung und erhöhen das osmotische Potenzial der Bodenlösung, sodass die Wasseraufnahme aus dem Boden erschwert wird (Benk et al. 2020). Dies verschärft sich in Trockenperioden, da dann die Salzkonzentration in der Bodenlösung zunimmt.

Abb. 1.8: Streusalz-Schäden an Rosskastanienblättern

1.5 Welchen Einfluss auf Trockenstress-Auswirkungen haben anthropogene Maßnahmen?

Erheblichen Einfluss auf die Wirkung von Trockenstress haben zudem anthropogene Maßnahmen (je 3 positive und negative Beispiele):

- die Baumarten- und Sortenwahl kann erheblich zu einer besseren Anpassung der Baumbestände beitragen, sollte aber weitsichtig und behutsam erfolgen;
- die Beteiligung von Bürgern bei der Baumbewässerung kann sich deutlich schadensvermindernd auswirken;
- die Wertschätzung alter Bäume kann zu mehr Verantwortungsbewusstsein und einer besseren finanziellen Förderung von Baumschutz führen (Abb. 1.9);
- zu starke Schnitt- und Pflegemaßnahmen führen zur Auflichtung der Kronen und damit zu größerer Einstrahlung und Erhitzung der Blätter;
- Kappungen und starke Kroneneinkürzungen bewirken größere Blattverluste und damit eine Verminderung des Transpirationssoges;
- Baumaßnahmen haben oft Wurzelschäden zur Folge und führen damit zu größeren Problemen der Wasseraufnahme.

Weitere Faktoren werden im Kapitel 3 in der Tabelle 3.1 genannt.

Abb. 1.9: Alt- und Uraltbäume bedürfen einer verstärkten Aufmerksamkeit und Förderung (1. Nationalerbe-Baum Deutschlands Heeder Linde, www.nationalerbe-baeume.de)

Literatur

Benk, J.; Artmann, S.; Kutscheidt, J.; Müller-Inkmann, M.; Streckenbach, M.; Weltecke, K., 2020: Praxishandbuch Wurzelraumansprache. AK Baum und Boden, Möhnesee

DWD (Deutscher Wetterdienst) 2019: Trockenheit nimmt (k)ein Ende? https://www.dwd.de/DE/wetter/thema_des_tages/2019/9/23.html [Zugriff 10.10.2020].

Roloff, A., 2018: Vitalitätsbeurteilung von Bäumen – Aktueller Stand und Weiterentwicklung. Haymarket Media, Braunschweig

2 Welche Anpassungsstrategien haben Bäume?

Die große Vielfalt ...

Andreas Roloff

Im Folgenden werden mit dem Versuch annähernder Vollständigkeit mögliche Parameter zum Erkennen, Beschreiben und Beurteilen von Reaktionen sowie Anpassungen an Trockenstress bei Bäumen genannt und kurz erläutert. Dafür wurden umfangreich Lehrbücher und sonstige Publikationen ausgewertet (z. B. Hess 2008, Kramer & Boyer 1995, Lambers & Oliveira 2019, Larcher 2001, Lösch 2003, Lüttge et al. 2010, Matyssek et al. 2010, Nultsch 2012, Raven et al. 2006, Roloff 2010, 2013, Roloff & Rust 2007, Roloff et al. 2020, Rust 2019, Schulze et al. 2002, Wittig 2008).

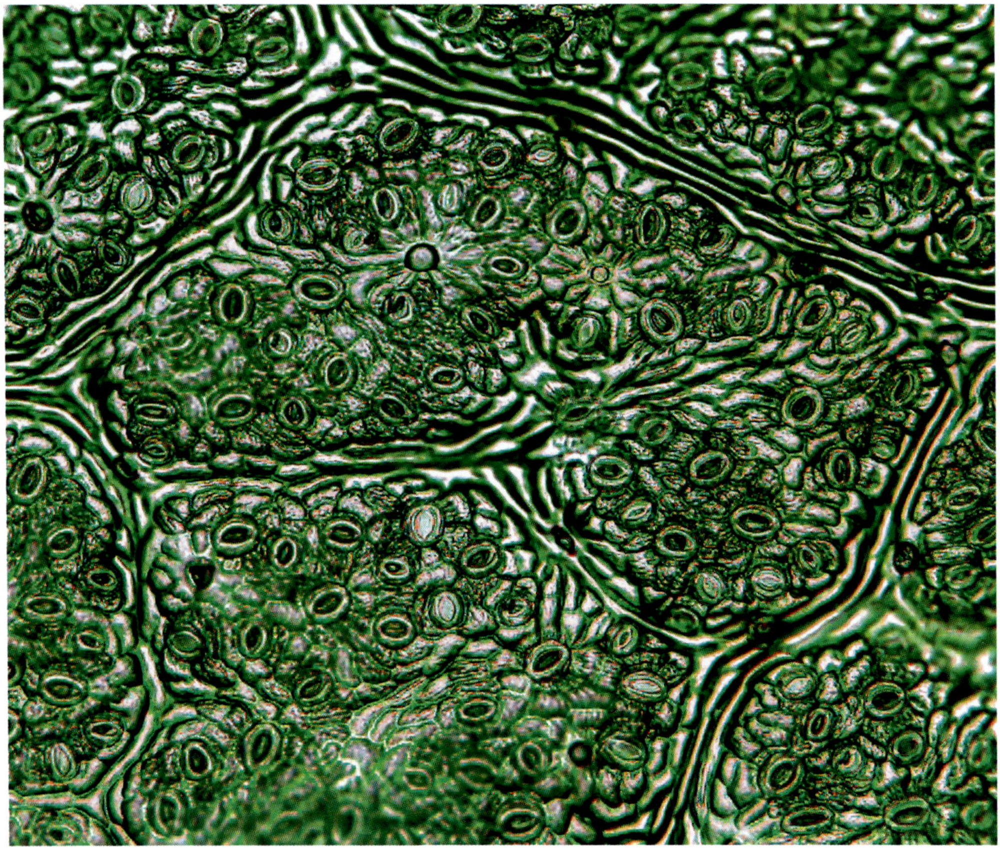

Abb. 2.1: Unterschiedlicher Spaltöffnungsschluss bei Trockenstress (Süß-Kirsche). (Foto: R. Kniesel)

2.1 Unmittelbare/kurzfristige Reaktionen

Zunächst erfolgt kurzfristig und unkompliziert, ja geradezu reflexartig ein **Schließen der Spaltöffnungen der Blätter** (die stomatäre Leitfähigkeit wird gesenkt), was unmittelbar die Transpiration vermindert (Abb. 2.1). Dies führt bei längeren Trockenperioden zu typischen zweigipfligen Tageskurven der Transpiration: Am frühen Morgen sind die Spaltöffnungen zunächst geöffnet, bis am späteren Vormittag Wassermangel auftritt und zu ihrem Schließen führt – Transpirations- und Photosyntheserate gehen zurück. Nachmittags können dann die Spaltöffnungen bei sinkendem Sonnenstand wieder geöffnet werden, sobald der einstrahlungsbedingte Trockenstress nachlässt – Transpirations- und Photosyntheserate nehmen wieder zu. Gut an Trockenstress angepasste Baumarten schließen dabei ihre Spaltöffnungen erst später und kürzer.
Zusätzlich kann das **Wasserpotenzial (oder das osmotische Potenzial) abgesenkt** werden, um weitere Bodenwasservorräte verfügbar zu machen. Baumarten trockener Standorte können meist das osmotische bzw. Wasserpotenzial niedriger absenken als unangepasste Arten/Herkünfte. Zudem lässt sich bei Trockenstress ein **Anstieg der Konzentrationen des Hormons Abscisinsäure (ABA) und der Aminosäure Prolin** feststellen (s. Kap. 9). Insbesondere Nadelbaumarten können Wasser aus Regenschauern oder nächtlichen Tau bei Trockenstress direkt über die Nadeln aufnehmen (**Blatt-Wasseraufnahme**, Abb. 2.2).

Abb. 2.2: Direkte Wasseraufnahme über die Nadeln (Eibe).

Helfen diese physiologischen Sofortmaßnahmen nicht wirkungsvoll, kann es bei einigen Baumarten zum **Blatthängen, -einrollen oder -einfalten** (Abb. 2.3) kommen (z. B. Blatthängen bei Vogel-Kirsche, Einrollen/"Schiffchenbildung" bei Rot-Buche und Baum-Hasel, Zusammenfalten bei Robinie), dies führt zu einer Verminderung der direkten Einstrahlung und damit zu geringerer Blatttemperatur und Verdunstung. Bei einzelnen Arten kommt es dafür auch zum **Ausrichten der Blätter parallel zur Sonnenstrahlung** (Heliotropismus, in der Oberkrone mittags z. B. bei Kübler-Weide und Robinie, Abb. 2.4). Einige Baumarten zeigen, bedingt durch die Blattstielform und das Verhältnis von Blattstiellänge zu Blattfläche, das Phänomen des **Blattwedelns oder -zitterns** (z. B. Spitz-Ahorn und Zitter-Pappel, Abb. 2.5), wodurch ebenfalls die Temperatur des Blattes gesenkt wird.

Abb. 2.3: Trockenstress-Symptom Blatthängen und -einrollen (Süß-Kirsche).

Abb. 2.4: Heliotropismus – Einklappen der Blätter bzw. Ausrichten parallel zur Sonnenstrahlung in Mittagshitze (Robinie).

Abb. 2.5: Blattzittern zur Kühlung der Blatt-Temperatur (Zitter-Pappel).

Nach Trockenstress kommt es bei gut angepassten Arten/Herkünften zu **schneller Erholung** bei Wiederbewässerung, während derer die zuvor genannten Symptome (soweit möglich) wieder verschwinden.
Im Verlauf einer weiteren Zunahme von Trockenstress folgt dann ein teilweiser **Blattabwurf**, um die Transpirationsfläche zu vermindern. Eichen, Pappeln und Weiden können zudem auch einzelne Triebe abwerfen: **Zweigabsprünge** (Abb. 2.6). Vor allem bei zerstreutporigen Laubbäumen und bei Nadelbäumen wird Trockenstress auch über eine **Stammumfangabnahme** messbar, da sie dann den Stammwasservorrat nutzen. Zudem wird ein Teil des Xylems durch **Embolien** (Lufteintritt) vorübergehend oder dauerhaft für die Wasserleitung funktionslos (vgl. Kap. 4, 6, 9).

Abb. 2.6: Triebabsprünge während einer sommerlichen Trockenperiode (Stiel-Eiche).

2.2 Mittelfristige Reaktionen und Anpassungen

Im Folgejahr nach einem Trockenstressjahr werden in der Krone der meisten Laubbaumarten überwiegend **Kurztriebe** entwickelt (Abb. 2.7), um bei minimiertem Aufwand weiterhin möglichst viel Photosynthese zu ermöglichen. Ist in diesem Jahr wieder eine ausreichende Wasserversorgung gegeben, können im nächsten Folgejahr wieder vermehrt Langtriebe gebildet werden (Abb. 2.7); hält der Trockenstress weiter an, werden Kurztriebketten gebildet. Dabei gibt es große Unterschiede der maximal möglichen **Kurztriebkettenlebensdauer** zwischen den Baumarten, am höchsten ist sie mit 30 und mehr Jahren bei Elsbeere sowie 15 Jahren bei Rot-Buche und Zucker-Ahorn, bevor die Kurztriebketten absterben. Kurztriebe und Kurztriebketten stellen eine effiziente Reaktions- und Puffermöglichkeit dar, um Trockenstress zu überstehen.
Reichen die bisher genannten Sofort- und mittelfristigen Reaktionen nicht aus als Schutz vor Trockenheitsschäden, kann es zum **Absterben von Zweigen und Kronenteilen sowie von Fein- und Schwachwurzeln** kommen („Eidechsen-Prinzip“, Abb. 2.8). Der Baum gibt damit einen Teil seiner Verzweigung irreversibel auf, um den verbleibenden Rest besser zu schützen/versorgen.

Abb. 2.7: 2 Jahre Kurztriebbildung infolge eines trockenen Sommers mit anschließender Erholung (Buche).

Abb. 2.8: Absterben von Kronenteilen („Eidechsenprinzip“, Rot-Buche im Extremsommer 2003).

Bei einem Vergleich von Bäumen derselben Art bzw. unterschiedlicher Arten ist oft als Anpassung an häufige/wiederkehrende Trockenheit eine höhere **Stomatadichte** festzustellen (vgl. Abb. 2.1), verbunden mit geringerer Größe der Spaltöffnungen und kleineren Blättern.

In etwas ungewöhnlichen Situationen können sich Bäume Niederschläge dadurch verfügbar machen, dass sie aus Seitentrieben direkt in eine vorhandene Moosschicht auf ihren Ästen (Epiphyten) hineinwurzeln, mit sog. **Astwurzeln** – im Foto (Abb. 2.9) wurde die Moosschicht etwas nach oben geschoben, um die Feinwurzeln sichtbar zu machen. So müssen große Bäume dann nicht unbedingt den (langen) Weg des Wassers über die Bodenwurzeln aktivieren, um ihre Äste mit Wasser zu versorgen, sondern decken einen Teil ihres Wasserbedarfes direkt in der Krone. Dafür ist allerdings eine geschlossene astoberseitige Moosschicht eine wichtige Voraussetzung, die sich nur in luftfeuchten Lagen entwickelt wie z. B. in Schluchten.

Abb. 2.9: Astwurzeln eines Seitenzweiges auf dem Ast einer Schwarz-Weide: von seiner Basis gehen mehrere Wurzeln in die (angehobene) Moosschicht und versorgen den Zweig von dort mit dem Wasser aus Niederschlägen.

Trockenheitsangepasste Baumarten sind oft **Zerstreutporer**, d. h. die Gefäße (Tracheen) im wasserleitenden Teil des Stammes (Xylem) weisen kleinere Durchmesser und Längen auf als bei Ringporern, was das Risiko von Embolien verringert. Bei den kleinsten Wasserleitelementen (Tracheiden), die bei Nadelgehölzen als einzige Leitelemente entwickelt werden, besteht sogar die Möglichkeit des Wiederbefüllens nach Luftembolien. Allerdings gibt es auch viele ringporige Baumarten (z. B. Esche, Eiche, Robinie), die regelmäßig auf sehr trockenen Standorten vorkommen. Die zeitliche Entwicklung der Gefäßgröße ist bei **Ringporern** deutlich an die unterschiedliche Wasserverfügbarkeit während der Vegetationsperiode angepasst: Zu Beginn werden im niederschlagsreicheren Frühjahr die weitlumigen Frühholzgefäße gebildet, die für einen effektiven Wassertransport sorgen (Abb. 2.10). Diese Gefäße werden nur wenige Wochen genutzt und bei steigender Emboliegefahr mit Thyllen verschlossen. Während des Hochsommers – mit der Gefahr von längeren Trockenperioden – werden kleinere Spätholzgefäße gebildet, die ein wesentlich niedrigeres Embolierisiko aufweisen. Diese Entwicklung kommt einem

„intra-annuellen Schwenk zum Zerstreutporer" gleich. Als Folge eines dauerhaft geringen Wasserangebotes kann es dann bei Ringporern zur Bildung noch kleinerer Gefäße kommen oder es werden ausschließlich 1–2 Reihen der großen Frühholzgefäße gebildet und das radiale Wachstum anschließend für diese Vegetationsperiode eingestellt (vgl. Kap. 6, 9).

Abb. 2.10: Ringporige Holzanatomie mit deutlich sichtbaren Jahrringen (Robinie, hier mit markanter Zugholzbildung rechts im Bild aufgrund starken Schiefstandes nach links).

2.3 Langfristige (genetisch fixierte) Anpassungen

Gefiederte oder stark gelappte Blätter (z. B. Esche Abb. 2.11 und Sumpf-Eiche) weisen bei starker Einstrahlung eine geringere Blatttemperatur und damit Transpiration auf als einfache Blätter. An Blättern von trockenstressangepassten Gehölzen lässt sich häufig eine Cuticula mit dickerer Wachsschicht (**oberseits glänzende Blätter**, z. B. Ungarische Eiche) und/oder eine dickere Epidermis feststellen, dadurch **ledrige/dickere Blätter** („Hartlaubgehölze“, z. B. Buchsbaum Abb. 2.12), oder es tritt vor allem **blattunterseits Behaarung** auf (mit hellen, da toten Haaren, insbesondere Stern- und Büschelhaare oder dichtem Haarfilz, z. B. Mehlbeere Abb. 2.13, viele Linden- und Eichenarten) oder **weißlich-silbrige Schuppen** (z. B. Ölbaum und Ölweide Abb. 2.14). **Kleine Blätter** (Abb. 2.12) mit dichter Blattnervatur sind von Vorteil, oder **nadelartige Blätter** (z. B. Ginster, Stechginster) bzw. **Rollblätter** (Lavendel), ebenso in die Epidermis **eingesenkte Stomata** (regelmäßig bei Nadelgehölzen). Festigungs- und Leitelemente in Blatt und Spross sind stärker ausgebildet, z. B. im Blatt **deutlich sicht- und fühlbare Hauptnerven** (Abb. 2.15). Viele dieser Eigenschaften führen zu einer **geringen spezifischen Blattfläche** (SLA = specific leaf area), mit welcher das Verhältnis von Blattfläche zur Blatttrockenmasse ausgedrückt wird: Der Wert ist dann kleiner als 6 (m^2/kg).

Abb. 2.11: Gefiederte Blätter zur besseren Kühlung (Esche).

Abb. 2.12: Kleine, derbe Blätter mit geringeren Wasserverlusten (Buchsbaum).

Abb. 2.13: Haarfilz auf der Blattunterseite als Verdunstungsbarriere (Mehlbeere).

Abb. 2.14: Silbrige Harzdrüsen auf der Blattober- und -unterseite (Olivenbaum).

Abb. 2.15: Deutlich fühlbare unterseitige Hauptnerven der Blätter (Zerr-Eiche).

Am Spross und Stamm können **Epidermis und Rinde/Borke verdickt** werden (Korkbaum Abb. 2.16, Baum-Hasel), gelegentlich treten **Korkleisten** auf (z. B. Feld-Ahorn und Feld-Ulme Abb. 2.17). Sprossenden oder Nebenblätter können zu **Dornen** umgebildet sein (z. B. Wild-Birne, Wild-Apfel und Robinie Abb. 2.18), die **Triebe können grün** und damit zur Photosynthese in der Lage sein (z. B. Linde), oder sie sind gar blattartig verbreitert (sog. **Flachsprosse** bei Mäusedorn). Ein **Stammspeicher** (Abb. 2.19) hilft bei älteren Nadelbäumen und zerstreutporigen Laubbäumen, Trockenperioden zu überstehen.
Bei dauerhaftem Trockenstress kommt es zu reduziertem Zuwachs (Trieblängen und Jahrringbreiten) und schließlich zu Zwergen- bzw. natürlichem **Bonsaiwuchs**. Ein besonders eindrucksvolles Beispiel wuchs im Forstbotanischen Garten der TU Dresden in Tharandt auf einem SW-exponierten Felsen, also in praller Nachmittagssonne (Abb. 2.20). Die Fichte ist ja nun nicht gerade bekannt für Anpassung an Trockenstress. Aber dieses Exemplar hatte mich 20 Jahre lang immerzu fasziniert, denn es war nur 1,15 m hoch, wuchs strauchförmig und nach Triebzuwachs hatte ich sein Alter auf 80–100 Jahre geschätzt. Im Jahr 2018 ist diese Fichte abgestorben. Daher konnten wir 2020 die Jahrringe untersuchen und das Ergebnis ist einfach unglaublich: das Alter dieser Fichte war

Abb. 2.16: Verdickte Rinde als Verdunstungsschutz (Amur-Korkbaum).

mindestens 175 Jahre – und sicher gab es noch etliche ausgefallenen Jahrringe, die noch hinzugerechnet werden müssen, es könnten/dürften also 200 Jahre gewesen sein.
Durch eine tiefreichende **Pfahlwurzel** können Tiefenwasservorräte erschlossen werden (Eiche Abb. 2.21). Ein sog. **Zweischichtwurzelsystem** ermöglicht mit einerseits einer Pfahlwurzel die Nutzung von Tiefenwasservorräten, andererseits können weit streichende Flachwurzeln Kurzzeitniederschläge ausnutzen (Kiefer). Die Wurzelmasse nimmt im Verhältnis zur Sprossmasse zu, sodass das **Spross-/Wurzelverhältnis** abnimmt. Klonales Wachstum durch Ausläufer (Bambus) oder **Wurzelbrut** (z.B. Zitter-Pappel Abb. 2.22 und Grau-Erle) kann Trockenstress einzelner Individuen des Klons kompensieren, indem sie über die Verbindungsachsen vom Mutterbaum Wasser erhalten.
Die **Holzdichte** nimmt zu (das Holz wird schwerer, Elsbeere Abb. 2.23), bei **Zerstreutporigkeit** sinkt das Embolierisiko, die **Leitfähigkeit des Xylems** in Spross und/oder Wurzel nimmt dadurch allerdings ab. Zudem werden die Leitfähigkeit und die Embolieanfälligkeit maßgeblich von der **Tüpfelanatomie (Durchlässigkeit für Luft und Wasser)** bestimmt (vgl. Kap. 6).

Abb. 2.17: Korkleisten auf den Zweigen (Feld-Ulme).

Abb. 2.18: Dornen als Verbissschutz auf Trockenrasen (Robinie).

Abb. 2.19: Stammspeicher (Fichte).

Abb. 2.20: Natürlicher Bonsaiwuchs (200-jährige, nur 1,15m große Fichte) auf Felsstandort.

Abb. 2.21. Pfahlwurzel (Stiel-Eiche).

Abb. 2.22. Wurzelbrut zur Versorgung der Nachkommen auf extremen Felsstandorten (Zitter-Pappel).

Abb. 2.23. Zerstreutporiges, schweres Holz (Elsbeere).

Trockenheitsangepasste Baumarten haben oft eine **lichte Krone** und zeigen eine hohe **Reiterationsfreudigkeit** (Abb. 2.24). Häufig handelt es sich um sog. **Pionierbaumarten** mit relativ geringen Ansprüchen an Bodenfaktoren aber hohem Lichtbedarf. In der Jugend zeigen sie **freies Wachstum** (Abb. 2.25, s. Kap. 1), d.h. das jährliche Triebwachstum hält bis zum Spätsommer an.

Schließlich lässt das natürliche **Vorkommen auf zeitweilig oder dauerhaft trockenen Standorten** Aussagen über eine hohe Trockenstress-Toleranz zu, ebenso eine **sehr hohe Frosthärte** (Abb. 2.26), da tiefe Wintertemperaturen (unter – 30 °C) meist zugleich erheblichen Trockenstress für die Bäume bedeuten.

Abb. 2.24. Hohe Reiterationsfreudigkeit (Esche).

Abb. 2.25. Freies Wachstum den ganzen Sommer über (Silber-Pappel).

Abb. 2.26. Hohe Frosthärte (Eberesche).

2.4 Schlussbemerkungen

Kompliziert und nicht gerade einfacher wird eine Bewertung dadurch, dass sich diese Mechanismen gegenseitig kompensieren oder verstärken können, auch mit weiteren hier nicht genannten physiologischen Reaktionen (s. Kap. 9). Zudem sind sie oft nicht nur in einer Richtung für Anpassung wirksam. Z. B. kann ein niedriges **Wasserpotenzial** ein positives Zeichen sein, dass zusätzliche Wasserreservoire erschlossen werden, oder es kann ein negatives Schadsymptom sein, da der Baum mehr Aufwand betreiben muss, um noch an Wasser zu gelangen und es zu Embolien kommen kann. Blattfall im August (Abb. 2.27) kann positiv zu interpretieren sein als Schutzmechanismus vor zuviel Transpiration oder negativ als Zeichen von irreversiblen Blattschäden.

Abb. 2.27. Blattfall im August – Schutz oder Schadens-/Absterbesymptom? (Hainbuche, Spitz-Ahorn, Tulpenbaum).

Literatur

HESS, D., 2008: Pflanzenphysiologie. 11. Aufl. Ulmer, Stuttgart

KRAMER, P.J.; BOYER, J.S., 1995: Water Relations of Plants and Soils. Academic Press, San Diego et al.

LAMBERS, H.; OLIVEIRA, R.S., 2019: Plant Physiological Ecology. 3. Aufl. Springer, New York

LARCHER, W., 2001: Ökophysiologie der Pflanzen. 6. Aufl. Ulmer, Stuttgart

LÖSCH, R., 2003: Wasserhaushalt der Pflanzen. 2. Aufl. Quelle & Meyer, Heidelberg

LÜTTGE, U.; KLUGE, M.; THIEL, G., 2010: Botanik. Wiley-VCH, Weinheim

MATYSSEK, R.; FROMM, J.; RENNENBERG, H.; ROLOFF, A., 2010: Biologie der Bäume. Ulmer, Stuttgart

NULTSCH, W., 2012: Allgemeine Botanik. 12. Aufl. Thieme, Stuttgart, New York

RAVEN, P.H.; EVERT, R.F.; EICHHORN, S.E., 2006: Biologie der Pflanzen. 4. Aufl. Walter de Gruyter, Berlin, New York

ROLOFF, A., 2010: Bäume – Lexikon der Angewandten Baumbiologie. Wiley-VCH, Weinheim

ROLOFF, A., 2013: Bäume in der Stadt – Besonderheiten, Funktion, Nutzen, Arten, Risiken. Ulmer, Stuttgart

ROLOFF, A.; RUST, S., 2007: Reaktionen von Bäumen auf die Klimaänderung und Konsequenzen für die Verwendung. In: ROLOFF, A.; THIEL, D.; WEISS, H. (Hrsg.): Urbane Gehölzverwendung im Klimawandel und aktuelle Fragen der Baumpflege. Forstwiss. Beitr. Tharandt Beiheft 6, 16–28

ROLOFF, A.; WEISGERBER, H.; LANG, U.M.; STIMM, B. (HRSG.), 2020: Enzyklopädie der Holzgewächse. Wiley-VCH, Weinheim

RUST, S., 2019: Stress bei Bäumen. In: ROLOFF, A. (Hrsg.) Baumpflege. Ulmer, Stuttgart, 76–85

SCHULZE, E.-D.; BECK, E.; MÜLLER-HOHENSTEIN, K., 2002: Pflanzenökologie. Spektrum Akademischer Verlag, Heidelberg, Berlin

WITTIG, R., 2008: Siedlungsvegetation. Ulmer, Stuttgart

3 Welche Unterschiede bestehen zwischen Wald-, Stadt-, Straßen-, Garten- und Parkbäumen?

Andreas Roloff

Wenn man die Baumarten hinsichtlich Trockenstress-Toleranz bewertet und vergleicht, ist natürlich nicht nebensächlich, welcher Standortsbereich und welche Umfeldbedingungen gegeben sind. So tritt im Wald weniger Hitzestress auf (da sich die Bäume gegenseitig beschatten und die Luft kühlen), dafür mehr Licht- und Wurzelkonkurrenz. Und natürlich gibt es auch Situationen, wo beides gemischt ist: Stadtwälder und Kleinbestände in Parkanlagen.
Es sind für das Thema Trockenstress folgende „Baumtypen" zu unterscheiden und ggf. auch unterschiedlich zu bewerten (Tab. 3.1).

3.1 Baumtypen-Beispiele

Nachfolgend werden für jeden „Baumtyp" an einem Beispiel die charakteristischen Besonderheiten mit Bild und Erläuterungen vorgestellt.

Waldbäume (Abb. 3.1)
Waldbäume wachsen im Bestand, beschatten sich gegenseitig oder einseitig (ältere/größere die jüngeren/kleineren), und es tritt intensive Wurzelkonkurrenz auf, die zu einer geringeren Ausbreitung der Wurzeln vom Stamm entfernt oder zur Differenzierung der Wurzeln benachbarter Bäume in verschiedene Bodentiefen führt („Partitioning"). Licht und Sonne erhalten die Bäume vor allem von oben, was ein schnelleres Höhenwachstum bewirkt, solange die Ressourcen dafür ausreichen. Seitliche Kronenausdehnung wird meist behindert, solange keine forstlichen Eingriffe erfolgen.
In forstlich bewirtschafteten Beständen (der größte Anteil der Waldfläche) erfolgt meist eine Steuerung der Baumartenzusammensetzung, der Bestandesstruktur und Altersverteilung. Es wird Naturverjüngung genutzt oder gepflanzt (dann meist wurzelnackt und ohne Bewässerung). Baumpflege erfolgt nur an öffentlichen Verkehrswegen und in anderen Bereichen mit Verkehrssicherungspflicht.
Zudem findet in erheblichem Maße natürliche Selektion statt („survival of the fittest"), da sich die Bäume beim Aufwachsen durch Konkurrenz gegenseitig beeinflussen und z. T. gegenseitig ausschalten, vor allem durch ihre Wachstumsgeschwindigkeit und Schattentoleranz. Das bedeutet: wer nicht mithalten kann im Wachstum, scheidet aus, es sei denn die Baumart ist sehr schattentolerant. Und da Trockenstress das Wachstum beeinflusst, erhalten diejenigen Baumarten und Individuen bessere Chancen, welche dadurch am wenigsten beeinträchtigt werden (s. Kap. 8).

Abb. 3.1: Typische Waldsituation mit Konkurrenz und Beschattung

Stadtbäume (Abb. 3.2)

Die Kategorie Stadtbäume ist sehr vielfältig: es gibt freistehende Einzelbäume, Gruppen, Kleinbestände, hier in diesem Überblick noch extra differenziert: Straßen-, Garten-, Parkbäume. Es gehören öffentliche und private Bäume dazu. Viele Stadtbäume erhalten wesentlich mehr Einstrahlung als Waldbäume, was zu mehr Trockenstress und Überhitzung führt. Dafür erhalten sie teilweise direkte Förderung (Bewässerung) durch Bewohner oder kommunale Betriebe, werden gepflegt und beschnitten, und die Verkehrssicherungspflicht überlagert viele andere Aspekte. Totäste und Grünastbruch durch Trockenstress sind daher unerwünscht, hingegen ästhetische und gesundheitliche Eigenschaften viel bedeutsamer als bei Waldbäumen. Für ihre Hauptfunktionen in der Stadt ist eine intakte und dichte Belaubung entscheidend. Darin unterscheiden sich auch sommergrüne Laub- und immergrüne Nadelbäume.

Zudem wird ein großer Teil der Stadtbäume gepflanzt, d. h. sie kommen meist aus Baumschulen oder Gartenmärkten, haben keine Selektion durchlaufen und müssen sich nach dem Pflanzen zunächst an den neuen Standort anpassen (vgl. Abb. 10.4) – je älter die

Bäume bei der Pflanzung sind, desto schwerer tun sie sich damit, bis hin zum Totalausfall in Extremsituationen.
Auf urbanen Brachflächen laufen oft weitgehend natürliche Sukzessionsprozesse ab, jedoch für eine begrenzte Periode von 5 bis 30 Jahren (selten mehr).

Abb. 3.2: Typische und ideale Situation mit Stadtbäumen: einzeln, in Gruppen und in Kleinbeständen, private und öffentliche Bäume mit mehr und weniger günstigen Bedingungen

Straßenbäume (Abb. 3.3)
Die Kategorie Straßenbäume hat das höchste Konfliktpotenzial und die größte Häufung von Stressfaktoren, insbesondere was den Wurzelraum betrifft: Wasserspeichervolumen, Sauerstoffversorgung, Streusalz, Bodenverdichtung, Bodenversiegelung, hohe pH-Werte; sowie in Bezug auf Lebensraum, Stand- und Bruchsicherheit, Kosten, Belästigungen usw. Dies führt dazu, dass ihre Lebenserwartung gegenüber Waldbäumen derselben Arten nur etwa 25 % beträgt (Roloff 2013) und Vandalismus ein erheblicher zusätzlicher Schad- und Stressfaktor ist. Konflikte mit Verkehrsbetrieben und Verkehrsteilnehmern, mit Anwohnern und städtischer Infrastruktur (Wasser- und Abwasserleitungen, Kommunikationsmedien) sind vorprogrammiert. Daher bedürfen sie einer

besonderen Aufmerksamkeit, kreativer Konfliktlösungsansätze und erfordern eine höhere finanzielle Förderung, wenn sie dauerhaft ihre Funktion erfüllen sollen.
Die Anforderungen an Verkehrssicherheit und Pflegebedarf sind extrem hoch, da sonst neben Sachschäden auch Unfälle mit Personen die Folge sein können. Es kann jedoch auch hier nicht darum gehen, die Bäume zu 100 % sicher zu machen, denn dann dürften sie keine Äste und keinen Stamm mehr haben (www.nationalerbe-baeume.de). Hier ist dringender Bedarf einer angemessen gelasseneren Rechtsprechung erforderlich, sonst sind unsere Straßen bald baumfrei. Und bei Straßenbäumen kann es nicht in erster Linie darum gehen, Lebensräume zu schaffen, denn der Verkehr sorgt für ständige Sterbefälle von Tieren und nicht die Bäume.

Abb. 3.3: Typische Situation von Straßenbäumen mit hohem Konfliktpotenzial – großflächig versiegelte Bodenflächen, eingeengter und verdichteter Wurzelraum, Lichtraumprofil zur Straße und Bahnstrecke sowie höchste Verkehrssicherheits-Erwartung

Gartenbäume (Abb. 3.4)

Damit sind hier vor allem Bäume in Privatgärten gemeint; Botanische Gärten und Schlossgärten werden mit unter Parkbäumen einsortiert. Gartenbäume wirken oft wie Bäume im Paradies. Dies kann auch zutreffen: besondere Wertschätzung (z. B. Haus- und Familienbäume), sorgsame Pflege (z. B. Bewässerung), wenig Konkurrenz, oft relativ günstige Boden- und Umfeldbedingungen. Aber Probleme treten meist auf, wenn sie (zu) groß werden: Nachbarkonflikte, Angst vor Ast- oder Stammbruch und Sturmwurf, Verdunkelung von Fenstern, Blüten-, Laub- und Fruchtfall. Sie unterliegen oft einer städtischen Baumschutzsatzung, was aber nicht nur Vorteile hat (bürokratischer Aufwand, Sorge vor höheren Kosten etc.). Besonders beliebt sind schön blühende und laubfärbende, kleine Baumarten mit leckeren Früchten wie z. B. Süß-Kirsche und Felsenbirne. Zudem schaffen Gartenbäume Beziehungen zu Bäumen und Verständnis für ihre Lebensäußerungen wie Blattwurf, Fruchtfall, Schatten und bewirken Naturerfahrungen und -interesse. Bäume werden dadurch mehr als Lebewesen wahrgenommen. Trockenstress ist daher seltener, „man kümmert sich um die Genossen". Bisweilen werden sogar ausgetüftelte Bewässerungssysteme wie in Baumschulen installiert, damit die Urlaubs- und sonstigen Abwesenheitszeiten überbrückt werden und man nicht mehr ständig die Baumbewässerung im Tagesprogramm berücksichtigen muss.

Abb. 3.4: Gartenbaum mit typischen Funktionen: Klettern, Beschatten, Früchte, Zuhause-Gefühl

Parkbäume (Abb. 3.5)
Parkbäume verkörpern in vielerlei Hinsicht den Idealzustand (ähnlich wie Botanische Gärten): Pflege und Verantwortung in der öffentlichen Hand von Fachleuten, genügend Platz und Wurzelraum, selten Baumaßnahmen, meist viel Licht und gute Bodenbedingungen. Sie erlangen Wertschätzung für Lebens- und Wohnqualität, Klima und Luftreinheit, Gesundheit und Erholung, Naturschutz und Biodiversität, Geborgenheit und Meditation. Oft gibt es die ältesten Bäume einer Stadt in Parkanlagen und eine hohe Artenvielfalt mit einheimischen und nichtheimischen Bäumen. Sie können nahe am Stadtzentrum Oasen der Ruhe und des Friedens sowie ein attraktives Umfeld für sportliche Betätigungen sein.
Die (deutlich steigende) Wertschätzung kann man an den Miet- und Wohnungspreisen in Parknähe ablesen. Die Gesundheit, das Wohlbefinden und die Lebensqualität für Menschen sind meist höher, je näher eine Wohnung an einem Park liegt. Dabei steigern sich diese Effekte umso mehr, je größer der Park ist. Parkmanagement erfordert aber in Zeiten von zunehmenden Hitze- und Trockenperioden eine höhere Qualifikation und Weitsicht der Verantwortlichen und bei immer mehr und „ausgefallener" Freizeitbetätigung zur Selbstverwirklichung einen immer anspruchsvolleren Umgang mit Konflikten durch Müll, Alkohol, Vandalismus und Rücksichtslosigkeit.

Abb. 3.5: Parkbäume als Treffpunkt sowie Ort der Meditation und Erholung, mit Anklängen an den Ursprungs-Lebensraum der Menschheit in den Savannen Afrikas

3.2 Bewertung im Überblick

Abschließend wird hier in einer Übersicht (Tab. 3.1) auf die Bedeutung möglicher Unterschiede und Besonderheiten dieser Baumtypen eingegangen.

Tab. 3.1: Unterschiede und Besonderheiten der 5 Baumtypen hinsichtlich verschiedener Standort-, Umwelt-, Einfluss-, Management-, Bewertungs- und Wirkungs-Faktoren (rot = Trockenstress verstärkend, grün = Trockenstress vermindernd)
Bedeutung: 5 = sehr hoch, 4 = hoch, 3 = mäßig, 2 = gering, 1 = sehr gering:

	Wald	Stadt	Straße	Garten	Park
Trockenstress-Häufigkeit	2	4	5	2	3
Bodenverdichtung	2	4	5	2	2
Bodenvernässung	2	3	4	3	2
Strahlungshitze/-exposition	2	4	5	3	3
Fachger. Schnittmaßnahmen	1	5	5	3	3
Kappungen/starke Einkürzg.	1	5	3	3	3
Vandalismus	2	3	4	2	3
Sorten/Veredlung	1	4	5	3	3
Wurzelbeschädigung	2	4	5	2	2
Natürliche Selektion	4	2	1	2	3
Klimawirkung	5	4	4	3	5
Luftqualität-Verbesserung	4	4	3	3	4
Erholung	4	5	2	4	5
Interessenkonflikte	2	4	4	2	3
Bürgerbeteiligung	1	4	3	5	3
Naturschutzwert	3	3	2	3	4
Denkmalschutz	1	3	2	2	4
Holz-/Produktnutzung	5	2	1	4	3
Einzelbaumbedeutung	2	4	4	3	4
Ästhetik	2	4	3	3	4
Anteil Altbäume	3	3	2	3	4
„Modetrends“	2	3	4	4	3
Kosten	1	3	4	2	3

Literatur

ROLOFF, A., 2013: Bäume in der Stadt – Besonderheiten, Funktion, Nutzen, Arten, Risiken. Ulmer, Stuttgart

4 Trockenheits-Anpassung in der Baumschule – Möglichkeiten und Grenzen

(Anne Dreßler)

4.1 Bewässerungssysteme in der Baumschule

Wasser ist einer der wichtigsten Wachstumsfaktoren bei der Anzucht von Gehölzen in der Baumschule. Durch Wassermangel verursachter Stress beeinflusst eine Vielzahl physiologischer und biochemischer Prozesse und führt schließlich zu Wachstumseinbußen (Hess 2008). Die zunehmenden Witterungsextreme mit langanhaltenden Trockenperioden stellen daher viele Baumschulen vor neue Herausforderungen.
Aufgrund der immer geringeren Niederschlagsmengen in den Sommermonaten muss in den Baumschulen verstärkt künstlich bewässert werden. Im Gegensatz zu Containerbaumschulen, in denen die Topf- und Containerkulturen grundsätzlich über Tropfschläuche, Einzeltropfer oder Bewässerungsvliese kontinuierlich mit Wasser versorgt werden können, sind viele Jungpflanzen- und Anzuchtbaumschulen mit Freilandkultur bisher (nicht oder) nur in geringem Umfang mit Bewässerungssystemen ausgestattet. Die Anzuchtbaumschulen trifft die Trockenheit besonders hart, da sie neben den neu aufgeschulten Quartieren auch zunehmend Quartiere im zweiten und dritten Standjahr bewässern müssen und dadurch kurzfristig hohe Kosten für die Anschaffung von Bewässerungssystemen entstehen.
Im Freiland werden überwiegend Tropfschläuche (Abb. 4.1) oder die traditionelle Überkopfbewässerung eingesetzt. Vereinzelt erfolgt auch noch die Wasserversorgung per Hand. Tropfschläuche sind zwar im Vergleich zu Überkopfregnern teurer, jedoch lässt sich mit ihnen eine einheitliche und bedarfsgerechte Bewässerung und gleichzeitige Nährstoffversorgung umsetzen. Die punktgenaue Bewässerung ermöglicht zudem einen sparsamen Umgang mit der immer knapper werdenden Ressource Wasser. Wer ohnehin auf „teures" Leitungswasser angewiesen ist, kann durch die effiziente Tropfbewässerung den Wasserverbrauch geringhalten und somit Kosten reduzieren. Noch können/dürfen einige Baumschulen auf Brunnenwasser oder Beregnungsteiche zurückgreifen, wodurch sich die Ausgaben für Wasser in Grenzen halten. Wiederum fallen bei steigender Aufwandmenge auch hier zusätzliche Kosten z. B. für die Wasseraufbereitung (Filterung etc.) an. In Anbetracht der Niederschlagsentwicklungen sind jedoch immer mehr Betriebe auf Leitungswasser angewiesen. Schließlich sind von den zunehmenden Ausgaben für höhere Wasseraufwandmengen, die Wasseraufbereitung, den höheren Strom- und Dieselverbrauch zum Betreiben der Systeme sowie steigende Mehrkosten aufgrund der häufigeren Wartung und des schnelleren Verschleißes der Bewässerungsanlagen alle Baumschulen betroffen. Durch eine effiziente Bewässerungssteuerung lassen sich zumindest der Wasserverbrauch und die damit verbundenen Kosten vergleichsweise geringhalten und gleichzeitig ein gutes Wachstum auch während Trockenheit

erzielen. Eine gleichmäßige Bewässerung kann dabei optimale Wachstumsbedingungen schaffen, um „schnellstmöglich" kräftige, vitale Pflanzen zu erhalten.

Abb. 4.1: Tropfbewässerung in einer Freilandbaumschule (Foto: A. Roloff)

4.2 Bewässerung in der Baumschule – Je mehr desto besser?

Wie oft und wie viel während der Anzucht von Bäumen bewässert werden sollte, wird immer wieder diskutiert. Im Hinblick auf den Anwuchserfolg am Endstandort wird derzeit in den Baumschulen eine regelmäßige, für den Standort und die Pflanze „optimale" Wasserversorgung bevorzugt. Bekannt ist, dass eine gut bewässerte (verwöhnte) Pflanze den Verpflanzstress bzw. einmalige Trockenheit gut überstehen kann. Durch eine optimale Wasserversorgung wird „mehr" Wasser im Pflanzengewebe gespeichert. Auf diese internen Wasserreserven kann die Pflanze nach dem Verpflanzen und während Trockenheit zurückgreifen und damit Stoffwechsel- und Wachstumsprozesse für einen gewissen Zeitraum aufrechterhalten. Für den Anwuchserfolg und optimale Wachstumsbedingungen nach dem Verpflanzen sollte dann in der ersten Vegetationsperiode im

Rahmen der Fertigstellungspflege mindestens einmal wöchentlich bewässert werden. Während der Entwicklungspflege in der zweiten und dritten Vegetationsperiode kann die Bewässerung etwas reduziert werden (Plietzsch 2017).
Nach Beendigung der Zusatzbewässerung steht dem Gehölz bei den derzeitigen und prognostizierten Witterungsbedingungen in der Regel nur wenig Wasser zur Verfügung, mit dem es eine zunehmend größer werdende Krone versorgen soll. Wird der interne Wasserspeicher nach einer längeren Trockenphase in der Vegetationsperiode nicht ausreichend wiederbefüllt, ist bei erneuter Trockenheit spätestens im Folgejahr mit starken Wachstumseinbußen und Trockenschäden zu rechnen, da das Gehölz an eine optimale Wasserversorgung gewöhnt ist. Bühler und Kristoffersen (2011) zeigten in ihren Untersuchungen an Containerkulturen, dass sich Gehölze innerhalb weniger Wochen und Monate an eine kontinuierlich starke Bewässerung mit einer im Vergleich zur Wurzel stärkeren Ausprägung oberirdischer Pflanzenteile anpassen. Nach Unterbrechung der Wasserzufuhr wurde innerhalb kurzer Zeit Trockenstress bei den untersuchten Arten nachgewiesen. Für ein optimales Wachstum müssten diese Pflanzen demnach dann dauerhaft kontinuierlich mit Wasser versorgt werden.
Es stellt sich daher die Frage, ob es wirklich nötig und sinnvoll ist, Baumschulgehölze durchgängig optimal (intensiv) zu bewässern. Sollten die Bäume nicht vielmehr stresstolerant, widerstandsfähig in Bezug auf Trockenheit sein, welche am zukünftigen Standort auch über mehrere Wochen oder Jahre in Folge auftreten kann? Wie stark sich Trockenstress auf die physiologischen Prozesse und damit auf das Wachstum von Pflanzen auswirkt, wird letztendlich von deren Angepasstheit sowie Anpassungsfähigkeit bestimmt. Die Anpassung an die Umwelt ist von verschiedenen beeinflussbaren und nicht beeinflussbaren Faktoren abhängig. Sie beruht vor allem auf der genetischen Grundausstattung der Individuen (Hattemer et al. 1993, s. Kap. 8). Hinzu kommt die Fähigkeit, aufgetretenen Stress zur Anpassung an sein mögliches wiederholtes Auftreten zu nutzen. Das genetisch bedingte Abhärtungsvermögen der Pflanzen wird von der Intensität und Dauer des Stressors sowie von dessen vorherigem Auftreten mit abhärtender Wirkung beeinflusst. Kurzzeitig auftretender und mäßiger Stress (Eustress) kann sich resistenzfördernd auswirken (Larcher 2001). Gehölze weisen grundsätzlich ein hohes Anpassungspotenzial an sich verändernde Umweltbedingungen auf, welches dabei vom Baumalter abhängig ist. Jüngere Gehölze haben einen klaren Vorteil. Sie können sich schneller an veränderte Umweltverhältnisse anpassen und sich somit auch frühzeitig an z. B. urbane Standortbedingungen gewöhnen. Dadurch sind sie fähig, gleichzeitig gepflanzte ältere und größere Bäume bereits nach wenigen Jahren einzuholen bzw. zu überholen. (Roloff 2004, 2016, s. Kap. 10 und Abb. 10.4)
Daher bleibt die Überlegung, ob eine frühzeitige Anpassung der Gehölze an die aktuellen Witterungsbedingungen, also wiederkehrende mehrwöchige Trockenperioden bereits in der Baumschule erfolgen könnte und sollte. Eine den aktuellen Niederschlagsbedingungen vergleichbare zeitweise Bewässerung mit einem Wechsel von z. B. zwei- bis dreitägiger intensiver Wasserversorgung und drei- bis vierwöchiger Bewässerungspause könnte die Trockenheitsresistenz von Gehölzen fördern und daher in Bezug auf eine bessere Angepasstheit an wiederkehrende Trockenphasen vielversprechend sein. Dies gilt

insbesondere für Bäume, die an urbane Standorte gepflanzt werden sollen, da Stadtstandorte durch das trockenwarme Klima, die starke Aufheizung in Hitzeperioden sowie die Versiegelung und Verdichtung der Böden grundsätzlich trockenheitsgefährdet sind.

4.3 Erkenntnisse aus dem Projekt AdapTree

Im Projekt AdapTree wurden erste Untersuchungen zur Erhöhung der Trockenheitstoleranz von juvenilen/jungen Bäumen vorgenommen. Im Rahmen des mehrjährigen Freilandversuches wurden die folgenden fünf Baumarten im Freiland kultiviert:

- Eberesche, *Sorbus aucuparia* (**Sa**),
- Feld-Ahorn, *Acer campestre* (**Ac**),
- Sommer-Linde, *Tilia platyphyllos* (**Tp**),
- Japanischer Schnurbaum, *Styphnolobium japonicum* (**Sj**) und
- Pyramiden-Pappel, *Populus nigra* ‚Italica' (**Pn**).

Abb. 4.2: Versuchsanlage in Dresden-Pillnitz am 11.06.2014 (Foto: A. Roloff)

In den Jahren 2012 und 2013 unterlagen sie dabei drei unterschiedlichen Bewässerungsvarianten:

- **V1**: optimale Bewässerung,
- **V2**: geringe bis keine Bewässerung,
- **V3**: zeitweise Bewässerung: einmal monatlich an zwei bis drei aufeinanderfolgenden Tagen intensive Wasserversorgung.

Im Folgejahr 2014 wurden alle Bäume Trockenheit ausgesetzt.
Der Aufbau der Versuchsanlage erfolgte in Dresden-Pillnitz (Abb. 4.2, vgl. Abb. 11.4) auf einer Fläche von 20 x 40 m auf dem Gelände der Hochschule für Technik und Wirtschaft Dresden.
Für jede Bewässerungsvariante wurden 4 Dämme angelegt und diese mit grünen, wasserundurchlässigen Gewebeplanen abgedeckt, um den Wassereintrag durch Niederschläge zu minimieren und eine gesteuerte Bewässerung mittels Tropfschläuchen zu gewährleisten. Zur Pflanzung wurden die Gewebeplanen jeweils 10 x 10 cm kreuzweise eingeschnitten. *Sorbus aucuparia, Acer campestre* und *Tilia platyphyllos* wurden als einjährige Sämlinge und *Populus nigra* ‚Italica' als einjährige bewurzelte Steckhölzer erworben und im Herbst 2011 und Frühjahr 2012 auf die Dämme blockweise in Doppelreihen gepflanzt. Die Pflanzung von *Styphnolobium japonicum* erfolgte im Mai 2012, nach Aussaat am 05.01.2012 und Anzucht im Gewächshaus (Dressler 2019).
Zur Erfassung der Bodenfeuchte wurden Watermark-Sensoren (Model 200SS, Irrometer Company) in 30, 60 und 90 cm Bodentiefe eingesetzt. Deren Daten ermöglichten eine kontrollierte Bewässerung der Varianten von Mitte Juli bis Ende September 2012 und von Mai bis Anfang Oktober 2013. In den Jahren 2012 bis 2014 erfolgten entsprechende Pflegemaßnahmen je nach Art und Entwicklungszustand (Dressler 2019). Im Oktober 2012 und 2013 wurden die Wurzeln aller Bäume mit einem Spaten in ca. 30 cm Tiefe gekappt. Bei *Styphnolobium japonicum* und *Populus nigra* ‚Italica' erfolgte im Oktober 2013 nur eine Einkürzung der zu den Wegen zeigenden Wurzeln. Unmittelbar nach den Wurzelkappungen erhielten alle Bäume intensive Wassergaben.
Neben Zuwachsanalysen (Höhe, Stamm- und Wurzelhalsdurchmesser, Trockenmasse, Spross-/Wurzelverhältnis) und Wassergehaltsuntersuchungen wurden Blattwasserpotenzial- und Chlorophyllfluoreszenzmessungen sowie Gefäßanalysen in den Untersuchungsjahren 2013 und 2014 durchgeführt. Somit konnten die artspezifische und bewässerungsabhängige Entwicklung während der Anzucht nachvollzogen und daraus schließlich die Stressbelastung sowie Trockenheitsreaktionen bzw. Strategien im Umgang mit Wassermangel und mögliche bewässerungsbedingte kurzfristige und langfristige Anpassungen an Trockenheit (vgl. Kap. 2 und 9) abgeleitet werden.
Die Reaktionen und Anpassungen waren je nach Baumart sehr verschieden (Dressler 2019). Einige dieser Reaktionen/Anpassungen können dazu beitragen, wiederkehrende Trockenheit besser zu überstehen. Die Anpassung der hydraulischen Architektur (Wasserleitungsbahnen) an Trockenheit hat sich als ein wesentliches Merkmal herausgestellt. Insbesondere die Größe, aber auch die Form von Tracheen und Tracheiden (Wasserleitungsbahnen; im Text auch als Gefäße bezeichnet) bestimmen, wie viel Was-

ser durch den Gefäßlumenquerschnitt fließen kann. Vor allem der Gefäßlumendurchmesser bzw. die Gefäßlumenquerschnittsfläche (Abb. 4.3) haben neben der Gefäßlänge einen starken Einfluss auf die hydraulische Leitfähigkeit und damit auf das Wasserleitungsvermögen von Pflanzen (Tyree et al. 1994, Tyree & Zimmermann 2002).

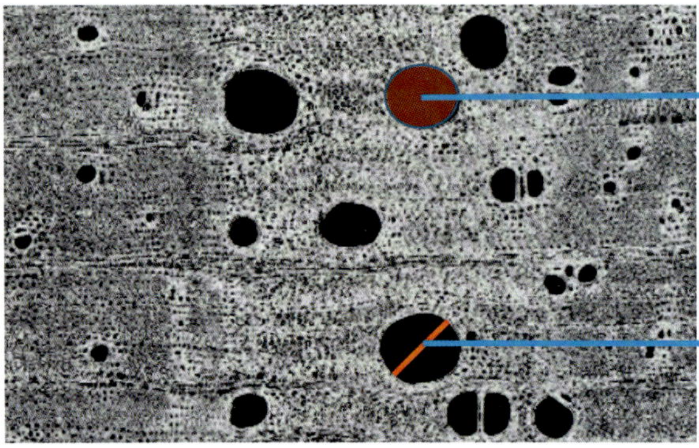

Abb. 4.3: Gefäßlumenquerschnittsfläche und Gefäßlumendurchmesser im Holzquerschnitt von Styphnolobium japonicum

Große Gefäßlumendurchmesser bzw. -querschnittsflächen weisen auf ein hohes Wasserleitungsvermögen hin. Bei guter Wasserversorgung können somit hohe Zuwächse realisiert werden. Mit zunehmender Gefäßgröße steigt jedoch nicht nur die Effizienz der Wasserleitung, sondern auch das Risiko von Leitfähigkeitsverlusten durch Kavitationen (Eindringen von Luft in Gefäße) und Xylem-Embolien (Unterbrechung des Wassertransportes durch Lufteinschlüsse) aufgrund von Frost und Trockenheit (Hacke et al. 2000, Sperry et al. 2008, Tyree et al. 1994, Tyree & Zimmermann 2002, 2006). Um trockenheits- und frostinduzierten Kavitationen bzw. Xylem-Embolien vorzubeugen, ist daher eine Form der Anpassung die Entwicklung von vorwiegend kleinen Wasserleitungsbahnen. Bereits während der Anzucht in der Baumschule kann durch die Art der Bewässerung Einfluss auf die Gefäßgrößenentwicklung genommen werden, da sie maßgeblich von der Bodenwasserverfügbarkeit bestimmt wird (Hsiao 1973, Sass & Eckstein 1995, Tyree & Zimmermann 2002).

Im Projekt AdapTree weisen die Untersuchungen der mittleren Gefäßlumenquerschnittsfläche auf einen Einfluss des Bewässerungsregimes bei *Acer campestre* und *Populus nigra* ‚Italica' hin. So führte eine geringe Wasserversorgung im Jahr 2013 zur Entwicklung kleinerer Lumenquerschnittsflächen und damit zur Anpassung an Trockenheit (Abb. 4.4). Auch bei gering und zeitweise bewässerten *Sorbus aucuparia* (SaV2 und SaV3) sowie zeitweise bewässerten *Styphnolobium japonicum* (SjV3) war diese Tendenz erkennbar.

Im Jahr 2014, in welchem alle Pflanzen Trockenheit ausgesetzt wurden, wiesen fast alle Baumarten eine signifikante oder zumindest tendenzielle Verringerung der mittleren Gefäßlumenquerschnittsfläche im Vergleich zum Jahr 2013 auf. Es erfolgte demnach eine Anpassung der Gefäße an Trockenheit. *Styphnolobium japonicum* bildete hingegen

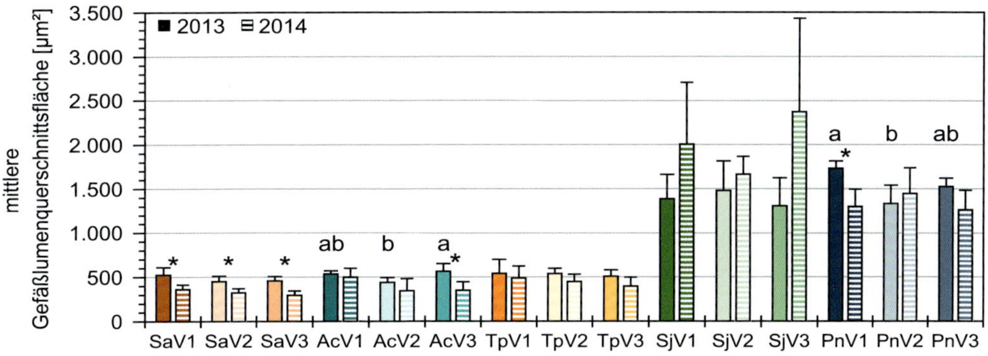

*Abb. 4.4: Mittelwert und Standardabweichung der mittleren Gefäßlumenquerschnittsfläche jeder Bewässerungsvariante einer Baumart in den Jahren 2013 und 2014 (n = 4 je Baumart und Bewässerungsvariante). Signifikante Unterschiede (t-Test, $p \leq 0{,}05$) zwischen den Untersuchungsjahren innerhalb einer Bewässerungsvariante einer Baumart sind mit einem * markiert. Unterschiedliche Kleinbuchstaben über den Säulen kennzeichnen signifikante Unterschiede (Scheffé, $p \leq 0{,}05$) zwischen den Bewässerungsvarianten einer Baumart innerhalb eines Jahres.*

in allen Bewässerungsvarianten im Frühjahr 2014 noch weitlumigere Gefäße als im Vorjahr zugunsten einer höheren Effizienz der Wasserleitung und damit möglicherweise auf Kosten der Sicherheit vor Embolien.

Durch die Ausbildung eines sehr tiefreichenden Wurzelsystems, welches im Herbst 2013 versuchsbedingt nicht komplett eingekürzt wurde, könnte *Styphnolobium japonicum* im Vergleich zu den anderen Baumarten im Jahr 2014 an tiefer liegende Wasserressourcen gelangt sein. Die Entwicklung der weitlumigeren Frühholzgefäße bei der ringporigen Baumart *Styphnolobium japonicum* kann daher mit einer besseren Wasserversorgung im Frühjahr begründet werden. Die Zunahme der mittleren Gefäßlumenquerschnittsfläche könnte im Zusammenhang mit dem natürlichen Juvenilitätstrend stehen (Carlquist 2001, Kramer & Akça 2008).

Auch wenn *Styphnolobium japonicum* eine Zunahme der Gefäßlumenquerschnittsfläche unter Trockenheit im Jahr 2014 aufwies, zeigten sich bei Betrachtung der Gefäßgrößenverteilung, das heißt der Anzahl der Gefäße in den jeweiligen Gefäßgrößenklassen (GK), sowohl im Jahr 2013 als auch im Jahr 2014 Unterschiede zwischen den Bewässerungsvarianten (Abb. 4.5). So wiesen vornehmlich optimal bewässerte *Styphnolobium japonicum* (SjV1) vereinzelt sehr große Gefäße mit über 16.000 µm² Querschnittsfläche (GK 9–15) auf und SjV2 und SjV3 vermehrt kleine Gefäße mit bis zu 6.000 µm² (GK 1–3) im Jahr 2013 und bis 12.000 µm² (bis GK 6) im Jahr 2014. Bei vormals gering und zeitweise bewässerten Pflanzen (SjV2 und SjV3) wird daher von einer geringen Gefahr des Leitfähigkeitsverlustes durch Xylem-Embolien bei starker Trockenheitsbelastung im Jahr 2014 ausgegangen.

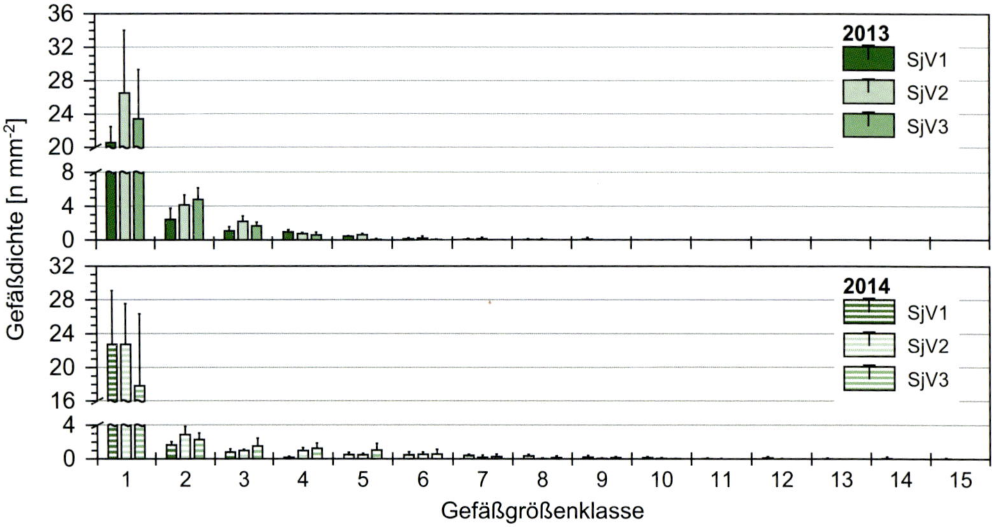

Abb. 4.5: Mittelwert und Standardabweichung der Gefäßdichte je Gefäßgrößenklasse (in 2.000 µm² Schritten) in den Jahren 2013 und 2014 für Styphnolobium japonicum *(n = 4 je Bewässerungsvariante).*

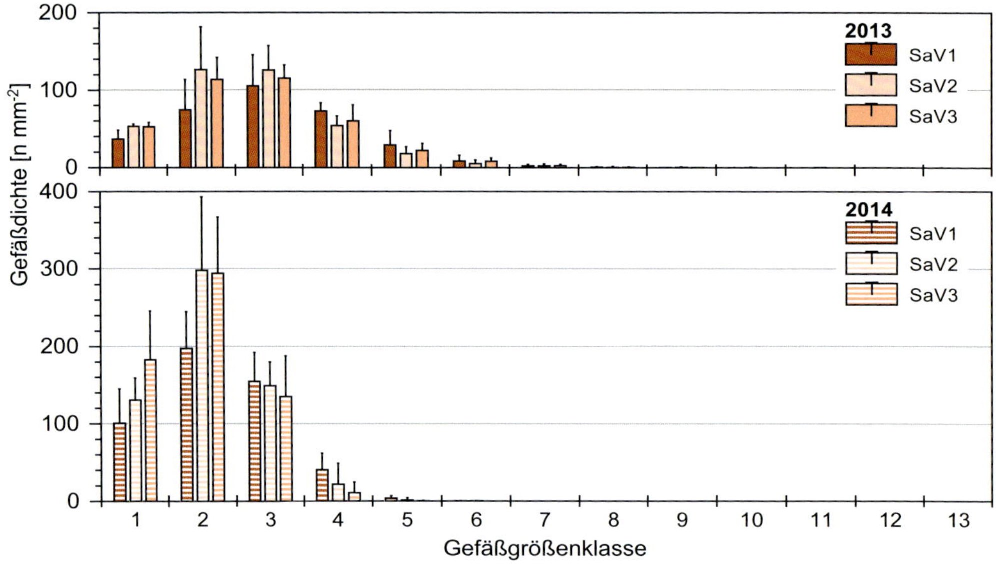

Abb. 4.6: Mittelwert und Standardabweichung der Gefäßdichte je Gefäßgrößenklasse (in 200 µm² Schritten) in den Jahren 2013 und 2014 für Sorbus aucuparia *(n = 4 je Bewässerungsvariante).*

Auch bei *Sorbus aucuparia, Acer campestre* und *Populus nigra* ‚Italica' bewirkte eine geringe und zeitweise Bewässerung (V2 und V3) im Jahr 2013 sowie Trockenheit im Jahr 2014 eine verstärkte Entwicklung kleinerer Gefäße und eine geringe Bildung der für Xylem-Embolien anfälligeren größeren Gefäße (Dressler 2019). Abbildung 4.6 zeigt dies für *Sorbus aucuparia.*

Diese Anpassung der Wasserleitungsbahnen ist auch in Bezug auf wiederkehrende mehrjährige Trockenheit von besonderer Bedeutung, denn auch die Gefäße älterer Jahrringe sind bei vielen Baumarten an der Wasser- und Nährsalzleitung beteiligt. Untersuchungen von Gebauer et al. (2008) ergaben, dass Gefäße von ringporigen Arten bis zu 27 Jahre und von zerstreutporigen Arten sogar bis zu 100 Jahre funktionsfähig bleiben können. Demnach ist es bei wiederkehrender mehrjähriger Trockenheit von Vorteil, wenn mehr kleine und nur wenige große, emboliegefährdete Gefäße bzw. möglichst wenig embolisierte Gefäße in älteren Jahrringen vorhanden sind. Diese Form der Anpassung kann bei *Sorbus aucuparia, Styphnolobium japonicum* und *Populus nigra* ‚Italica' durch eine zeitweise und geringe Bewässerung (V2 und V3) erreicht werden. *Sorbus aucuparia* und *Populus nigra* ‚Italica' zeigten zudem deutliche Schwankungen der Gefäßlumenquerschnittsflächen innerhalb der Vegetationsperiode 2013 aufgrund der wechselnden Wasserverfügbarkeit (Abb. 4.7). Die schnelle Veränderung der Gefäßgrößen, je nach Bewässerungssituation, deuten auf eine hohe Anpassungsfähigkeit der beiden Pionierbaumarten hin. Die Untersuchungen haben jedoch auch gezeigt, dass nicht alle Baumarten ihre Gefäßgröße an die Wasserverfügbarkeit anpassen bzw. dass Anpassungen nur nach starker oder wiederholter Trockenheit erfolgen. *Acer campestre* zeigte erst nach einer zweijährigen Wassermangelsituation bzw. vormals zeitweiser Wasserversorgung

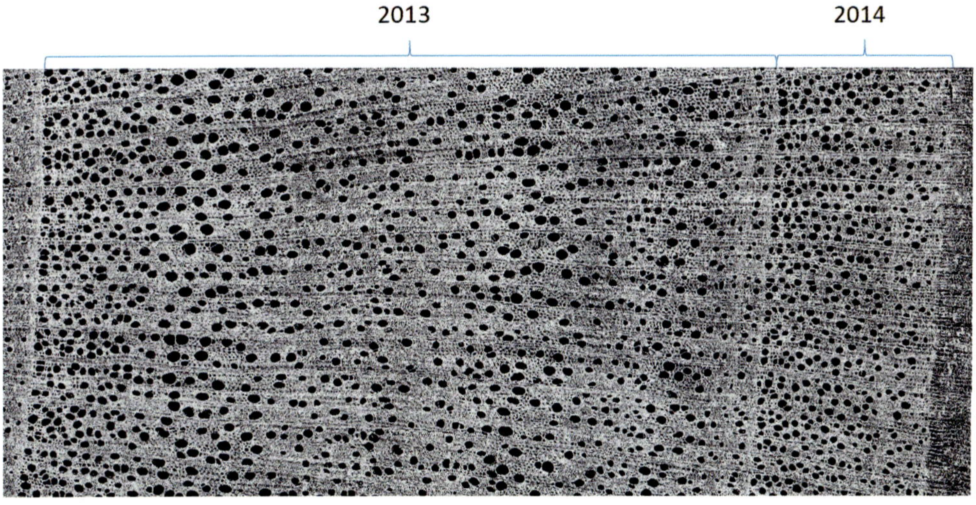

Abb. 4.7: Gefäßgrößenveränderung von Sorbus aucuparia *während zeitweiser Bewässerung im Jahr 2013 und unter Trockenheit im Jahr 2014*

und anschließender Trockenheit eine deutliche Anpassung der Gefäßlumendurchmesser. Bei *Tilia platyphyllos* hingegen zeichnete sich weder im Jahr 2013 noch im Jahr 2014 eine verstärkte Entwicklung kleinerer Gefäße unter Trockenheit ab. Lediglich eine etwas geringere Entwicklung weitlumiger Gefäße (große Lumenquerschnittsfläche) war im Jahr 2014 bei TpV2 und TpV3 im Vergleich zu TpV1 feststellbar. Daher kann eine etwas bessere Angepasstheit vormals gering und zeitweise bewässerter *Tilia platyphyllos* (TpV2 und TpV3) an die Trockenheit im Jahr 2014 vermutet werden.

Ist eine Pflanze gut an Trockenheit angepasst, spiegelt sich dies auch in vergleichsweise gutem Wachstum, z.B. stärkerem Höhen- und Durchmesserzuwachs oder besserer Trockenmasseentwicklung unter Trockenheit wider. Die Wachstumsuntersuchungen von *Tilia platyphyllos, Acer campestre* und *Populus nigra* ‚Italica' zeigen, dass vormals gering und zeitweise bewässerte Pflanzen unter Trockenheit im Jahr 2014 untere anderem geringere Trockenmassezuwächse als vormals optimal bewässerte Pflanzen aufwiesen

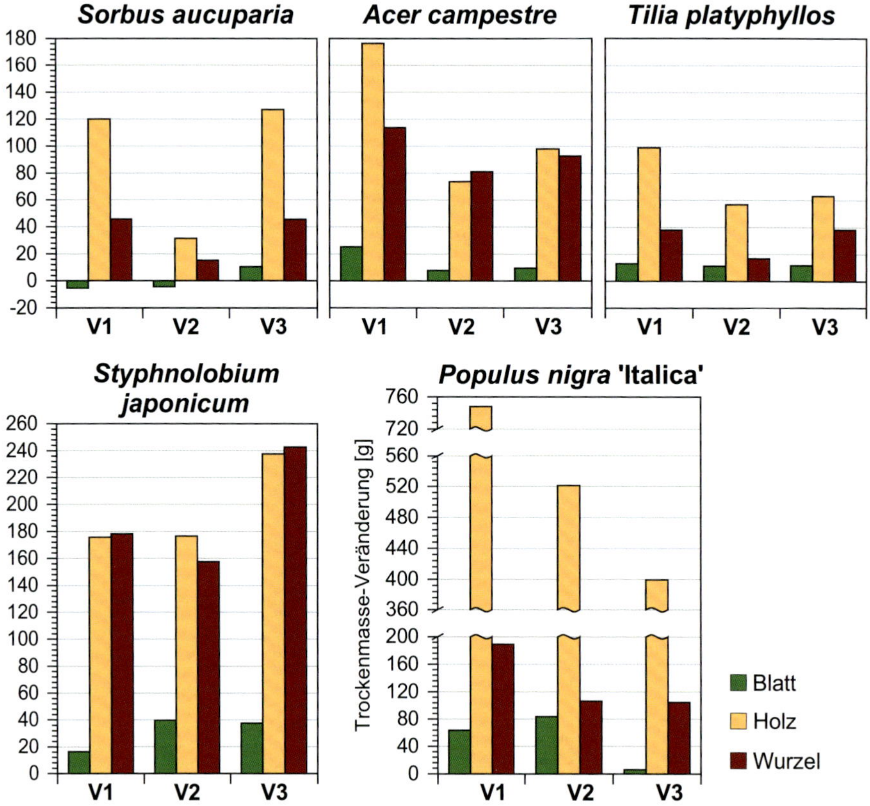

Abb. 4.8: Absolute Zuwächse der Trockenmasse von Blättern, Holz (Stamm und Zweige) und Wurzel vom Jahr 2013 zum Jahr 2014, dargestellt für jede Bewässerungsvariante (V1 – V3) einer Baumart.

(Abb. 4.8), sodass keine bessere Angepasstheit durch eine vorangegangene Minderbewässerung vorlag.

Zeitweise bewässerte *Tilia platyphyllos* und *Acer campestre* wiesen zudem im Herbst 2014 geringste Pflanzenwassergehalte auf (Abb. 4.9). Chlorophyllfluoreszenzmessungen im Jahr 2014 deuten schließlich auf eine etwas höhere Stressbelastung vormals zeitweise bewässerter *Tilia platyphyllos* und *Acer campestre*, wohingegen die Stressbelastung

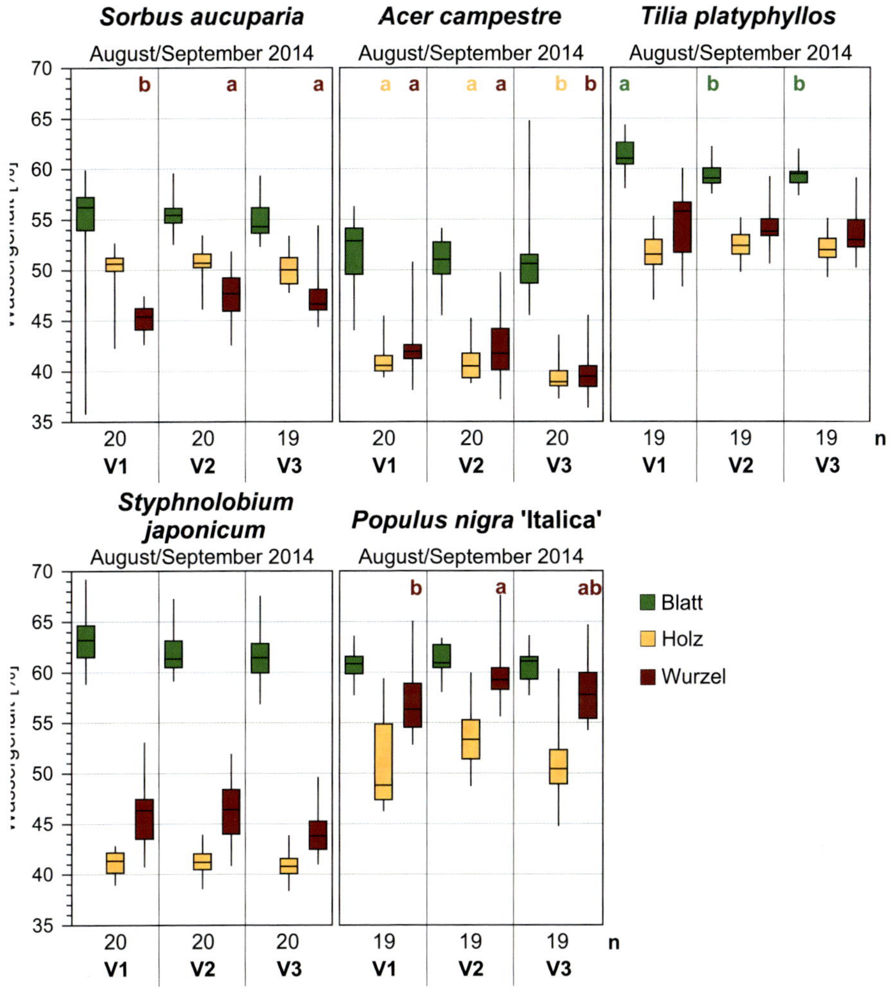

Abb. 4.9: Prozentuale Wassergehalte im Blatt, im Holz (Stamm und Zweige) und in der Wurzel im August/September 2014. Signifikante Unterschiede (Dunn-Bonferroni-Tests, $p \leq 0{,}05$) zwischen den Bewässerungsvarianten V1 – V3 der jeweiligen Pflanzenorgane einer Baumart sind mit unterschiedlichen Kleinbuchstaben der dem Pflanzenorgan entsprechenden Farbe gekennzeichnet.

LARCHER, W., 2001: *Ökophysiologie der Pflanzen* – Leben, Leistung und Streßbewältigung der Pflanzen in ihrer Umwelt. 6. Aufl. Ulmer, Stuttgart

LÖSCH, R., 2001: Wasserhaushalt der Pflanzen. Quelle & Meyer, Wiebelsheim

PLIETZSCH, A., 2017: Jungbaumpflege – Kritische Anmerkungen zu Pflanzschnitt, Düngung, Mulch und Bewässerung, einschließlich Baumbewässerungssets. Jahrbuch der Baumpflege 2017, Haymarket Media, Braunschweig, 206–217

ROLOFF, A., 2004: Was können Bäume in der Stadt ertragen? Grenzen und Wichtiges für die Baumartenwahl und -verwendung außerhalb ihres Naturstandortes. In: DUJESIEFKEN, D., KOCKERBECK, P. (Hrsg.): Jahrbuch der Baumpflege 2004, Haymarket Media, Braunschweig, 90–97

ROLOFF, A., 2016: Über die Plastizität alter Bäume – was an Veränderungen können sie ertragen? In: ROLOFF, A., THIEL, D., WEISS, H. (Hrsg.): Aktuelle Fragen der Baumpflege und Umgang mit alten Bäumen/neuen Baumarten, Forstwiss. Beitr. Tharandt/Contrib. For. Sc., Beiheft 18: 190–209

RUST, S.; ROLOFF, A., 2008: Die Auswirkungen des Klimawandels auf die Standbäume. In: DUJESIEFKEN, D., KOCKERBECK, P. (Hrsg.): Jahrbuch der Baumpflege 2008, Haymarket Media, Braunschweig, 40–48

SASS, U.; ECKSTEIN, D., 1995: The variability of vessel size in beech (*Fagus sylvatica* L.) and its ecophysiological interpretation. Trees 9(5), 247–252

SCHRAML, C.; PEUKE, A.D.; RENNENBERG, H., 2001: Untersuchungen zur Streß-Sensitivität von Ökotypen der Buche (*Fagus sylvatica* L.). Forschungsbericht FZKA-BWPLUS, 116 S.

SPERRY, J.S.; MEINZER, F.C.; MCCULLOH, K.A., 2008: Safety and efficiency conflicts in hydraulic architecture: scaling from tissues to trees. Plant, Cell and Environment 31(5), 632–645

TYREE, M.T.; DAVIS, S.D.; COCHARD, H., 1994: Biophysical Perspectives of Xylem Evolution: Is There a Tradeoff of Hydraulic Efficiency for Vulnerability to Dysfunction. IAWA Journal 15(4), 335–360

TYREE, M.T.; ZIMMERMANN, M.H., 2002: Xylem Structure and the Ascent of Sap. 2. Aufl. Springer, Berlin, Heidelberg, New York

VIGER, M.; SMITH, H.K.; COHEN, D.; DEWOODY, J.; TREWIN, H.; STEENACKERS, M.; BASTIEN, C.; TAYLOR, G., 2016: Adaptive mechanisms and genomic plasticity for drought tolerance identified in European black poplar (*Populus nigra* L.). Tree Physiology 36(7), 909–928

5 Schadsymptome in Verbindung mit Trockenstress – Welche Ursachen gibt es und wie geht man damit um?

Lauritz Schrader

5.1 Einführung

In den vergangenen Jahren konnten vielerorts Bäume beobachtet werden, die im Zuge anhaltender Trockenperioden in ihrer Vitalität deutlich beeinträchtigt waren (KEHR 2020). Es traten verschiedene Symptome auf, zu den häufigsten gehörten verbraunende Blätter oder Nadeln, gefolgt von verfrühtem Abwerfen der Belaubung. Anschließend kam es auch zum Absterben einzelner Äste oder Kronenteile. Nach den vergangenen Jahren liegt die Vermutung nahe, dass die extreme Witterung und dadurch bedingter Trockenstress für die Schäden verantwortlich ist. Aber wie erklären wir die teilweise extremen Vitalitätsunterschiede, welche bei Individuen einer Baumart beobachtet wurden, die im gleichen Ort oder sogar in der gleichen Baumreihe wuchsen (Abb. 5.1)? Die Witterungsbedingungen allein liefern keine Erklärung, da sie für diese Individuen praktisch identisch sind. Hier scheinen je nach Standort Wechselwirkungen zwischen der Witterung und abiotischen oder biotischen Faktoren als Auslöser wahrscheinlich. In den folgenden Abschnitten dieses Kapitels soll eine Auswahl einiger Standortfaktoren exemplarisch erläutert werden.

Abb. 5.1: Gleichalte Berg-Ahorne mit stark variierender Vitalität innerhalb einer Baumreihe

5.2 Baumkrankheiten und Trockenstress

In den meisten Fällen handelt es sich bei Erregern von Baumkrankheiten um Sekundärparasiten. Das bedeutet, dass sie nur Bäume besiedeln können, die in irgendeiner Weise geschwächt sind, anders als die wenigen aggressiven Primärparasiten (z. B. *Phytophthora*-Arten), die in der Lage sind, selbst vollkommen gesunde Wirte erfolgreich zu infizieren (KEHR 2013).
Die Art und Weise der Schwächung kann dabei ganz unterschiedlich sein. Viele holzzersetzende Pilze wie Zottiger Schillerporling (*Inonotus hispidus*), Austernseitling (*Pleurotus ostreatus*) oder der Goldfell-Schüppling (*Pholiota aurivella*) nutzen Wunden nach Astabbrüchen oder Astungen als Eintrittspforten (Abb. 5.2).

Abb. 5.2: Fruchtkörper des Goldfell-Schüpplings an der Astungswunde eines Berg-Ahorns

Neben vielen anderen existierenden Stressfaktoren (Insektenbefall, Staunässe, Nährstoffmangel, Spätfrostschäden etc.) gewinnt Trockenstress aufgrund der klimatischen Veränderungen immer mehr Bedeutung bei der Prädisposition von Gehölzen. Aber welche konkreten Auswirkungen hat Trockenstress auf den Baum, die eine Infektion begünstigen?
Ein wichtiger Effekt ist die gehemmte Wundperidermbildung bei gestressten Bäumen, wodurch Verletzungen länger offen liegen und von Pathogenen besiedelt werden können. Außerdem wird die Produktion von antimikrobiell wirkenden Inhaltsstoffen (sog. Phytoalexine) bei Trockenstress vermindert und somit die Erregerausbreitung im Wirt erleichtert. Daneben konnten in Bäumen, die unter Trockenstress leiden, erhöhte Konzentrationen von Kohlenhydraten (Glukose) und Aminosäuren (Alanin, Asparagin, Prolin) nachgewiesen werden, die das Hyphenwachstum von Pilzen fördern (vgl. Kap. 9). Eine umfangreiche Zusammenstellung von internationalen Forschungsergebnissen zu den Auswirkungen von Trockenstress auf die Wirt-Pathogen-Beziehung wurde von Desprez-Loustau et al. (2006) erarbeitet.
In den folgenden Abschnitten sollen einige ausgewählte Erreger von Baumkrankheiten vorgestellt werden, die besonders von Trockenstress profitieren und in den vergangenen Jahren bereits auffällig geworden sind.

5.2.1 Rußrindenkrankheit des Ahorns

Die Rußrindenkrankheit wird durch die aus Nordamerika stammende Pilzart *Cryptostroma corticale* hervorgerufen. Der Erreger infiziert Triebe und Zweige oder dringt direkt über kleinere Wunden in den Baum ein. Von dort aus wächst das Pilzmyzel durch den Holzkörper bis in das Kernholz und breitet sich anschließend in Stammlängsrichtung aus. Später kommt es zum radialen Myzelwachstum und sobald die Rinde erreicht ist, wird diese zum Absterben gebracht. Unter der Borke bildet der Pilz eine Zellschicht, in welcher die Sporenträger mit den Sporen ausgebildet werden. Nach dem Abplatzen der Borke wird diese schwarze Schicht als rußähnlicher Belag sichtbar, daher auch die Bezeichnung als Rußrindenkrankheit (Abb. 5.3). Die Verbreitung der freiliegenden Sporen erfolgt mit dem Wind oder sie werden vom Regen abgespült. Weitere Symptome der Krankheit sind welkende Blätter, absterbende Äste sowie eine grünliche bis bräunliche Verfärbung des Holzes. Bei einem stärkeren Befall können die betroffenen Bäume innerhalb eines Jahres absterben. Der Berg-Ahorn gilt in Europa als Hauptwirt, seltener können auch andere Ahorn-Arten wie Spitz-, Silber- oder Feld-Ahorn betroffen sein (Butin 2019).
Der erste Nachweis des Pilzes in Europa erfolgte in den 1940er-Jahren in Großbritannien, und mittlerweile wurde er in vielen weiteren europäischen Ländern beobachtet. Dabei ist auffällig, dass es insbesondere nach trockenen und heißen Jahren verstärkt zu Krankheitsausbrüchen kam. In Laborexperimenten wurde ermittelt, dass das optimale Myzelwachstum bei 25 °C liegt und dass sich der Pilz in unter Trockenstress leidenden Pflanzen deutlich schneller ausbreitet als in gut wasserversorgten Pflanzen (Dickenson & Wheeler 1981). In einer neueren Studie konnte nachgewiesen werden, dass *C. corti-*

cale als Endophyt bereits in symptomlosen Berg-Ahornen vorkommt und diese latent infiziert (Kelnarová et al. 2017). Die genauen Abläufe sind noch nicht geklärt, aber es wird vermutet, dass der Erreger von einer endophytischen in eine parasitische Lebensphase übergeht, sobald für ihn günstige Bedingungen herrschen. Bei anhaltender trocken-heißer Witterung kommt es zur Anregung des Myzelwachstums. Gleichzeitig ist der Wirtsbaum aufgrund von Trockenstress geschwächt und kann sich schlechter gegen den Pilz verteidigen. Dieser Zusammenhang erklärt die gehäuften Krankheitsfälle der vergangenen Jahre und lässt zukünftig einen weiteren Anstieg vermuten, basierend auf den prognostizierten Klimaveränderungen.

Die präventiven Maßnahmen zur Vorbeugung eines Krankheitsausbruches dienen der Stressvermeidung. Dazu gehören beispielsweise die Wahl eines geeigneten Standortes, eine ausreichend große Pflanzgrube und vor allem eine gute Wasserversorgung. In Zeiten kritischer Witterungsbedingungen sollte möglichst auch eine künstliche Bewässerung in Betracht gezogen werden. Im Falle eines Ausbruches muss das betroffene Gebiet weiträumig abgesperrt und die symptomatischen Bäume gefällt werden, da die in großen Massen produzierten Sporen bei übermäßigem Einatmen zu einer

Abb. 5.3: Stammfuß eines Berg-Ahorns mit Befall der Rußrindenkrankheit; daneben eine Großaufnahme der schwarzen rußartigen Sporenmasse.

Entzündung der Lungenbläschen führen können. Deshalb ist während der Fällarbeiten auch das Tragen einer entsprechenden Schutzausrüstung (Schutzbrille, Feinstaubmaske FFP3, Overall, Schutzhandschuhe und Stiefel) für alle Beteiligten dringend zu empfehlen, um den Sporenkontakt zu minimieren. Das infizierte Holz sollte anschließend abgedeckt abtransportiert und einer Verbrennungsanlage zugeführt werden, von einer Weiterverarbeitung zu Brennholz oder Hackschnitzeln ist dringend abzusehen (Bork 2018).

5.2.2 Diplodia-Kieferntriebsterben

Sphaeropsis sapinea (Syn. *Diplodia pinea*) ist ein Pilz mit weltweiter Verbreitung, der vor allem als Verursacher von Triebsterben, Wipfeldürre und Rindenschäden an tropischen und subtropischen Koniferen gilt. In den gemäßigten Breiten war er hingegen als Auslöser einer graublauen Verfärbung („Bläue") des Holzes bekannt. Seit den 1990er-Jahren wurde der Pilz in Europa vermehrt mit Triebsterben an Schwarz- und Wald-Kiefer, seltener auch an anderen Kiefern-Arten, Douglasie oder Europäischer Lärche in Verbindung gebracht.

Die typischen Schadsymptome bei betroffenen Trieben sind Kümmerwuchs, verbräunende Nadeln und Triebspitzen sowie starker Harzfluss (Abb. 5.4). Anschließend erscheinen kleine schwarze Fruchtkörper (sog. Pyknidien) auf der abgestorbenen Rinde, an der Basis toter Nadeln oder auf den Zapfen.

In den Pyknidien kommt es zu einer asexuellen Produktion von Sporen (Konidien), welche innerhalb der gesamten Vegetationsperiode (April bis Oktober) freigesetzt werden, um neue Wirte zu besiedeln. Hierbei haben sich Gewebeschäden durch nadelfressende Insekten oder Hagelschlag als infektionsfördernd herausgestellt, da sie Eintrittspforten für den Pilz darstellen. Allerdings ist *S. sapinea* in der Lage, auch gesundes Gewebe zu infizieren, insbesondere während der Zeit der Triebentwicklung (April bis Juni), in welcher noch keine Verholzung stattgefunden hat. Die Witterung spielt dabei eine wichtige Rolle; so ist das Infektionspotenzial bei feuchter Witterung und einer gleichzeitig oder anschließend einsetzenden Wärmeperiode am höchsten, weil die Sporenkeimung begünstigt wird. Ein vitaler Wirt ist jedoch in der Lage, sich gegen die Erregerausbreitung zu wehren, wie beispielsweise durch Wundperidermbildung oder Harzinfiltration. Der Erreger kann allerdings mehrere Jahre als Endophyt im Wirtsgewebe überdauern und in eine parasitische Phase übergehen, sobald der betroffene Baum geschwächt wird. Dabei wird Trockenstress als Prädispositionsfaktor für eine derartige Änderung der Lebensweise eine große Bedeutung zugeschrieben. Außerdem erfolgt die Krankheitsausbreitung in einem unter Trockenstress leidenden Individuum deutlich schneller als in einem gut wasserversorgten Baum (Johnson et al. 1997).

Die direkte Bekämpfung des Pilzes ist schwierig, da er sich auch von abgestorbenem Material ernähren kann (sog. Saprobiont) und somit seine Existenz im Bestand dauerhaft sicherstellt und stetig neue Konidiosporen produziert. Deshalb liegt der Fokus auf präventiven Maßnahmen. Es ist wichtig stressauslösende Faktoren zu vermeiden, da es sich bei dem Erreger um einen Schwächeparasiten handelt. Zum Beispiel könnten Bewässerungsmaßnahmen einer drohenden Trockenstresssituation entgegenwirken. Außerdem sollten bei der Standortwahl und Pflanzung feuchte Bedingungen (geringe Baumabstände oder Windschatten von Gebäuden) umgangen werden, da diese infektionsfördernd wirken. Eine weitere Maßnahme ist die Wahl geeigneter Provenienzen bei der Pflanzung (SCHUMACHER & KEHR 2011).

Abb. 5.4: Schwarz-Kiefern mit Diplodia-Triebsterben

Bei einem auftretenden Krankheitsfall muss nicht zwingend sofort eingegriffen werden, da die Bäume einen einmaligen Befall in der Regel verkraften und sich davon erholen. Kommt es jedoch zu Infektionen in nachfolgenden Jahren, werden Bäume derartig geschwächt, dass es zu Absterbeerscheinungen kommen kann. Deshalb sollte zuvor ein Rückschnitt infizierter Triebe und deren Entsorgung erfolgen.

5.2.3 Massaria-Krankheit der Platane

Der Erreger der Massaria-Krankheit *Splanchnonema platani* ist ein Schlauchpilz, der als Schwächeparasit kleinere absterbende Äste besiedelt und aus ökologischer Sicht die natürliche Astreinigung unterstützt. Seit Anfang der 2000er-Jahre wird er aber auch vermehrt mit dem Verursachen von Rinden- und Kambialnekrosen, sowie mit dem Absterben deutlich stärkerer Äste in Verbindung gebracht. Ein Absterben ganzer Bäume wurde aber noch nicht beobachtet. Die ansteigende Aggressivität des Pilzes wird nur durch das sinkende Abwehrvermögen eines gestressten Wirtes ermöglicht. Hierbei ist erneut Trockenstress der wichtigste stressauslösende Faktor. Die Infektion eines stärkeren Astes stellt für die Verkehrssicherheit ein großes Problem dar, weil der Pilz im Endstadium der Krankheit eine Moderfäule verursacht und somit die Bruchgefahr erhöht. Allerdings ist ein betroffener Ast vom Boden aus kaum erkennbar, da sich die Symptome vorwiegend auf der Astoberseite entwickeln.
Als erstes Anzeichen gelten rosa-violette Verfärbungen der Rinde, die sich von der Astbasis zur Astspitze hin ausbreiten und vom gesunden Gewebe abgrenzen. Im weiteren Verlauf färben sich die betroffenen Bereiche rußartig schwarz, die Rinde wird rissig und bröckelt ab (Abb. 5.5). In der frisch abgestorbenen Rinde ist das dunkle Pilzmyzel deutlich erkennbar. Unter dem Korkgewebe (Periderm) entwickelt sich die Nebenfruchtform *Macrodiplodiopsis desmazieresii* mit ihren schwarzen Pyknidien, in welchen die vierzelligen

Abb. 5.5: Mit Massaria-Krankheit infizierter Ast, das erkrankte Gewebe auf der Astoberseite grenzt sich eindeutig von dem gesunden Gewebe ab (Foto: R. Kehr)

Konidiosporen produziert werden. Später können auch die Fruchtkörper (Pseudothezien) der Hauptfruchtform *Splanchnonema platani* in tieferen Befallsschichten gefunden werden. Zuletzt kommt es zur Ausbildung einer Moderfäule, sodass der Ast entweder aufgrund seines Eigenwichtes oder Windeinwirkung abbricht. Neben den schwer sichtbaren Symptomen auf dem Ast kann auch eine schüttere Belaubung auf die Massaria-Krankheit hindeuten. Allerdings können auch gesund wirkende Äste abbrechen, weil die Wasserversorgung der Blätter über die restlichen, nicht besiedelten Leitgefäße sichergestellt wurde.

Eine chemische oder biologische Bekämpfung des Pilzes ist nicht möglich, weshalb präventive Maßnahmen erneut das Mittel der Wahl darstellen. Bei der Pflanzung sollten trockene, heiße und stark versiegelte Innenstadtbereiche vermieden werden. Außerdem kann die Anfälligkeit der Platanen gegenüber einer Infektion durch Bewässerung deutlich verringert werden (Gaertig & Bergmann 2011). Aus Gründen der Verkehrssicherungspflicht sowie zur Reduzierung des Infektionsdruckes ist die Entfernung infizierter Äste und die anschließende Verbrennung des Holzes ratsam. Nach einem bestätigten Befall kann das Kontrollintervall bei solchen Bäumen verkürzt werden, um weitere Infektionen schneller zu erkennen.

5.2.4 Pfennig-Kohlenkruste

Die Pfennig-Kohlenkruste (*Biscogniauxia nummularia*) ist ein Schlauchpilz, der in der Vergangenheit schon mehrfach mit Schäden an Buchen in Form von länglichen Rindennekrosen („strip canker") infolge extremer Trockenheit und Hitze assoziiert wurde. In Süd-Italien kam es in den 1990er-Jahren sogar zu Absterbeereignissen von Buchen in Verbindung mit einer Infektion durch *B. nummularia*. In Deutschland scheint der Pilz an der Entstehung komplexer neuer Buchenschäden beteiligt zu sein, die sich von dem bisher bekannten Buchenrindensterben unterscheiden (u. a. Kehr et al. 2014, Kehr 2020). Dabei verursacht die Pfennig-Kohlenkruste Rindennekrosen (Abb. 5.6) und eine Moderfäule auf der Oberseite von Ästen, woraufhin diese eine erhöhte Sprödbruchgefahr aufweisen. In der abgestorbenen Rinde kommt es zur Ausbildung der schwarzen, zunächst münzförmigen Zellschicht (sog. Stroma), in welcher die Fruchtkörper eingebettet sind. Mit der Zeit breiten sich die Stromata aus und können zu einer einheitlichen schwarzen Kruste verschmelzen. Als weitere Symptome können in der Oberkrone auch Kleinblättrigkeit und Blattvergilbungen beobachtet werden. Neben der Pfennig-Kohlenkruste sind noch weitere Krankheitserreger, wie beispielsweise Pilze der Gattungen *Nectria* und *Neonectria*, der Gemeine Spaltblättling (*Schizophyllum commune*) oder auch der Buchenprachtkäfer (*Agrillus viridis*) an der Entstehung der Komplexschäden beteiligt.

Als Auslöser für die steigenden Schäden durch *B. nummularia* wird vor allem eine Wirtsschwächung durch Trockenstress infolge heißer, trockener Witterung vermutet. Denn es ist bekannt, dass der Erreger als latenter Endophyt in symptomlosen Buchen vorkommen und überleben kann (Luchi et al. 2006). Das verminderte Abwehrvermögen des geschwächten Baumes ermöglicht dem Pilz vermutlich den Übergang von einer endophytischen in eine parasitische Lebensphase, wodurch es zur Ausbildung der Krankheits-

Abb. 5.6: Streifenförmige Rindennekrose („strip canker"), hervorgerufen durch Fruchtkörper der Pfennig-Kohlenkruste auf einem abgebrochenen Buchenast

symptome kommt. Neben Trockenstress wird auch die Zunahme von Mastjahren als Prädispositionsfaktor in Betracht gezogen (KEHR 2014).
Aufgrund der vergleichsweise jungen Krankheitshistorie und der geringen Krankheitsfälle gibt es wenig Erfahrung beim Umgang mit dem Erreger. Da Trockenstress aber als der wichtigste Prädispositionsfaktor gilt, muss auf eine gute Wasserversorgung geachtet und gegebenenfalls Bewässerung als Präventivmaßnahme zurückgegriffen werden. Bei bestätigten Infektionen sollten die betroffenen Äste aus Gründen der Verkehrssicherheit entnommen und entsorgt werden. Ebenso ist die Durchführung verstärkter Kontrollen in bekannten Befallsgebieten ratsam.
Ein weiterer Vertreter aus der Gattung der Rindenkugelpilze, der in Europa vermehrt für Probleme sorgt, ist *Biscogniauxia mediterranea*. Der Pilz befällt mehrere Eichen-Arten und verursacht die „charcoal disease", die Holzverfärbungen, Welkesymptome sowie Rindennekrosen hervorruft. Die schwarzen, an Kohle erinnernden Stromata sind namensgebend. Genau wie *B. nummularia* kommt der Erreger als Endophyt in symptomlosen Bäumen vor und entwickelt erst parasitische Eigenschaften, wenn der Wirt unter Trockenstress leidet (VANINI et al. 2009). Bisher hat der thermophile Schlauchpilz besonders in Südeuropa (Italien, Spanien, Portugal, Slowenien) und Nordafrika (Tunesien, Marokko, Algerien) Schäden verursacht. In Deutschland ist er noch nicht negativ in Erscheinung getreten, sondern nur als Besiedler auf bereits abgestorbenem Gewebe.

Ebenfalls nennenswerte Krankheitserreger, die von Trockenstress profitieren zu scheinen und in den vergangenen Jahren Aufmerksamkeit erregt haben, sind *Anthostoma decipiens* als Erreger des Hainbuchenkrebses, *Stegonsporium pyriforme* als Erreger des Stegonsporium-Triebsterbens an Ahorn oder auch *Stigmina pulvinata* als Erreger des Lindentriebsterbens.

5.2.5 Weitere Trockenstress-Pathogen-Beziehungen

Der Krankheitserreger ist nicht immer Profiteur des Trockenstresses, manchmal ist er sogar erst der Auslöser. Ein derartiger Zusammenhang wurde beispielsweise in Verbindung mit einem Befall durch *Phytophthora cinnamomi* oder *Gymnopus fusipes* (Syn.: *Collybia fusipes*; Spindeliger Rübling) beobachtet (DESPREZ-LOUSTAU et al. 2006). Die Pathogene infizieren den Wirt über das Wurzelsystem und zerstören die betroffenen Wurzeln. Dadurch kann in trockeneren Witterungsperioden keine ausreichende Wasserversorgung der gesamten Krone gewährleistet werden, und der Baum leidet früher unter Trockenstress als mit einem vollkommen intakten Wurzelsystem.
Neben den Krankheitserregern werden auch andere Organismen von Trockenstress beeinflusst. So gibt es unter den Insekten Vertreter, die Bäume befallen wie beispielsweise rinden- und holzbesiedelnde Borkenkäfer (Abb. 5.7). Sie können nur in Zeiten sehr hoher Populationsdichten den Widerstand eines gesunden Baumes durch Massenbefall überwinden. Ansonsten benötigen die Käfer für eine erfolgreiche Besiedelung, ähnlich wie die Pathogene auch, zumindest eine geringe Vorschädigung des Baumes. Auch hier kann Trockenstress als Prädispositionsfaktor wirken (NETHERER et al. 2015). Gleichzeitig profitiert die Borkenkäfer-Entwicklung von der trocken-warmen Witterung, da sie

*Abb. 5.7: Brutbild des Buchdruckers (*Ips typographus*, links) und des Kleinen Bunten Eschenbastkäfers (*Hylesinus fraxini*, rechts)*

maßgeblich von der Temperatur bestimmt wird. Bei unserem bedeutendsten Borkenkäfer, dem Buchdrucker (*Ips typographus*) auf Fichte, ermöglichen diese Witterungsbedingungen die Ausbildung einer zusätzlichen Käfergeneration im Jahr. Dabei trifft diese Mehrzahl an Käfern auch noch Bäume an, die unter Trockenstress leiden und vorgeschwächt sind. Dadurch kommt es zu großen Schäden, wie wir sie in den vergangenen Jahren praktisch überall in Fichtenwäldern beobachten können.
Die Auswirkungen auf Insekten wie Borkenkäfer haben auch einen indirekten Einfluss auf einige Baumkrankheiten, da sie als Erreger-Vektoren dienen können. Ein bekanntes Beispiel ist die Holländische Ulmenkrankheit, die durch den Pilz *Ophiostoma ulmi / O. novo-ulmi* ausgelöst wird und im letzten Jahrhundert einen Großteil der europäischen Ulmenpopulation, vor allem der Feld-Ulme, abgetötet hat. Die in den Brutgängen des Kleinen oder Großen Ulmensplintkäfers gebildeten Pilzsporen werden dabei von Jungkäfern aufgenommen und beim Reifungsfraß auf andere Ulmen übertragen. Ein ähnlicher Zusammenhang besteht bei der „Tausend-Nekrosen-Krankheit" („thousand canker disease"), die vor allem in Nordamerika für Probleme sorgt, aber auch schon in Nord-Italien aufgetreten ist. Der Erreger *Geosmithia morbida* befällt Arten der Gattung *Juglans* (Walnüsse) und *Pterocarya* (Flügelnüsse) und wird durch den Walnuss-Borkenkäfer (*Pityophthorus juglandis*) verbreitet (Schumacher & Delb 2018).
In Nordwestdeutschland wurden in vergangenen Jahren häufiger Schäden an jungen Berg-Ahornen beobachtet, die durch *Fusarium*-Arten hervorgerufen wurden. Die Übertragung der Pilze wurde dabei durch den Ungleichen Holzbohrer (*Xyleborus dispar*, Syn.: *Anisandrus dispar*) unterstützt (Langer et al. 2013).
Welche Auswirkungen Trockenstress auf konkurrierende Arten hat, die auch als mögliche natürliche Gegenspieler von Pathogenen dienen könnten, ist bisher wenig erforscht. Dabei sind aus Sicht der Baumgesundheit sowohl positive als auch negative Effekte denkbar.

5.3 Schadsymptome durch Trockenstress

Anders als in den vorherigen Abschnitten sollen nun trockenstress-bedingte Schäden ohne Beteiligung von Krankheitserregern exemplarisch anhand von zwei aktuellen Untersuchungsergebnissen vorgestellt werden.

5.3.1 Ahornschäden

Seit einigen Jahren wurden im Großraum Dresden und anderswo auffällige Blatt- und Kronenschäden an Spitz- und Berg-Ahorn beobachtet. Bereits Ende Mai beginnen bei den ersten Ahornbäumen die Blätter in der Oberkrone vom Rand her braun zu werden. Mit fortschreitender Zeit kommt es zum frühzeitigen Abwerfen der betroffenen Blätter und einzelne Äste sterben ab (Abb. 5.8). Im Extremfall stirbt sogar der gesamte Baum ab. Die genauen Ursachen für die Entstehung der Schäden sind unbekannt und wurden deshalb in den Sommermonaten der Jahre 2018/19 untersucht (Schrader 2019).

Die unspezifischen Symptome waren bei der Planung ein Hindernis, weil sie ein weites Spektrum möglicher abiotischer und biotischer Schadursachen offenließen. Dementsprechend war die Idee, in der ersten Untersuchungsperiode eine große Auswahl

Abb. 5.8: Ein Berg-Ahorn mit ausgeprägten Symptomen: Blattverbräunung, verfrühtem Laubabwurf und bereits ersten abgestorbenen Ästen im August 2019

denkbarer Auslöser zu überprüfen. Dafür wurden mittels einer visuellen Standort- und Schadbildanalyse an 8 Standorten (je 10 Bäume) entsprechende Daten aufgenommen und auf mögliche Zusammenhänge getestet. Gleichzeitig wurden an allen Standorten Bodenproben und an 4 Standorten Blatt- und Zweigproben gewonnen und auf eine Besiedlung mit pilzlichen oder pilzähnlichen Pathogenen untersucht.

Untersuchungsergebnisse 2018

Eine Vermutung war, dass die Schäden durch eine hohe Strahlungsbelastung verursacht werden. Einerseits können bei hoher Einstrahlung Chloroplasten direkt zerstört werden, und andererseits kommt es zur Aufheizung des Blattgewebes. Insbesondere in Städten kommen aufgrund der abgegebenen Wärmestrahlung von künstlichen Oberflächen (Beton, Asphalt, usw.) noch höhere Temperaturen zustande. Erreicht das Blatt eine Temperatur von 45–50 °C sterben die Zellen ab, bei etwas geringeren Temperaturen können bereits Gewebeschäden auftreten. Aufgrund dieser theoretischen Grundlage wurde die Hypothese aufgestellt, dass südlich exponierte Kronenbereiche der betroffenen Bäume stärker geschädigt sein müssten, da dort die Strahlung am intensivsten wirkt. Die visuelle Bewertung der Blatt-/Kronenschäden hat aber gezeigt, dass die Kronenbereiche der meisten Bäume gleichmäßig stark geschädigt waren, weshalb die Hypothese verworfen werden musste.

Eine weitere Vermutung war, dass der Versiegelungsgrad eine wichtige Rolle bei der Symptomentstehung spielen könnte, indem die Wasserversorgung durch den erhöhten oberflächlichen Abfluss eingeschränkt wird. Dementsprechend wurde die Hypothese aufgestellt, dass betroffene Bäume, die auf stark versiegelten Standorten wachsen, auch ausgeprägtere Schadsymptome aufweisen. Aber auch diese Annahme hielt den Ergebnissen der Schadbildanalyse nicht stand. Vielmehr zeigten Individuen auf unversiegelten Standorten die höchste durchschnittliche Kronenentlaubung (Abb. 5.9).

Außerdem wurde Streusalz als mögliche Schadursache untersucht. Die Ausbringung von Auftausalzen ist vielerorts eine gängige Methode, um Verkehrswege im Winter von Schnee und Eis zu befreien. Allerdings haben hohe Salzgehalte direkte und indirekte Auswirkungen auf die Vitalität verschiedener Baumarten, darunter auch Ahorn. In der Pflanze selbst bewirken hohe Konzentrationen von Natrium- und Chlorid-Ionen ein Ionenungleichgewicht im Cytoplasma und stören dadurch die Funktionen einiger Enzyme und Membranen. Im Bodenwasser führt die Salzanreicherung zu einer Änderung des osmotischen Potenzials. Je höher der Salzgehalt, desto stärker ist das Wasser gebunden und demzufolge schwieriger für Pflanzen aufzunehmen. Dadurch wird in der Pflanze ein entsprechender Trockenstress verstärkt oder sogar erst ausgelöst.

Deshalb wurde im Zuge der Untersuchungen überprüft, ob symptomatische Individuen nur auf Standorten mit Streusalzeinfluss vorkommen oder auch auf Standorten, die mit Sicherheit salzfrei sind. Letzteres war der Fall, denn es konnten zahlreiche Ahornbäume in Parkanlagen, auf Friedhöfen, in Privatgärten oder auch am Waldrand beobachtet werden, welche die typischen Blatt- und Kronenschäden aufwiesen. Somit kann auch Streusalz als alleiniger Schadauslöser ausgeschlossen werden.

Nachdem die ersten drei Forschungshypothesen bereits verworfen werden mussten, blieb im Jahr 2018 nur noch die Überprüfung von Pathogenen als Verursacher der Blatt-/Kronenschäden übrig. Die Untersuchung der Blatt- und Zweigproben war dahingehend erfolglos, da keinerlei Hinweise (z. B. Holzverfärbungen, Rindennekrosen, Fruchtkörper) gefunden wurden, die auf einen Krankheitserreger hindeuten. Allerdings überraschten Blattproben an einem Standort mit sehr feinfleckigen Blattnekrosen (Abb. 5.10), die sich von der allgemeinen Symptomatik unterschieden. Dieses charakteristische Schadbild wird durch Ozon hervorgerufen.
Durch die Auswertung der Bodenproben hinsichtlich vorkommender Krankheitserreger konnten an drei von acht Standorten pilzähnliche Mikroorganismen der Gattung *Phytophthora* nachgewiesen werden, bei denen es sich um aggressive Erreger von verschiedenen Pflanzenkrankheiten handelt. Außerdem war ein Standort mit dem Schlauchpilz *Verticillium dahliae* besiedelt, der ähnliche Welke- und Absterbesymptome an Ahorn und anderen Laubhölzern verursacht. Insgesamt waren die positiven Nachweise aber zu gering, um die Weiträumigkeit der Blatt-/Kronenschäden zu erklären.
Die Ergebnisse der 2018er Untersuchung können also nur Ursachen für lokale Schadvorkommen belegen, einen ganzheitlichen Erklärungsansatz liefern sie nicht. Allerdings können vorherige Vermutungen ausgeschlossen werden und müssen in der zweiten Untersuchungsperiode nicht nochmal überprüft werden.

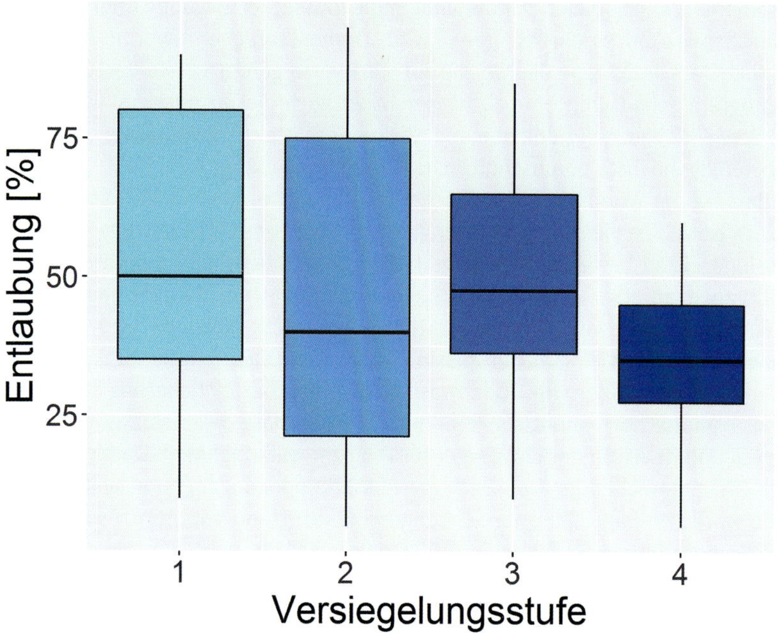

Abb. 5.9: Darstellung der beobachteten Entlaubungsprozente für die einzelnen Versiegelungsstufen (Stufe 1 = weniger 5% der Kronenprojektionsfläche versiegelt, Stufe 2 = 5-25%, Stufe 3 = 26-50%, Stufe 4 = mehr als 50% der Kronenprojektionsfläche versiegelt; Linie in Box: Median)

Untersuchungsergebnisse 2019

Nachdem die vorherigen Analysen keinen Erfolg brachten, rückte Trockenstress als möglicher Auslöser in den Fokus. In Anbetracht der letzten beiden Jahre scheint diese Wahl

Abb. 5.10: Ahornblatt mit durch Ozonbelastung verursachten feinfleckigen Blattnekrosen

als selbstverständlich, dabei ist aber zu bedenken, dass die Blatt-/Kronenschäden nicht erst seit 2018 auftraten, sondern schon einige Jahre zuvor. Eine anerkannte Methode zur Beschreibung des Trockenstress-Ausmaßes von Pflanzen ist die Blattwasserpotenzialmessung. Dabei wird, vereinfacht gesagt, mit einer Druckkammer das Potenzial einer Pflanze gemessen, Wasser aufzunehmen. Je negativer dieses Wasserpotenzial ist, desto stärker ist die Saugkraft am Wasser. Bei einem Vergleich von zwei Pflanzen einer Art gilt demzufolge, dass das Individuum mit einem negativeren Potenzial unter stärkerem Trockenstress leidet. Andersherum hat eine vollkommen wassergesättigte Pflanze ein Wasserpotenzial von 0 und nimmt somit kein weiteres Wasser auf.

Auf Basis dieser theoretischen Grundlagen wurde im Sommer 2019 das Blattwasserpotenzial an 24 Berg-Ahorn-Baumpaaren gemessen. Dabei mussten die Bäume eines Paares direkt nebeneinanderstehen, wovon ein Baum die beobachteten Symptome aufwies und der andere nicht. An Spitz-Ahorn konnten keine Messungen durchgeführt werden, weil die Blätter Milchsaft enthalten, der durch die Druckkammer ausgepresst wird und somit keine genaue Bestimmung des Blattwasserpotenzials ermöglicht.

Die Ergebnisse der Blattwasserpotenzial-Messungen haben gezeigt, dass die geschädigten Individuen durchschnittlich signifikant negativere Werte aufweisen (– 0,71 MPa) als die gesunden Bäume (– 0,47 MPa, Abb. 5.11). Das bedeutet, dass die symptomatischen Ahorne unter einem stärkeren Trockenstress leiden, obwohl sie den gleichen äußeren Standortfaktoren (Niederschlag, Temperatur, Einstrahlung) wie ihre gesunden Nachbarbäume ausgesetzt sind. Es deutet daraufhin, dass die weiträumig auftretenden Blatt-/Kronenschäden tatsächlich trockenstressbedingt sein könnten. Die vergleichsweise gering negativen Blattwasserpotenziale hängen mit den moderaten Witterungsbedingungen zur Zeit der Messungen zusammen. Der Unterschied im Blattwasserpotenzial könnte somit auch als ein geringeres Regenerationsvermögen der geschädigten Individuen bei günstigeren äußeren Bedingungen interpretiert werden.

Die stressauslösenden Ursachen sind jedoch nach wie vor unbekannt, sollten aber vorwiegend im Bereich des Mikrostandortes vermutet werden, da die äußeren Standortfaktoren innerhalb eines Baumpaares nahezu identisch sind. Im urbanen Raum sind die Größe und Beschaffenheit der Pflanzgrube oder auch die unterirdische Infrastruktur (Austritt von Flüssigkeiten oder Gasen aus defekten Rohrleitungen) mögliche Einflussfaktoren. Ebenso kommen die Pflanzqualität oder Wurzeldeformationen als negative Einflüsse infrage, und auch die genetische Ausstattung des Einzelbaumes muss in die Überlegungen mit einbezogen werden.

Ein weiteres Indiz für Trockenstress als Ursache der Blatt-/Kronenschäden könnte das öfter beobachtete Ausbleiben eines Wiederaustriebs sein. Es stellt sich die Frage, warum der Baum es nicht schafft, neu auszutreiben und somit den vorzeitigen Laubverlust und die damit verbundenen negativen Auswirkungen auf die Photosynthese in gewissem Maße zu kompensieren.

Einen möglichen Erklärungsansatz bietet ein dauerhaft geschädigtes Wasserleitsystem betroffener Bäume. Aufgrund der hohen Temperaturen bei gleichzeitiger Trockenheit ist davon auszugehen, dass in den vergangenen Jahren Zeiträume entstanden, in denen im Baum extreme Wasserpotenziale herrschten. Umso negativer das Wasserpotenzial

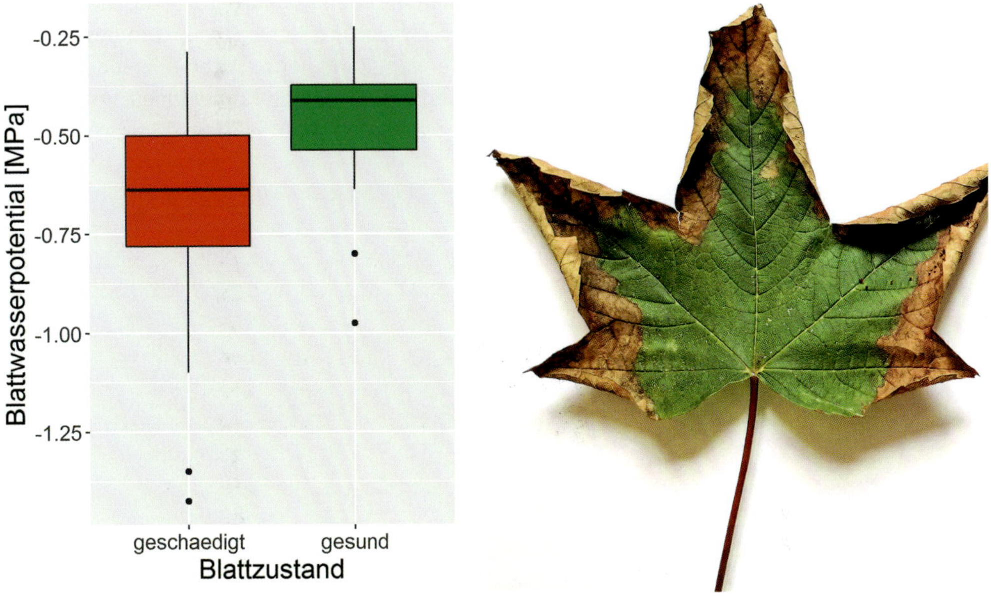

Abb. 5.11: Darstellung der gemittelten Blattwasserpotenziale [MPa = Mega-Pascal] der Einzelbäume, aufgetrennt nach dem Blattzustand (Linie in Box: Median), rechts ein Beispiel für ein geschädigtes Blatt

wird, desto höher ist die Wahrscheinlichkeit, dass der Wasserfaden in den Leitgefäßen reißt, es zu Embolien kommt und die Gefäße ihre Funktion verlieren. Zerstreutporige Baumarten wie Ahorn (oder auch Linde) sind in der Lage, solche Embolien mit Hilfe von osmotischem Druck zu reparieren und wieder mit Wasser zu füllen. Konnte die Reparatur aber aus irgendeinem Grund nicht erfolgen, bleibt die Wasserversorgung der Krone eingeschränkt und bei Zerstreutporern sind immer viele Jahrringe an der Wasserleitung beteiligt (vgl. Kap. 4). Gleichzeitig fällt der Durchmesserzuwachs und somit auch der Bereich neuer wasserleitender Gefäße aufgrund der verminderten Photosyntheseleistung wegen des vorzeitigen Blattverlustes gering aus. In der Theorie könnte der Anteil funktionsfähiger, wasserleitender Gefäße sinken und somit keine ausreichende Wasserversorgung der existierenden Krone gewährleistet werden, woraufhin es zu den Trockenschäden kommt. Dabei handelt es sich aber nur um eine Hypothese, und zur Überprüfung müssten in den nächsten Jahren weitere Messungen stattfinden.

5.3.2 Lindenschäden

Für die Untersuchungen am Ahorn wurde gezielt nach Bäumen Ausschau gehalten, welche die entsprechenden Symptome zeigten. Bereits nach kurzer Zeit wurde es zur Gewohnheit, bei jeder Möglichkeit einen prüfenden Blick auf die umgebenen Baumkronen zu werfen. Dabei fiel auf, dass neben zahlreichen Ahornen auch unsere heimischen Linden-Arten sehr ähnliche Symptome in einem nicht zu unterschätzenden Umfang zeigten. Genau wie beim Ahorn beginnen die Blätter vom Rand her zu verbraunen und verfrüht abzufallen. Ebenso kommt es zum Absterben von Ästen und Kronenteilen, vollkommen abgestorbene Individuen wurden aber nicht gefunden (Abb. 5.12).

Abb. 5.12: Beispielexemplar einer Linde mit weit fortgeschrittenen Symptomen im August 2020

Das Schadausmaß im Vergleich zum Ahorn ist insgesamt geringer und scheint noch stärker auf das Stadtgebiet beschränkt zu sein. Trotzdem ist die Entwicklung besorgniserregend, da die Linden mit den Ahornen zu den bedeutendsten/häufigsten Stadtbaumarten gehören und vor allem die Winter-Linde als vergleichsweise trockenheitsverträglich gilt.
Aufgrund der Ähnlichkeit zur Ahorn-Symptomatik war es also naheliegend, Trockenstress als erste mögliche Entstehungsursache zu untersuchen. Dafür wurde in Dresden, im Zeitraum von Ende Juli bis Anfang August 2020, erneut das mittägliche Blattwasserpotenzial an insgesamt 37 Linden gemessen. Allerdings erfolgte die Messung anhand jeweils vier gesunder und nekrotischer Blätter, die vom selben Individuum stammten und nicht von Nachbarbäumen.
Die Ergebnisse zeigten erneut signifikant negativere Blattwasserpotenziale der geschädigten Blätter im Vergleich zu den gesunden Blättern, auch wenn die Differenz nicht allzu groß ist (Abb. 5.13). Im Durchschnitt wiesen gesunde Blätter ein Blattwasserpotenzial von −1,26 MPa auf und die geschädigten Blätter −1,36 MPa. Damit konnte bestätigt werden, dass die nekrotischen Blätter unter einem etwas höherem Trockenstress leiden als die gesunden Blätter. Nur dieser geringe Unterschied im Blattwasserpotenzial ist vermutlich nicht ausreichend, um die Entstehung der Schäden an den Lin-

Abb. 5.13: Darstellung der gemittelten Blattwasserpotenziale [MPa = Mega-Pascal] der Einzelbäume, aufgetrennt nach dem Blattzustand (Linie in Box: Median), rechts ein Beispiel für ein geschädigtes Blatt

den zu erklären. Wahrscheinlich existieren weitere Faktoren, welche die Symptomatik beeinflussen.

5.4 Resümee

Die trocken-warme Witterung der vergangenen Jahre stellt eine starke Belastung für die Gehölze im urbanen Raum dar. Denn die ohnehin schon schwierigen Standortbedingungen in der Stadt, wie höhere Durchschnittstemperaturen oder eine eingeschränkte Wasserverfügbarkeit aufgrund von Bodenversiegelung und -verdichtung sowie eingeschränkter Wurzelraum, werden weiter verschärft.
Gleichzeitig profitieren einige Krankheitserreger und Schädlinge von der aktuellen Klimaentwicklung und sind eine zusätzliche Bedrohung für die in ihrer Vitalität beeinträchtigten Gehölze.
Was kann unternommen werden, um Schädigungen der Gehölze zu verhindern oder zumindest zu verringern?
Beim Schutz des bereits vorhandenen Gehölzbestandes vor Schäden in Verbindung mit Trockenstress spielt der Faktor Wasser sicherlich die größte Rolle. Das Ziel ist es, mithilfe eines an die jeweilige Situation angepassten Bewässerungsmanagements die Baumvitalität zu erhalten und somit die baumeigene Widerstandsfähigkeit gegenüber Schadorganismen zu nutzen. Natürlich wird es lokal trotzdem zu Schadereignissen kommen. In diesen Fällen ist es wichtig, die Ursache während der regelmäßigen Baumkontrollen schnell zu identifizieren und ggf. entsprechende phytosanitäre Maßnahmen zu ergreifen.
Bei der Pflanzung von Bäumen gibt es weitere präventive Möglichkeiten, um trockenstressbedingte Schäden und Folgeschäden möglichst zu vermeiden (vgl. Kap. 10). Es fängt bereits mit der Auswahl der Gehölzart an – das dafür verfügbare Arteninventar in der Stadt ist im Vergleich zum Wald deutlich größer und exotischer. Dabei ist nicht nur darauf zu achten, dass die zu pflanzende Art mit den gegebenen Standortbedingungen (z. B. Boden-pH-Wert, ggf. Streusalzeintrag, etc.) zurechtkommt, sondern auch mit dem zukünftigen Klima. Für die Wahl geeigneter Gehölze liefern dieses Buch (Kap. 11–14), Datenbanken (bspw. CITREE oder GALK-Straßenbaumliste) oder auch Projekte wie Stadtgrün 2021 wichtige Informationen. Rein aus pflanzenhygienischer Sicht sollte bei der Gehölzauswahl aber eine gewisse Übersichtlichkeit erhalten bleiben, da die Einfuhr nichtheimischer Arten immer auch ein Risiko für die Einschleppung neuer Schadorganismen in sich birgt (Kehr & Schumacher 2014).
Neben der Gehölzart kommt auch der Standortgestaltung zukünftig eine größere Bedeutung zu, denn Faktoren wie die Beschaffenheit und Größe der Pflanzgrube, der angrenzende Wurzelraum, die Substratwahl sowie das Wassermanagement sind wichtige Werkzeuge, um vitales und damit widerstandsfähiges Stadtgrün zu ermöglichen (Kehr 2020). Konkrete Handlungsempfehlungen werden später im Buch erläutert (Kap. 10).

Literatur

BORK, K., 2018: Rußrindenkrankheit an Ahorn – Erstfund in Bayern. AFZ/Der Wald 20, 40–41.

BUTIN, H., 2019: Krankheiten der Wald- und Parkbäume – Diagnose, Biologie, Bekämpfung. 2. Aufl. Ulmer, Stuttgart

DESPREZ-LOUSTAU, M. L.; MARÇAIS, B.; NAGELEISEN, L. M.; PIOU, D.; VANNINI, A., 2006: Interactive effects of drought and pathogens in forest trees. Annals of Forest Science 63(6), 597–612

DICKENSON, S.; WHEELER, B. E. J., 1981: Effects of temperature, and water stress in sycamore, on growth of *Cryptostroma corticale*. Transactions of the British Mycological Society 76 (2), 181–185

GAERTIG, T.; BERGMANN, M., 2011: Möglichkeiten zur Verringerung des Befalls der Massaria-Krankheit durch Bewässerungsmaßnahmen. In: DUJESIEFKEN, D. (Hrsg.): Jahrbuch der Baumpflege 2011, Haymarket Media, Braunschweig, 198–207

JOHNSON, J. W.; GLEASON, M. L.; PARKER, S. K.; PROVIN, E.B.; ILES, J. K.; FLYNN, P. H., 1997: Duration of water stress affects development of *Sphaeropsis* canker on Scots pine. Journal of Arboriculture 23, 73–76

KEHR, R., 2013: Wichtige Krankheiten und Schädlinge an Stadtbäumen. In: ROLOFF, A.: Bäume in der Stadt – Besonderheiten, Funktion, Nutzen, Arten, Risiken. Ulmer, Stuttgart, 202–233

KEHR, R., 2020: Mögliche Folgeschäden von Trockenstress an heimischen Laubgehölzen – Einschätzungen aus Anlass der Dürre der Jahre 2018/19. In: DUJESIEFKEN, D. (Hrsg.): Jahrbuch der Baumpflege 2020, Haymarket Media, Braunschweig, 103–120

KEHR, R.; DUJESIEFKEN, D.; STOBBE, H.; ECKSTEIN, D.; STUFFREIN, J., 2014: Neuartige Komplexschäden an Buche mit Astbruchgefahr. In: DUJESIEFKEN, D. (Hrsg.): Jahrbuch der Baumpflege 2014, Haymarket Media, Braunschweig, 121–135

KEHR, R.; SCHUMACHER, J., 2014: Krankheiten und Schädlinge an Gehölzen – Welche Rolle spielt der Klimawandel? In: STIFTUNG PREUSSISCHE SCHLÖSSER UND GÄRTEN BERLIN-BRANDENBURG (Hrsg.): Historische Gärten im Klimawandel. Edition Leipzig, Potsdam, 64–69

KELNAROVA, I.; ČERNY, K.; ZAHRADNIK, D.; KOUKOL, O., 2017: Widespread latent infection of *Cryptostroma corticale* in asymptomatic *Acer pseudoplatanus* as a risk for urban plantations. Forest Pathology 47: e12344

LANGER, G. J.; BRESSEM, U.; HABERMAN, M., 2013: Vermehrt Pilzkrankheiten an Bergahorn in Nordwestdeutschland. AFZ/Der Wald 6, 22–26

LUCHI, N.; CAPRETTI, P.; VETTRAINO, A. M.; VANNINI, A.; PINZANI, P.; PAZZAGLI, M., 2006: Early detection of *Biscogniauxia nummularia* in symptomless European beech (*Fagus sylvatica* L.) by TaqManTM quantitative real-time PCR. Letters in Applied Microbiology 43(1), 33–38

NETHERER, S.; MATTHEWS, B.; ..., SCHOPF, A., 2015: Do water-limiting conditions predispose Norway spruce to bark beetle attack? New Phytologist 205(3), 1128–1141

SCHLÖSSER, E., 1997: Allgemeine Phytopathologie. 2. Aufl. Thieme, Stuttgart

Schrader, L., 2019: Untersuchungen auffälliger Blatt- und Kronenschäden an Spitz- und Berg-Ahorn hinsichtlich ihrer Ursachen. Masterarbeit, TU Dresden, Institut für Forstbotanik, 96 S.

Schumacher, J.; Kehr, R., 2011: Aktuelle Bedeutung des Diplodia-Triebsterbens an Kiefern (Erreger: *Diplodia pinea*) in Deutschland und Ansätze für eine Schadensbegrenzung. In: Dujesiefken, D. (Hrsg.): Jahrbuch der Baumpflege 2011, Haymarket Media, Braunschweig, 147–158

Schumacher, J.; Delb, H., 2018: Neue Bedrohungen durch Bakterien und Pilze in Europa: „Xylella-Bakterienbrand“, „Tausend-Nekrosen-Krankheit“ und „Dothistroma-Nadelbräune“. In: Dujesiefken, D. (Hrsg.): Jahrbuch der Baumpflege 2011, Haymarket Media, Braunschweig, 71–82

Vannini, A.; Lucero, G.; Anselmi, N.; Vettraino, A. M., 2009: Response of endophytic *Biscogniauxia mediterranea* to variation in leaf water potential of *Quercus cerris*. Forest Pathology 39(1), 8–14

6 Wie kann man die Holzanatomie und Jahrringe als Informationsquelle nutzen?

Britt Kniesel

6.1 Wie entstehen Jahrringe und welche Informationen enthalten sie?

Seit etwa 370 Millionen Jahren gibt es Jahrringe. Im Mittel-Devon tauchten die ersten Pflanzen auf, die etwa 5 cm hohe Kriechstämme ausbildeten. Im Ober-Devon fanden sich dann schon mehrere Meter hohe Pflanzen, deren Stämme unseren heutigen Nadelbäumen sehr ähnlich waren und jahrringähnliche Zuwachszonen aufwiesen (SCHWEINGRUBER 1993). Das sekundäre Dickenwachstum war entstanden. Dieses sorgt dafür, dass ein Gehölz nicht nur in die Höhe wächst, sondern auch in die Dicke. Es ist die Basis für ein höheres Lebensalter, die Möglichkeit, eine immer größer werdende Krone zu tragen und mit Wasser und Nährstoffen zu versorgen. Auch dient der Stamm als Speicherorgan für schwierige Zeiten. Dicht unter der Rinde des Stammes befindet sich das mantelförmige Kambium, ein teilungsfähiges Gewebe. Jedes Jahr bildet es neue Holz- und Rindenzellen in Abhängigkeit von der aktuellen Witterung und den Speicherreserven der Vorjahre. Die gebildeten Zellen unterscheiden sich im Laufe der Vegetationsperiode. Im Frühjahr werden großlumige Holzzellen gebildet, die vorrangig dem Wassertransport zur Laubentfaltung dienen. Hingegen im Spätsommer bildet das Kambium Zellen mit stabileren und daher dunkleren Zellwänden, die zur Festigung des Stammes führen.
Zum Ende des Spätsommers wird die Zellbildung eingestellt und das Kambium legt für Herbst und Winter eine Ruhepause ein. Im Frühjahr beginnt erneut die Bildung großlumiger Holzzellen. Durch die Ruhepause und die Unterschiedlichkeit der im Jahreslauf gebildeten Zellen entstehen gut sichtbar abgegrenzte Zuwachszonen – die Jahrringe

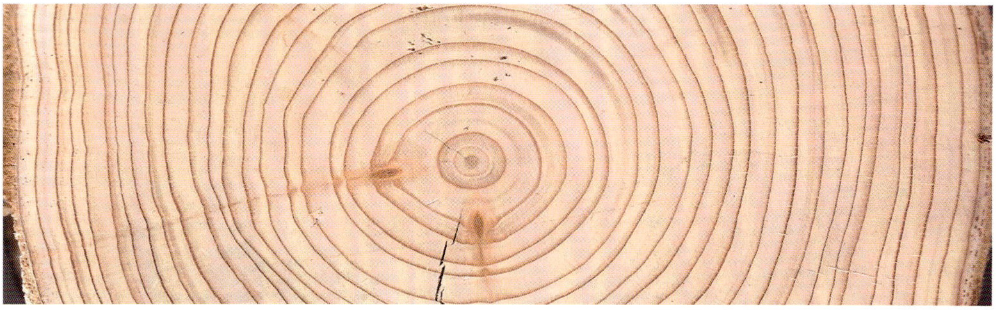

Abb. 6.1: Jahrringe einer Weiß-Tanne (Abies alba)*: die hellen Bereiche sind das Frühholz und die dunklen Linien sind das Spätholz*

(Abb. 6.1). Jahrringe helfen uns, das Alter eines Gehölzes durch Zählen zu ermitteln. Doch das ist nicht die einzige Information, die wir in ihnen lesen können. Jahrringe sind der Spiegel und Speicher der Wachstumsbedingungen des Baumes. Die Jahrringbreite variiert von Jahr zu Jahr und ist somit ein Indikator für die Reaktionsfähigkeit des Baumes auf die Umweltbedingungen. Sie zeigt uns, ob die Witterung oder der Standort geeignet sind, sie ist ein Ausdruck der genetischen Veranlagung sowie anderer interner Faktoren wie des Alters oder der Vitalität eines Baumes.

6.2 Holzanatomie: Drei verschiedene Typen

Laubgehölze unterscheiden sich deutlich in ihrer Holzanatomie von Nadelgehölzen. Entwicklungsgeschichtlich älter, ist das Holz der Nadelbäume einfacher aufgebaut und besteht lediglich aus zwei Zelltypen: Tracheiden zum Wassertransport und zur Festigung des Stammes, sowie Parenchymzellen, die im Wesentlichen der Speicherung dienen. Zusammengesetzt sind die Parenchymzellen als sogenannte Holzstrahlen, die in einem radialen Netz den gesamten Stammquerschnitt durchziehen. Nadelholz erscheint sehr regelmäßig, das helle Frühholz und das dunkle Spätholz lassen die Jahrringe gut erkennen (Abb. 6.2).

Abb. 6.2: Jahrringe von Gemeiner Fichte (Picea abies)*: ein Nadelholz*

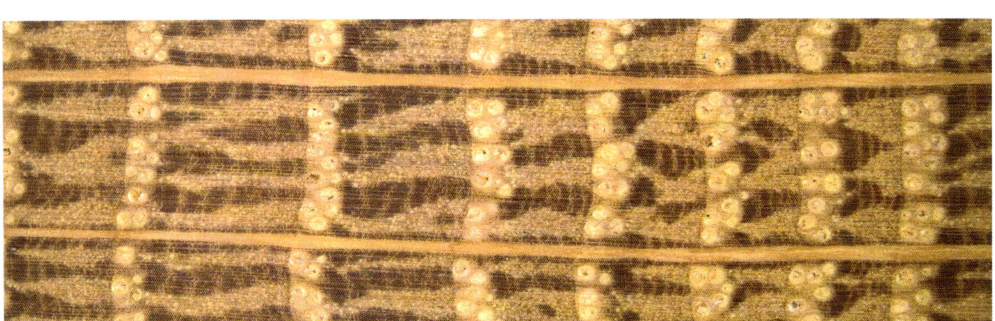

Abb. 6.3: Jahrringe von Stiel-Eiche (Quercus robur)*: ein Laubholz mit großen Gefäßen und zwei auffällig breiten Holzstrahlen*

Das in der Evolution jüngere Laubholz hat gleich zwei zusätzliche Zelltypen und erscheint dadurch spezialisierter. Ein effektiverer und schnellerer Wassertransport geschieht hier mittels längerer und großlumiger Tracheen, auch Gefäße genannt. Tracheiden sind nur noch nebensächlich am Wassertransport beteiligt. Die dünnwandigen Tracheen benötigen zusätzlich stützende Elemente: Holzfasern, ein weiterer Zelltyp. Die Parenchymzellen sind in Form von größeren Holzstrahlen mengenmäßig auffälliger als beim Nadelholz (Abb. 6.3).

Tracheiden und Tracheen als die beiden wasserleitenden Zelltypen sollen einmal genauer betrachtet werden. Eine Tracheide ist eine einzelne Zelle, die schmal länglich und oben und unten zugespitzt ist. Sie liegen dicht gepackt beieinander und besonders an den spitzen Enden besteht ein enger Kontakt zu den benachbarten Tracheiden. Damit Wasser in ihnen fließen kann, sind sie nach ihrer Zelldifferenzierung und Zellstreckung abgestorben und somit hohl. Sie bestehen mehr oder weniger ausschließlich aus verstärkter, verholzter Zellwand. In der Zellwand befinden sich kleine Öffnungen, die den Transport von Tracheide zu Tracheide erlauben. Diese sogenannten Hoftüpfel besitzen einen raffinierten Verschlussmechanismus. Die verholzte Sekundärwand der Tracheiden ist an dieser Stelle von der Primärwand gelöst, wölbt sich und bildet so eine Kammer mit Öffnungen (Einzahl: Porus) in den Wänden der beiden angrenzenden Tracheiden (Abb. 6.4). Die innere Kammer des Hoftüpfels ist mit einer durchlässigen Membran

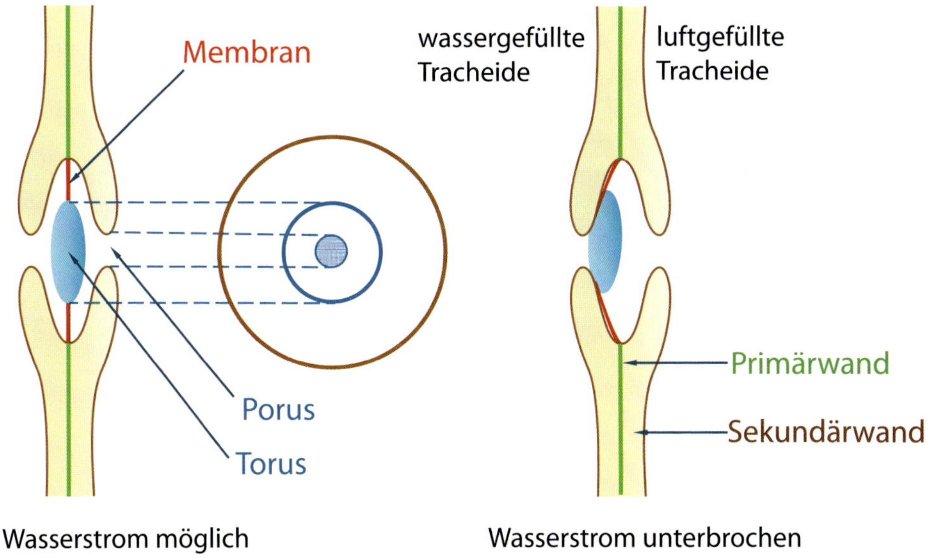

Abb. 6.4: Aufsicht (Mitte) und Längsansichten der Anatomie eines Hoftüpfels (nach Sitte et al. 2002)

durchzogen. Im Zentrum dieser beweglichen Membran sitzt ein runder, verholzter Schließkörper (Torus). Im regulären Wasserstrom befindet sich die Membran mittig zwischen den Tracheiden. Reißt der Wasserstrom ab, entsteht in einer Tracheide ein Unterdruck. Die Membran mit dem Schließkörper wird herangezogen und verschließt die Öffnung der beschädigten Tracheide. Das Wasser kann in den angrenzenden Tracheiden ungehindert weiterfließen.

Darin hat der Baum also einen guten Schutzmechanismus, der geschädigte Bereiche des Leitungssystems abgrenzt, während die übrigen Teile funktionsfähig bleiben. Der Baum hat jedoch auch die Möglichkeit, luftgefüllte Tracheiden wieder mit Wasser zu befüllen – dazu mehr im folgenden Abschnitt.

Die wesentlichen Elemente zur Wasserleitung bei Laubgehölzen sind die Tracheen. Evolutionsgeschichtlich betrachtet sind sie eine Weiterentwicklung der Tracheiden. Was aber nicht gleichsam bedeutet, dass das System der Tracheiden zur Wasserleitung bei den Nadelgehölzen weniger effektiv wäre. Tracheen sind deutlich größer als Tracheiden, transportieren daher auch mehr Wasser – doch größere Gefäße sind anfälliger für Lufteintritt (Embolie) und bergen somit auch einen größeren Verlust von leitender Fläche bei Wegfall eines Gefäßes. Es stehen sich also Sicherheit und Effektivität gegenüber. Tracheen sind im Gegensatz zu Tracheiden keine einzelnen Zellen. Es sind vielmehr übereinandergestapelte Zellen, die durch Auflösen der Querwände zu einer langen Röhre fusionieren. Auch sie sterben nach ihrer vollständigen Entwicklung ab und sind hohl. Hier ist aber das Verhältnis Lumen zu Zellwand ungünstig. Der Baum verstärkt daher die Zellwände der Tracheen zusätzlich. Das geschieht durch die Auflagerung von Lignin in Form von Ringen oder Spiralen innen auf die Zellwand. Bei den Nadelgehölzen dienen die Tracheiden neben der Leitung auch der Festigung des Stammes. Die dünnwandigen Tracheen können diese Aufgabe nicht übernehmen. Daher finden wir im Laubholz den Zelltyp Holzfaser: längliche, zugespitzte Zellen, die mit ihrer starken, verholzten Zellwand für Festigung sorgen.

Das Laubholz wird wiederum in zwei größere Gruppen eingeteilt: Ringporer und Zerstreutporer. Die Tracheen der Zerstreutporer sind über die Vegetationsperiode hinweg mehr oder weniger gleich groß, es gibt keinen deutlichen Unterschied zwischen Früh-

Abb. 6.5: Jahrringe von Rot-Buche (Fagus sylvatica)*: ein Zerstreutporer*

und Spätholz (Abb. 6.5). Sie bilden durchgehende Röhren von bis zu 1 Meter Länge. Die Gefäße sind auch sehr gleichmäßig verteilt, allenfalls in kleinen Grüppchen arrangiert. Bei den Ringporern haben wir dagegen besonders große Frühholzgefäße, die jedes Frühjahr wie ein Ring auf der Holzscheibe mit bloßem Auge gut zu erkennen sind (Abb. 6.6). Diese riesigen und auch besonders langen Tracheen (bis zu 10 Meter lang) sind im Frühjahr besonders effektive Wassertransportleitungen. Sie werden zum Teil bereits im Spätsommer des Vorjahres angelegt, um dann im Frühjahr schon für den Blattaustrieb zur Verfügung zu stehen (Iamagawa & Ishida 1972). Die Gefäße im Spätholz der Ringporer sind dagegen wesentlich kleiner.

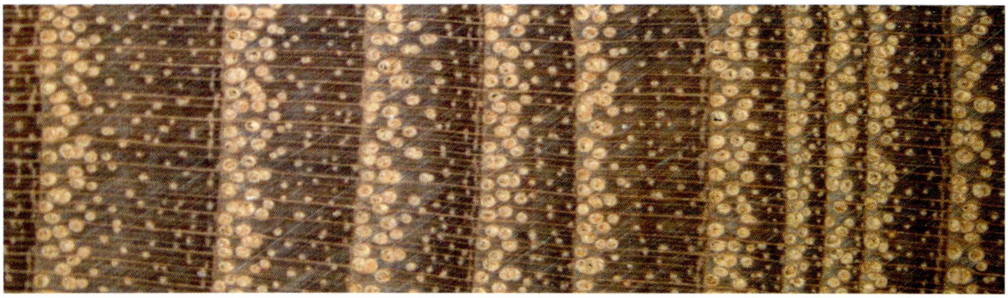

*Abb. 6.6: Jahrringe von Gemeiner Esche (*Fraxinus excelsior*): ein Ringporer*

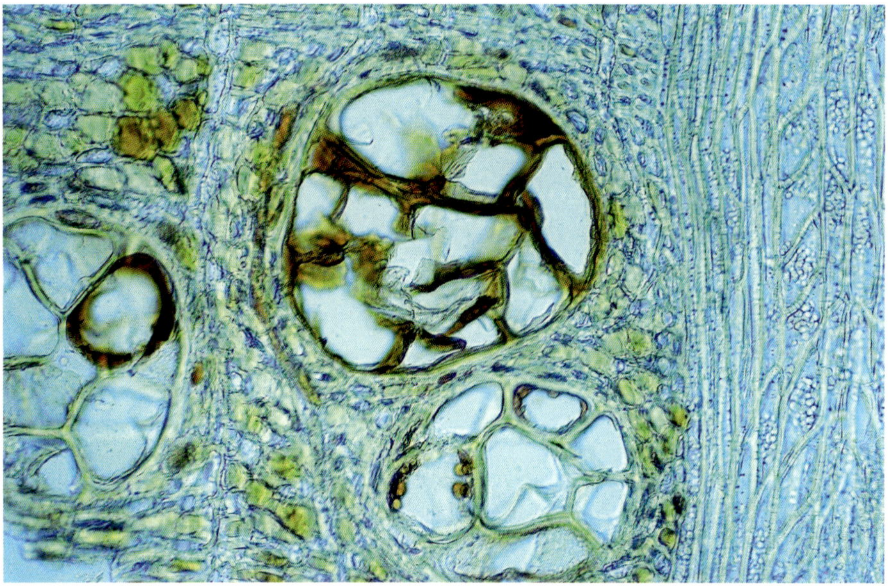

Abb. 6.7: Thyllen/Verthyllung: Vollständiger Verschluss eines Gefäßes bei Eiche (in die Thyllenwände sind zusätzlich dunkle Inhaltsstoffe eingelagert) (Foto: D. Dujesiefken)

Die großen Frühholztracheen werden jedoch nur wenige Wochen benutzt. Einige Baumarten verschließen diese Gefäße nach Gebrauch, denn die ungenutzten und daher mit Luft gefüllten Leitungsbahnen böten ansonsten günstige Ausbreitungswege für Mikroorganismen. Es wäre fast wie eine Autobahn für Pilzhyphen. Zum Verschließen nutzt der Baum seine Parenchymzellen, die sich wie ein Ballon in das Zelllumen hineinstülpen, die sogenannten Thyllen (Abb. 6.7). Auf der gesamten Länge werden die Tracheen verthyllt. Sie sind mit bloßem Auge als silbrige Häutchen gut zu sehen (Abb. 6.13).
Den Schutzmechanismus durch die Thyllen gibt es beim Nadelholz nicht. Hier fehlen die großen Gefäße. Embolisierte Tracheiden werden durch Tüpfelverschluss abgesichert. Eine Besonderheit gegenüber dem Laubholz findet sich dennoch: Schäden werden effektiv abgesichert durch Harzabsonderungen. Harzkanäle durchziehen das Holz axial wie auch radial (Abb. 6.8). In der radialen Richtung sind die Harzkanäle in die Holzstrahlen eingebettet. Einen Harzkanal muss man sich wie einen aus Parenchymzellen gemauerten Brunnen vorstellen. Als sogenannte Exkretionszellen entlassen die Parenchymzellen das Harz in den Kanal. Nicht jede Nadelholzart legt regelmäßige Harzkanäle an, doch bei Verwundung werden spontan traumatische Harzkanäle gebildet.

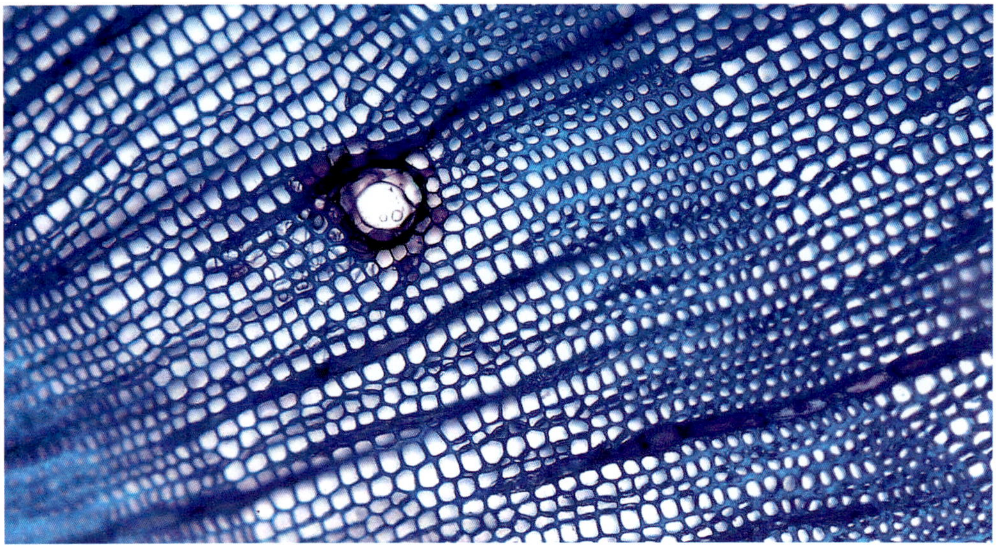

Abb. 6.8: Mikroskopische Aufnahme eines Jahrringes einer Wald-Kiefer (Pinus sylvestris)*: man erkennt das großlumige Frühholz, das dickwandige Spätholz und einen Harzkanal*

6.3 Holzanatomische Anpassung an Trockenstress

Jeder der Holztypen hat seine Vor- und Nachteile, wenn es darum geht, sich an widrige Umstände anzupassen. Es ist bekannt, wie gut Nadelgehölze wie Kiefern auf trockenen Sandböden wie in Brandenburg oder an den Mittelmeerküsten klarkommen. Trotz ihres phylogenetisch höheren Alters sind sie nicht weniger trickreich. Es ist eine andere Strategie der Anpassung als die der Laubgehölze. Grundsätzlich können Gehölze zwei verschiedenen Strategien folgen, um Trockenheit zu tolerieren (vgl. Kap. 1):

- **Trockenheit vermeiden:**
  Die Fähigkeit von Pflanzen, Austrocknung vorzubeugen, indem sie Anpassungen des Wasserleitungssystems vornehmen – der Holzaufbau wird angepasst.
- **Trockenheit tolerieren:**
  Die Fähigkeit einer Pflanze, Austrocknung standzuhalten, mittels verschiedener physiologischer Aktivitäten: u.a. Verschluss der Stomata, Regulierung der Osmose und Wiederbefüllen der Wasserleitungsbahnen nach Lufteintritt. Es findet jedoch kaum eine Anpassung der hydraulischen Architektur statt – der Holzaufbau bleibt nahezu unverändert.

Im Allgemeinen folgen Nadelgehölze der Strategie Trockenheit zu tolerieren. Das heißt sie nehmen weniger deutliche Anpassungen in ihrem Holzaufbau vor. Sie regulieren eher noch das Verhältnis zwischen wasserleitendem Gewebe und Nadelfläche und Nadelmenge. Jahrringe werden in trockenen Jahren schmaler als unter feuchten Bedingungen. Bei einigen Kiefernarten wurde jedoch festgestellt, dass sich das Verhältnis von Zelllumen zu Zellwandstärke verändert – hin zu dünnerer Zellwand und größerem Lumen (Martin-Benito et al. 2017). Dadurch erhöht sich die Leitfähigkeit bei gleichzeitig erhöhtem Risiko der Embolie. Denn dünnwandigere Tracheiden sind anfälliger für Lufteintritt (vgl. Kap. 4).

Bereits erwähnt wurde die große Bedeutung der Tüpfel, der Verbindungsöffnungen zwischen den Tracheiden und Tracheen. In Form der Hoftüpfel mit der durchlässigen Membran spielen sie eine wesentliche Rolle bei der Effizienz des Wassertransports. Die Leitfähigkeit eines Sprosses bestimmt sich aus der Summe der Querschnittsflächen der Tracheiden und Tracheen. Die spezifische Leitfähigkeit wird zusätzlich geprägt durch weitere anatomische Merkmale wie z. B. die Durchmesser der leitenden Zellen und der Beschaffenheit der Gefäßdurchbrechungen. Bei Nadelbäumen erklären sich 90% der Variation der spezifischen Leitfähigkeit durch die Größe der Tracheiden, und der fehlende Teil wird durch die Beschaffenheit der Tüpfel erklärt. Zusätzlich ist ihre Anzahl und Gestalt stark korreliert mit der Widerstandskraft gegenüber Embolien (Hacke & Jansen 2009). Anpassungen im anatomischen Aufbau der Tüpfel steigern also die Fähigkeit von Nadelbäumen, Dehydrierung vorzubeugen.

Laubgehölze verändern dagegen deutlich sichtbar den Aufbau ihres wasserleitenden Holzes und folgen somit der Strategie, Trockenheit zu vermeiden. Die Jahrringe werden nicht nur schmaler unter trockenen Bedingungen, sie verändern auch Anzahl und Größe der Tracheen. Ringporige Baumarten wie zum Beispiel Eichen erhöhen die Anzahl ihrer

reagiert. Oder eine andere Baumart verträgt keinen Trockenstress. Und diese individuellen Sensibilitäten lassen sich monatsgenau herausbekommen. So ist es möglich, aufzudecken, dass eine Baumart dringend auf Niederschläge im Juni im Jahr der Ringbildung angewiesen ist, während am selben Standort eine andere dagegen besonders empfindlich reagiert auf Trockenheit im Juli des Vorjahres (GRUNDMANN 2009).
Sehr spannend ist auch die Analyse von Witterungseinflüssen über die Zeit. Das bedeutet: Man überprüft, ob sich die Reaktionen des Baumes auf eine Witterungsvariable über sein Leben hinweg verändert haben. So kann ein Baum zum Beispiel in seiner Jugend vielleicht ganz anders auf Niederschläge im Mai reagiert haben als im Alter. Wie hier bereits impliziert, kann eine Veränderung der Reaktionen in der Jahrringbreite auf indigene Einflüsse des Baumes selbst zurückgeführt werden, wie zum Beispiel das Alter oder eine Vitalitätsveränderung. Aber genauso können sich die exogenen Einflüsse verändert haben. Vielleicht haben sich in den letzten Jahrzehnten die Niederschläge im Mai dramatisch verändert. So folgt anschließend eine Ursachenanalyse.
Auf drei verschiedenen Standorten in Süd-Schweden haben Buchen auf die Juli-Temperaturen des Vorjahres zu Beginn ihres Baumlebens wenig reagiert. Doch seit den 1990er-Jahren macht sich ein deutlich negativer Einfluss bemerkbar. Das sieht man klar an der besseren Übereinstimmung der Kurven der Standorts-Chronologien und der Juli-Temperatur (Abb. 6.10).
Nun lassen sich derartige Erkenntnisse vorsichtig interpretieren mit einer gestiegenen Sensibilität der Buchen gegenüber steigenden Juli-Temperaturen. Doch ob das gleichbedeutend mit einer geringeren Eignung von Buchen auf diesen Standorten ist, muss vorsichtig und baumartgerecht analysiert werden. Bei hohen Juli-Temperaturen neigen Buchen zur Blüteninduktion, was eine Mast im Folgejahr mit sich bringen kann. Durch die entsprechende Kohlenstoffverteilung entsteht im Jahr der Mast nur ein schmaler Jahrring. Das darf nicht gleich als Mangel für die Eignung einer Baumart interpretiert werden.
Durch derartige Analysen kann man die Eignung verschiedener Baumarten miteinander vergleichen. Grundsätzlich lassen sich jedoch immer nur standortsbezogene Aussagen treffen. Verallgemeinern darf man diese Erkenntnisse weder für die untersuchte Baumart noch für den Standort. Dennoch ermöglichen sie Empfehlungen für eine Baumart auf vergleichbaren Standorten.

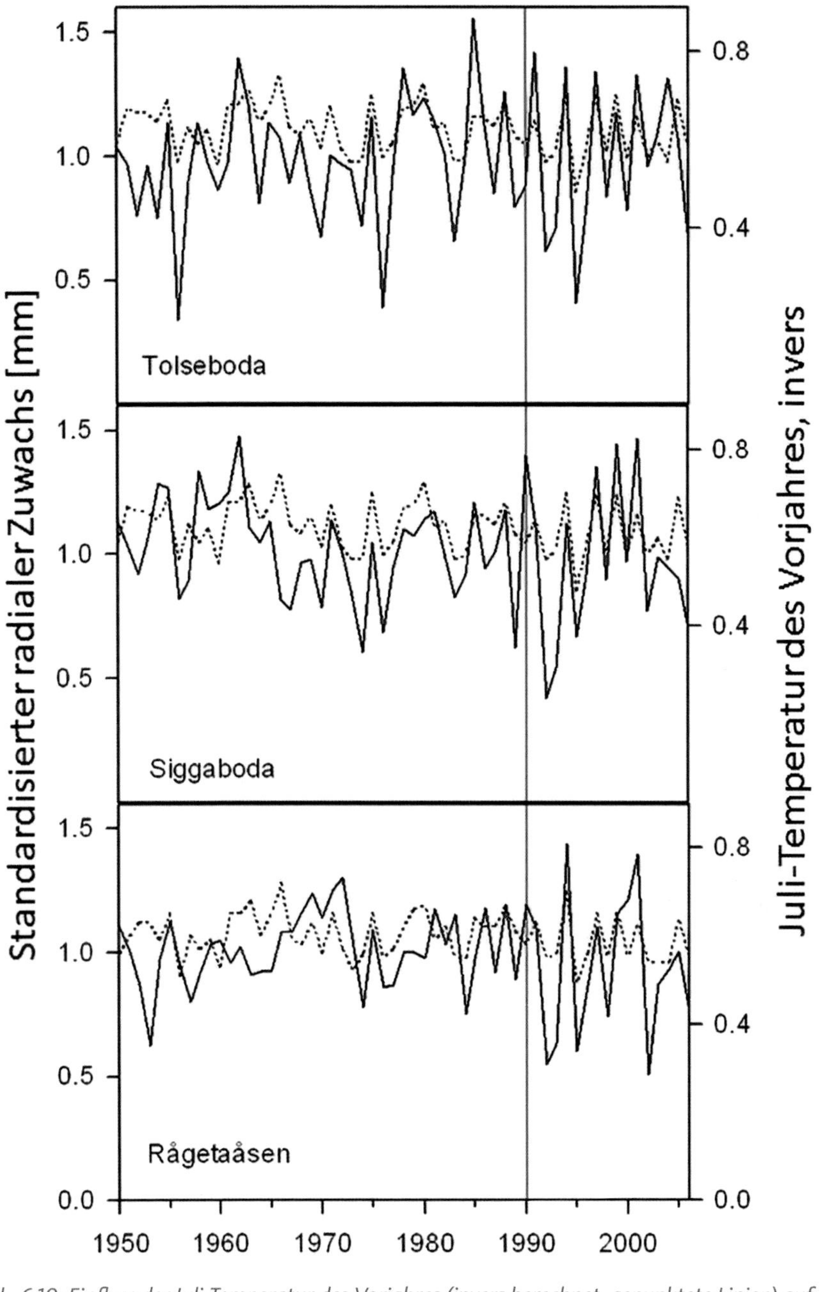

Abb. 6.10: Einfluss der Juli-Temperatur des Vorjahres (invers berechnet, gepunktete Linien) auf die Jahrringbreite von Rot-Buchen (durchgezogene Linien) steigt seit 1990 an, erkennbar an der deutlicheren Kurvenüberlagerung (nach Grundmann 2011)

6.5 Rückverfolgung von Schadereignissen

Oftmals kann die Ursache für das Absterben eines Baumes nicht ermittelt werden. Es kommt vor, dass ein Baum noch lange Jahre nach einer Beschädigung gesund dasteht und dann unvermittelt abstirbt. Besonders bei Stadtbäumen muss dann die Frage der Verantwortung geklärt werden. Hier helfen Jahrringanalysen, um den Zeitpunkt der Beschädigung zu ermitteln. Die Lebens- oder Krankheitsgeschichte eines Baumes lässt sich über Jahrzehnte oder sogar Jahrhunderte zurückverfolgen. Es ist auch nicht immer die Fällung eines noch vitalen Baumes notwendig. Mittels eines Zuwachsbohrers (Abb. 6.11) können 5 mm breite Bohrkerne aus dem Stamm entnommen werden.

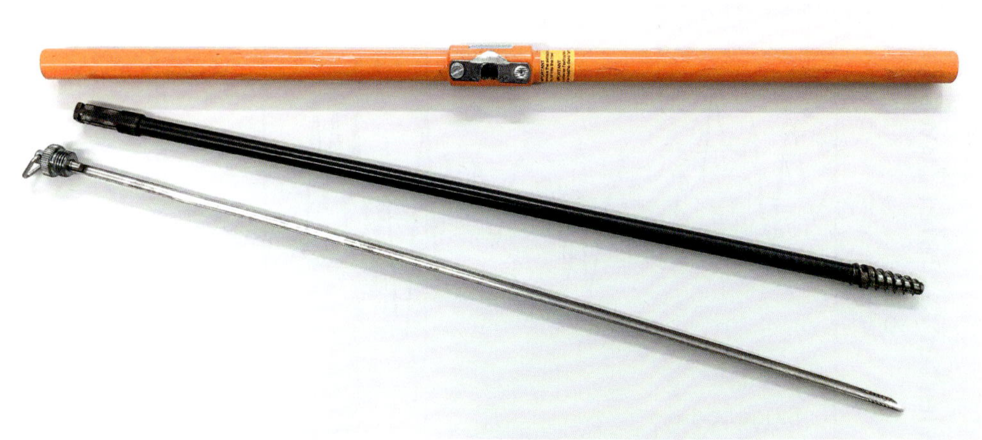

Abb. 6.11: Zuwachsbohrer nach Pressler

Natürlich entstehen dadurch minimale Schäden, doch ohne den Baum in seiner Bruchsicherheit zu beeinträchtigen. Das umliegende Gewebe wird gequetscht und die Leitungsbahnen werden an dieser Stelle unterbrochen. Der Baum aktiviert jedoch sofort seine Schutzmechanismen. Nadelbäume verschließen die Wunde schnell und effektiv mit ihrem Harz, sodass keine Mikroorganismen eindringen können (Abb. 6.12). Allerdings werden Verfärbungen des Holzes entlang des Bohrloches nicht unterbleiben.
An der in Abbildung 6.13 dargestellten Stiel-Eiche lässt sich gut vermitteln, wie Laubbäume auf Beschädigungen reagieren. Die Holzprobe wurde an einer von außen völlig intakten Stammstelle entnommen. Der vor Jahren entstandene Schaden wurde zufällig entdeckt. Der Baum hat ihn effektiv und ohne große Folgeschäden abgesichert. Zunächst wurden die beschädigten Gefäße mit Thyllen verschlossen, hier gut zu erkennen an den mit glänzenden Häutchen verstopften Gefäßen (T). So bleibt das umliegende Leitungssystem funktionstüchtig. Anschließend wurde ein sogenanntes Kallusgewebe produziert, um die Wunde zu verschließen, hier als das helle und regellose Gewebe zu erkennen (KG). An den Seiten der Wunde ist das Kambium noch lebendig. Von dort wurde das

Kallusgewebe über die Verletzung geschoben. Das ist der sogenannte Prozess der Überwallung. Man sieht hier eingewachsenes totes Gewebe (TG). An den Seiten wurden bereits erste kleine Gefäße gebildet. Die Rinde ist schon wieder völlig geschlossen, doch das Kambium bildet immer noch Kallusgewebe. Es wird vielleicht noch ein paar Jahre dauern, bis auch an dieser Stelle wieder funktionsfähiges Leitungsgewebe produziert wird. Dennoch wurde das Eindringen von Mikroorganismen erfolgreich verhindert. Der an dieser Eiche entstandene Schaden konnte mithilfe einer Vergleichs-Chronologie leicht datiert werden.

Abb. 6.12: Bohrloch an einer Gemeinen Fichte (Picea abies)*: einen Tag nach der Bohrung ist es vollständig verharzt*

Werden in der Stadt neue Straßenbäume gepflanzt, trägt die Baumschule gegebenenfalls noch einige Jahre die Verantwortung für das Überleben der Bäume. Ist diese Zeit verstrichen, geht die Verantwortung in die Hände der Stadt über. Sterben nun junge Straßenbäume ab, kann mittels Jahrringanalysen nach der Ursache sowie nach einem möglichen Zeitpunkt einer Beschädigung gesucht werden. Es gleicht einer Form von Obduktion. So geschehen bei einem Fall von abgestorbenen jungen Spitz-Ahornen, die an offen sichtbaren Kambiumschäden eingegangen sind (Abb. 6.14). An den Stammscheiben sieht man deutlich die versuchte Überwallung der Schäden. Die Beschädigungen des Kambiums ließen sich nun zurückdatieren und es stand fest, dass sie vor der Pflanzung noch in der Baumschule verursacht wurden. Somit musste von der Baumschule Schadensersatz geleistet werden.

Als Dendrochronologe wird man auch als Experte herangezogen, wenn urplötzlich in einem alten eingewachsenen Stadtpark eine große Zahl von Eichen und Eschen umstürzen. Wie geschehen im Stadtpark der Stadt Köthen in Sachsen-Anhalt im Jahr 2009. Ohne äußere Einwirkungen, wie zum Beispiel Sturm, stürzten über 10 äußerlich vollkommen vitale Altbäume um. In einem Team aus verschiedenen Sachverständigen

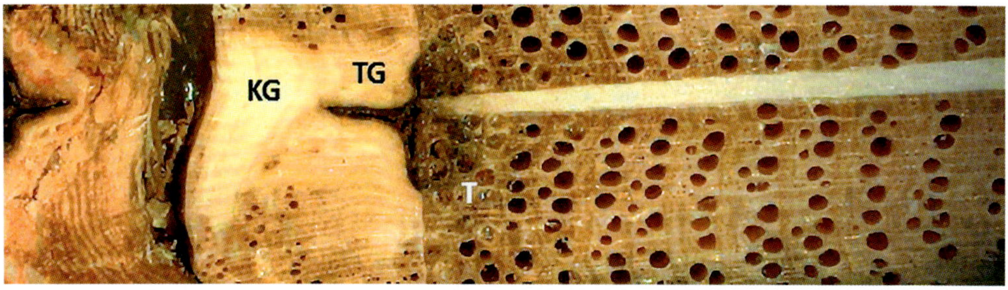

Abb. 6.13: Wundverschluss bei Stiel-Eiche (Quercus robur)*: KG: Kallusgewebe, TG: totes Gewebe, T: Thyllen*

sucht nun der Dendrochronologe nach Mustern in den Jahrringen, sogenannten Bruchpunkten oder Mortalitätsmustern. An einem Bruchpunkt kommt es zu einer plötzlichen markanten Veränderung in der Jahrringabfolge. Dies könnte ein Hinweis auf einen Zeitpunkt sein, an dem sich die Lebensbedingungen des Baumes dramatisch verändert haben. Diese meist externen Ursachen müssten dann ausfindig gemacht werden. Einflüsse, die in Frage kommen, müssten plötzlich starke Auswirkungen haben, wie zum Beispiel starke Insektenkalamitäten, starke Spätfrostereignisse, Feuer oder Ähnliches. Längerfristige, eher schleichende Veränderungen, wie zum Beispiel klimatische Änderungen oder langsame Änderungen im Bodenwasserhaushalt, würden keinen Bruchpunkt in der Jahrringabfolge verursachen, sondern sich mit stetig schmaler werdenden Jahrringen bemerkbar machen. Dies wäre dann eine Form der verschiedenen Mortalitätsmuster.

Das Absterben eines Baumes kann sich im Jahrringbild auf unterschiedliche Weise ankündigen. Natürliche Mortalität aufgrund von Alter äußert sich in stetig, aber konstant geringer werdenden Jahrringbreiten. Ein Absterben nach einem schwerwiegenden Einzelereignis zeigt in der Folge nach einem markant schmalen Jahrring nur noch

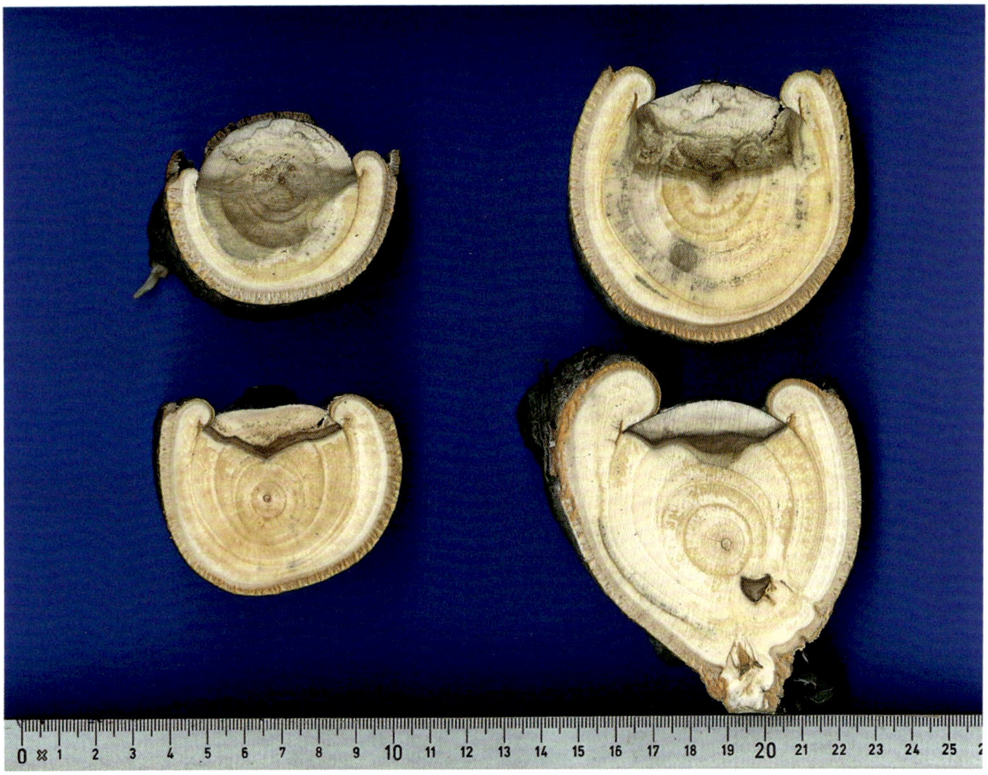

Abb. 6.14: Schadensrückverfolgung an Stammscheiben junger Spitz-Ahorne (Acer platanoides)

besonders schmale Jahrringe bis zum Ableben. Oft genug zeigen sich in den letzten Jahren vor dem Ableben eines Baumes jedoch keinerlei Anzeichen in den Jahrringen. So wie bei den gefallenen Eichen und Eschen in Köthen. Hier konnte die Ursache nicht in den Jahrringen gefunden werden. In diesem Fall war die Ursache im Boden zu suchen und das Wachstum der Wurzeln gab den Hinweis auf eine dramatische Veränderung des Grundwasserspiegels. Nach dem Wegfall von viel wasserverbrauchender Industrie in der Nachwendezeit stieg das Grundwasser so stark und schnell an, dass die Altbäume keine Zeit zur Anpassung ihres Wurzelsystems hatten. Der Wurzelverlust aufgrund von Sauerstoffmangel war zu groß. Im Laufe der Folgejahre stürzten noch weitere Bäume um, bis sich die Zahl auf fast 200 erhöht hatte. Nur die jungen Bäume waren in der Lage, ihre Wurzelsysteme an den neuen Wasserstand anzupassen. So führten exogene Umweltveränderungen zur Verjüngung des Baumbestandes des Stadtparkes.

6.6 Resümee

Jedes Jahr bilden die Bäume in unseren Breiten einen neuen Jahrring aus. Das Zählen dieser Jahrringe ermöglicht uns das Einschätzen des Alters eines Baumes. Doch es steckt noch viel mehr darin. Ein Jahrring ist der Spiegel und Speicher der Lebensbedingungen des Baumes.

Sind die Jahrringe breit und regelmäßig, zeigt uns dies, dass es diesem Baum einfach gut ging: er hatte einen geeigneten Standort, es gab keine schwerwiegenden Witterungsextreme, er wurde weitestgehend von Insekten, die seine Krone hätten kahlfressen können, verschont und er konnte ohne Probleme Früchte zur Verjüngung ansetzen, ohne dass er auf einen breiten Jahrring verzichten musste. Das war ein glücklicher Baum, aus der Sicht eines Dendrochronologen jedoch auch ein etwas langweiliges Exemplar. Sind die Jahrringe eines Baumes sehr variabel, mal sehr breit und sind dann wieder einzelne, extrem schmale Jahrringe dazwischen, ist die Lebensgeschichte des Baumes gleich viel spannender. Man kann lesen wie in einem Buch. Ein solcher Baum hat in seinem Leben ein wenig zu kämpfen gehabt. Es gab viele Jahre, die für ihn problemlos verliefen. Doch es gab auch immer wieder Jahre, in denen er Bedingungen erlebte, die ihn einschränkten. Wir nennen diese Jahre Ereignisjahre, wenn sie sich nur bei einem einzelnen Baum zeigen. Findet man sie bei gleich mehreren Bäumen desselben Standorts, nennen wir sie Weiserjahre. Und die Ursachen für diese Weiserjahre zu finden, ist die Herausforderung.

Haben Weiserjahre ihre Ursache in klimatischen Variablen wie Temperatur und Niederschlag, sind das Signale dafür, dass eine Baumart Schwierigkeiten mit Extremen dieser Variablen hat, zumindest an diesem Standort. Häufen sich intensive Reaktionen auf Trockenheit in der Jahrringabfolge und sind sogar die Jahrringe in der Folge nach einem Dürrejahr schmaler, deutet dies darauf hin, dass diese Baumart an diesem Standort an ihre physiologische Grenze gerät. Geschwächt durch Trockenstress wird der Baum natürlich anfällig für sekundäre Folgen wie zum Beispiel Insektenkalamitäten. Vergleicht man nun mehrere Baumarten auf diese Weise am selben Standort, lässt sich

herausbekommen, welche der Arten wohl in Zukunft bei gesteigerter Intensität und Häufigkeit von Trockenjahren noch standhalten können.
Auch das Absterben von Bäumen kann mittels Jahrringuntersuchungen wie in einer Obduktion geklärt werden. Neben dem natürlichen Alterungsprozess zeigen sich oftmals Mortalitätsmuster. Diese können auf ein schwerwiegendes Einzelereignis zurückgeführt werden oder längerfristige Anpassungsschwierigkeiten an sich ändernde Bedingungen zeigen. Doch lässt sich die Ursache des Absterbens nicht immer nur auf Trockenheit zurückführen. Unvoreingenommen und mit Bedacht muss hier Ursachenforschung anhand von Jahrringen betrieben werden.
Jahrringe erzählen uns also die Lebensgeschichte eines Baumes. Sie helfen uns zu verstehen, ob es ihm an diesem Standort gutgeht. Entscheidungen über zukünftige Baumpflanzungen können auf dieser Basis bewusster getroffen werden.

Literatur

BUCCI, S.J.; SCHOLZ, F.G.; GOLDSTEIN, G.; MEINZER, F.C.; STERNBERG, L.D.L., 2003: Dynamic changes in hydraulic conductivity in petioles of two savanna tree species: factors and mechanisms contributing to the refilling of embolized vessels. Plant Cell and Environment 26, 1633–1645

IAMAGAWA, H.; ISHIDA, S., 1972: Study on the wood formation in trees. III. Occurrence of the overwintering cells in the cambial zone in several ring-porous trees. Res. Bull. Coll. Exp. for Hokkaido Univ. 29, 207–211

FONTI, P.; HELLER, O.; CHERUBINI, P.; RIGLING, A.; AREND, M., 2013: Wood anatomical responses of oak saplings exposed to air warming and soil drought. Plant Biology 15, Suppl. 1, 210–219

GRUNDMANN, B., 2009: Dendroklimatologische Untersuchung von Buche und Fichte – Ein Blick auf naturnahe Mischwälder. Südwestdeutscher Verlag für Hochschulschriften, Saarbrücken

GRUNDMANN, B.M.; BOLTE, A.; BONN, S.; ROLOFF, A., 2011: Impact of climatic variation on growth of *Fagus sylvatica* and *Picea abies* in Southern Sweden. Scandinavian Journal of Forest Research 26, Suppl. 11, 64–71

GUIOT, J.; BERGER, A.L.; MUNAUT, A.V., 1982: An illustration of alternative transfer function methods in Switzerland: 160–167, In: Climate from tree rings, HUGHES, M.K.; KELLY, P.; PILCHER, J.R.; LAMARCHE JR, V.C. (Hrsg.), Cambridge University Press, Cambridge

HACKE, U.G.; JANSEN, S., 2009: Embolism resistance of three boreal conifer species varies with pit structure. New Phytologist 182, 675–686

MARTIN-BENITO, D.; ANCHUKAITIS, K.J.; EVANS, M.N.; DEL RIO, M.; BEECKMAN, H.; CAÑELLAS, I., 2017: Effects of drought on xylem anatomy and water-use efficiency of two co-occurring pine species. Forests 332, 8, 1–19

MARTÍNEZ-SANCHO, E.; DORADO-LINAN, I.; HACKE, U.G.; SEIDEL, H.; MENZEL, A., 2017: Contrasting hydraulic architectures of Scots pine and sessile oak at their southernmost distribution limits. Frontiers in Plant Science 8, 1–12

SCHWEINGRUBER, F.H., 1993: Jahrringe und Umwelt – Dendroökologie. Eidgenössische Forschungsanstalt für Wald, Schnee und Landschaft, Birmensdorf

SPEER, J.H., 2010: Fundamentals of tree-ring research. The University of Arizona Press, Tuscon

SITTE, P.; WEILER, E.W.; KADEREIT, I.W.; BRESINSKY, A.; KÖRNER, C., 2002: Lehrbuch der Botanik. 35. Aufl. Spektrum Akademischer Verlag, Heidelberg, Berlin

7 Klimasensitivität der Trieblängen verschiedener Baumarten – Eine Fallstudie zu den Trockenjahren 2018 bis 2020

Ming Liu (unter Mitarbeit von Ulrich Pietzarka und Andreas Roloff)

7.1 Einführung

Die Messung der jährlichen Trieblänge des Wipfeltriebes eines Baumes anhand der Triebbasisnarben auf der Zweigoberfläche ist ein lange erprobtes und vollkommen zerstörungsfreies Verfahren zur Rekonstruktion des Höhenwachstums eines Baumes während der vergangenen 5, mit Erfahrung und bei glattrindigen Baumarten bis zu 30 Jahre. Dazu wird von der Spitzenknospe beginnend die Länge des Triebes bis zur letzten Triebbasisnarbe bestimmt (Roloff 1986, 1989). Dabei handelt es sich um die Narben der Knospenschuppen, die ursprünglich dicht gedrängt auf der Triebachse saßen und die jungen Sprossanlagen eng schützend umhüllten. Diese Schuppen hinterlassen nach ihrem Abfallen während des Austreibens im Frühjahr dichtgedrängte „Rillen" auf der Trieboberfläche. Sie bleiben so lange erkennbar, bis sie im Zuge des sekundären Dickenwachstums mehr und mehr gedehnt und unkenntlich werden oder eine Borkebildung einsetzt. Einfluss auf die Dauer der Erkennbarkeit hat neben der Intensität des Dickenwachstums (bei jungen, sehr vitalen, starkwüchsigen Bäumen weniger lang als bei alten) auch die Anzahl der Knospenschuppen. Somit lässt sich das Trieblängenwachstum bei verschiedenen Bäumen und Baumarten unterschiedlich lange rekonstruieren. Fünf bis sieben Jahre sind bei nahezu jedem Baum problemlos möglich. Bei noch jungen Bäumen muss auch auf Johannistriebe und darauf geachtet werden, ob in den ersten Jahren Auswirkungen eines Pflanzschocks vorliegen.

Im Gegensatz zur Bohrkernentnahme, die noch als geringinvasiv anzusehen ist, werden dabei gar keine Verletzungen verursacht. Daher kann das Verfahren auch in kürzeren Abständen an denselben Bäumen wiederholt angewendet werden. Die Abfolge der Jahrestrieblängen ist ein ausgezeichneter Weiser für die Wuchspotenz eines Gehölzes und wird seit 1990 zur Vitalitätsbeurteilung herangezogen. In derselben Weise kann die Trieblänge daher auch zur Beurteilung der Auswirkungen von Trockenstress auf verschiedene Baumarten verwendet werden (Roloff 2018).

7.2 Untersuchungsmaterial, -methoden und Klimasituation

Daher wurde das Trieblängenwachstum der 6 Jahre 2015 bis 2020 an mehreren Baumarten in unterschiedlichen Altersklassen ermittelt. Für die Untersuchung standen jeweils 50 Bäume der folgenden 12 Baumarten zur Verfügung (Tab. 7.1): Feld-Ahorn (*Acer campestre*), Eschen-Ahorn (*A. negundo*), Spitz-Ahorn (*A. platanoides*), Götterbaum (*Ailanthus altissima*), Hainbuche (*Carpinus betulus*), Gemeine Esche (*Fraxinus excelsior*, Abb. 7.1), Vogel-Kirsche (*Prunus avium*), Kultur-Birne (*Pyrus communis*), Stiel-Eiche (*Quercus robur*), Robinie (*Robinia pseudoacacia*), Eberesche (*Sorbus aucuparia*) und Winter-Linde (*Tilia cordata*).
Es handelte sich um mittelalte gepflanzte Straßenbäume (je 50 Bäume von 6 Baumarten) sowie um junge Bäume in lichten Beständen aus Pflanzung oder Naturverjüngung (je 50 Bäume von 8 Baumarten, Tab. 7.1).

Tab. 7.1: Untersuchte Baumarten: Messung von je 50 Bäumen (Erläuterung: jung <10 Jahre; mittelalt >10 Jahre; Habitat B: Bestand, S: Straße; Ursprung P: Pflanzung, NV: Naturverjüngung; SD: Standardabweichung)

Nr.	Altersklasse	Art	Habitat	Ort	Alter [Jahre]	Höhe ± SD [cm]	BHD ±SD [cm]
1	jung	*Acer campestre*	B	Hebelei (P)	6–8	3.5 ±0.6	5.9 ±1.6
2		*A. negundo*	B	Hebelei (P)	6–8	3.8 ±0.8	5.6 ±1.7
3		*A. platanoides*	B	Kreinitz (P)	8–10	5.3 ±0.7	6.4 ±1.1
4		*Carpinus betulus*	B	Hebelei (P)	6–8	3.6 ±0.9	6.4 ±1.4
5		*Fraxinus excelsior*	B	Grumbach (NV)	5–8	4.1 ±0.8	3.9 ±1.0
6		*Prunus avium*	B	Hebelei (P)	6–8	3.2 ±0.8	8.7 ±2.9
7		*Quercus robur*	B	Grumbach (NV)	5–8	3.1 ±0.9	4.7 ±1.6
8		*Sorbus aucuparia*	B	Hebelei (P)	6–8	3.1 ±0.6	4.3 ±0.9
9	mittelalt	*Acer platanoides*	S	Diera (P)	10–12	6.8 ±0.9	24.8 ±3.8
10		*Ailanthus altissima*	S	Naundörfel (P)	15–20	9.1 ±1.6	32.9 ±6.6
11		*Fraxinus excelsior*	S	Golk (P)	25–30	12.5 ±2.1	29.4 ±6.6
12		*Pyrus communis*	S	Merschwitz (P)	12–15	8.3 ±1.2	32.6 ±5.8
13		*Robinia pseudoacacia*	B	Saxdorf (P)	10–12	5.4 ±0.7	8.0 ±1.1
14		*Tilia cordata*	S	Goltzscha (P)	25–30	6.5 ±1.3	26.5 ±5.2

Abb. 7.1: Eschen-Probebäume (oben: jung in lichtem Bestand aus Naturverjüngung; unten: mittelalt entlang von Straßen aus Pflanzung).

Die Untersuchungen fanden in Sachsen im Raum Meißen und Tharandt statt. Klimadaten der Jahre 2014 bis 2020 standen von der Station Dresden-Klotzsche zur Verfügung und sind für die Vegetationsperioden in den Abbildungen 7.2 und 7.3 zusammengefasst.

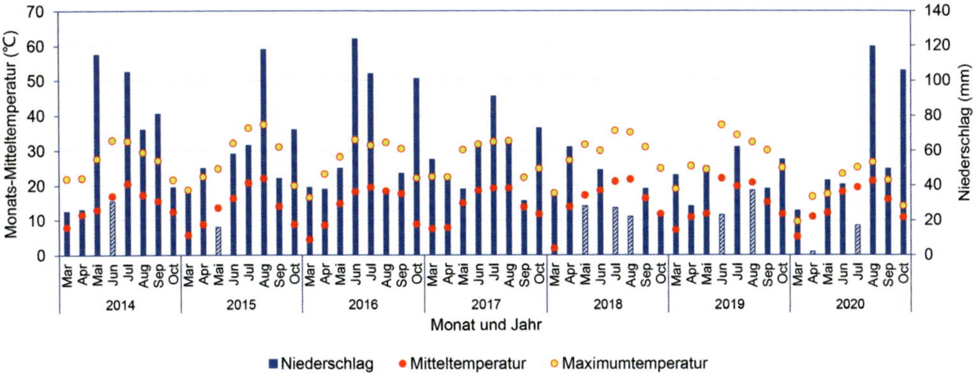

Abb. 7.2: Monatliche Niederschlagssumme (N), monatliche Durchschnittstemperatur (T) und maximale Temperatur der Monate März bis Oktober von 2014 bis 2020 (Station Dresden-Klotzsche). Vertikale Balken: Niederschlagssumme; schraffierte Balken: N<2T (arid).

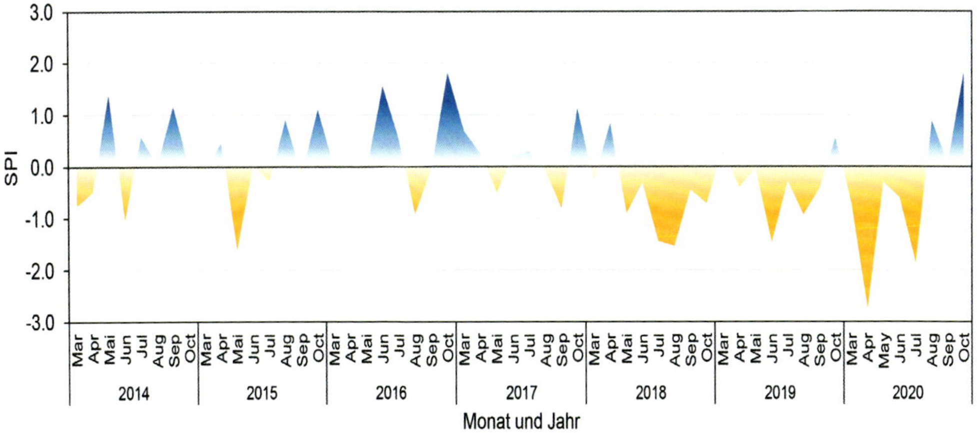

Abb. 7.3: Standardisierter Niederschlagsindex (SPI) für die Vegetationsperiode der Jahre 2014 bis 2020 (Station Dresden-Klotzsche).

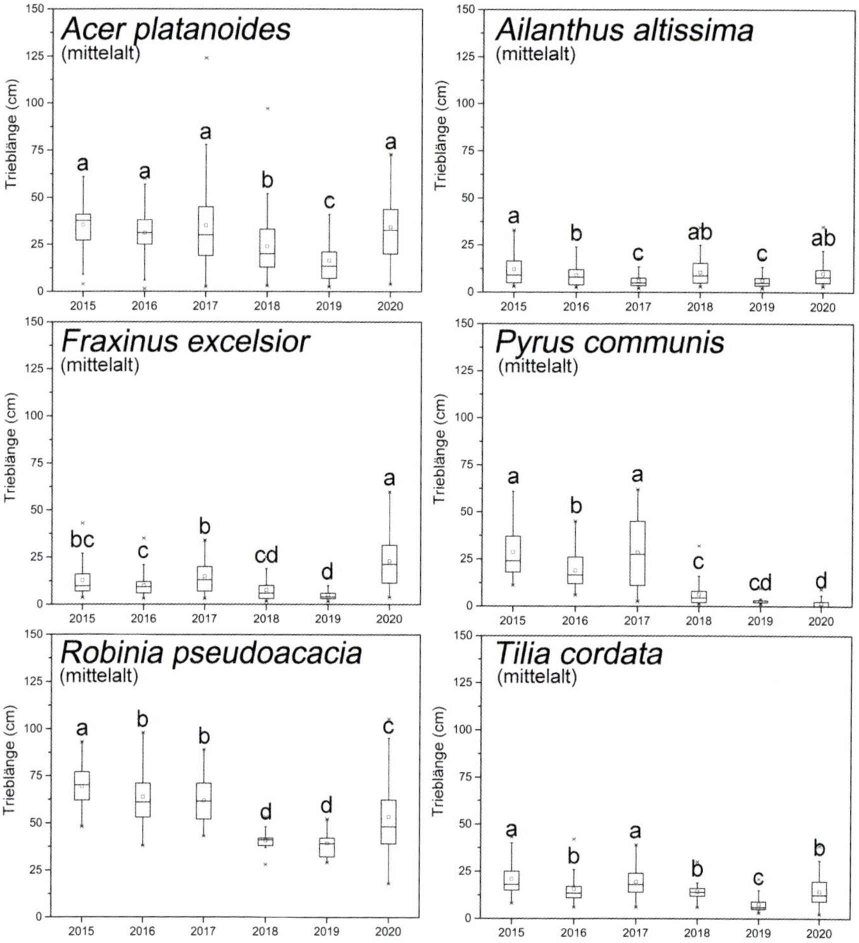

Abb. 7.5: Trieblängenzuwachs mittelalter Bäume in den Jahren 2015 bis 2020 (Erläuterung der Grafiken im Text).

Höhenzuwachs mehr auf, indem sie an den Wipfeltrieben nur noch sehr kurze Kurztriebe entwickelten (mit extrem geringer Streuung). Im Jahr 2020 waren dann im oberen Kronenbereich der Birnen deutliche Absterbeerscheinungen zu erkennen (Abb. 7.6). Die Robinie zeigt den Rückgang der Trieblängen auch, vermag über alle Jahre aber einen deutlich höheren Zuwachs zu realisieren als alle anderen mittelalten Baumarten. Im Jahr 2020 zeigten sie (bis auf die Birne) eine deutliche Erholung.

Um die Dynamik der Kronenentwicklung noch besser zu veranschaulichen, wurden die Trieblängen in drei Klassen eingeteilt: kurz <10 cm; mittel 10 bis 60 cm; lang >60 cm

Abb. 7.6: Mittelalte Kultur-Birnen mit deutlich reduzierten Trieblängen (oben) und absterbenden Wipfeltrieben (unten) entlang eines Radweges im Sommer 2020.

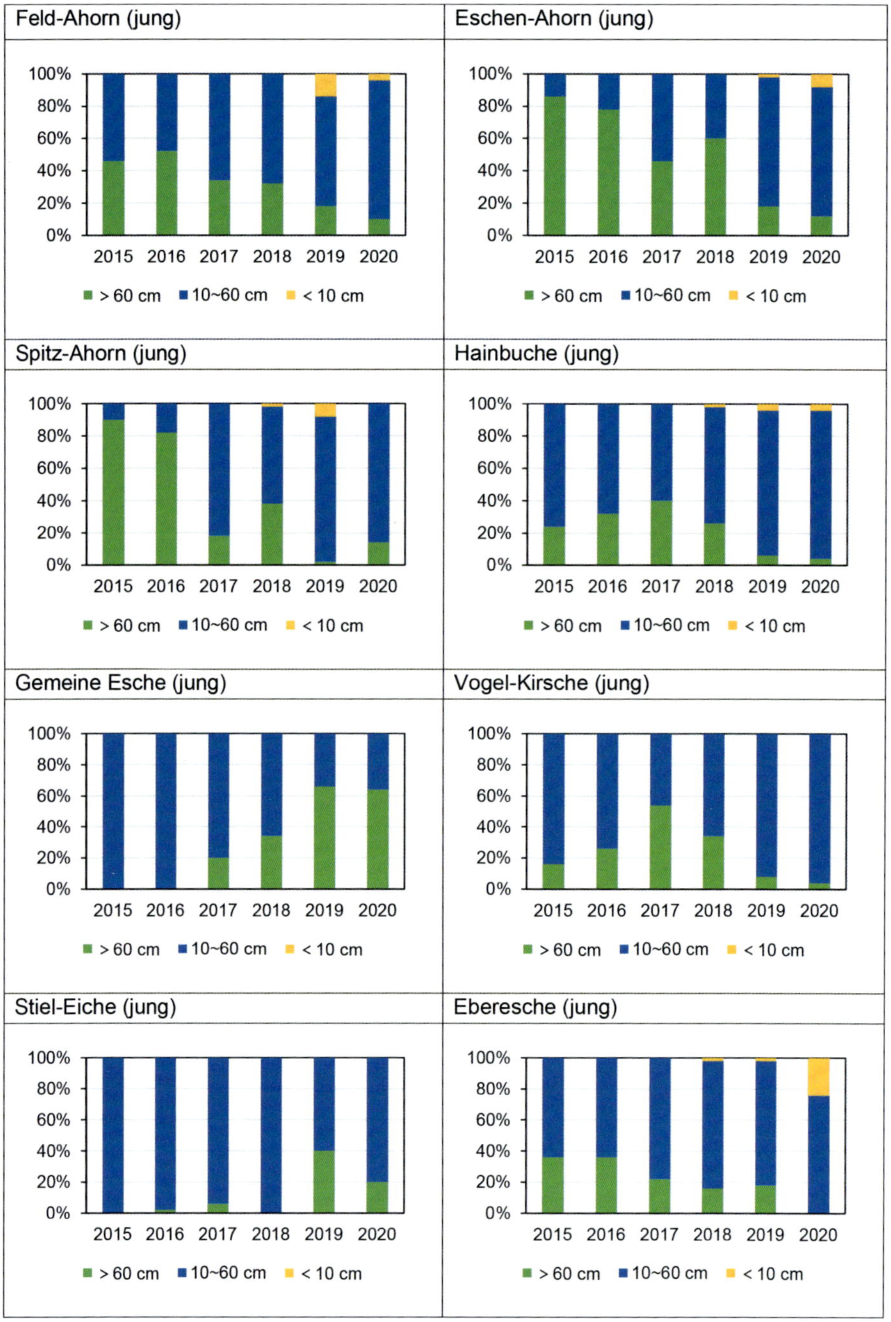

Abb.7.7: Anteile von langen, mittleren und kurzen Trieben am Trieblängenzuwachs junger Bäume in den Jahren 2015 bis 2020.

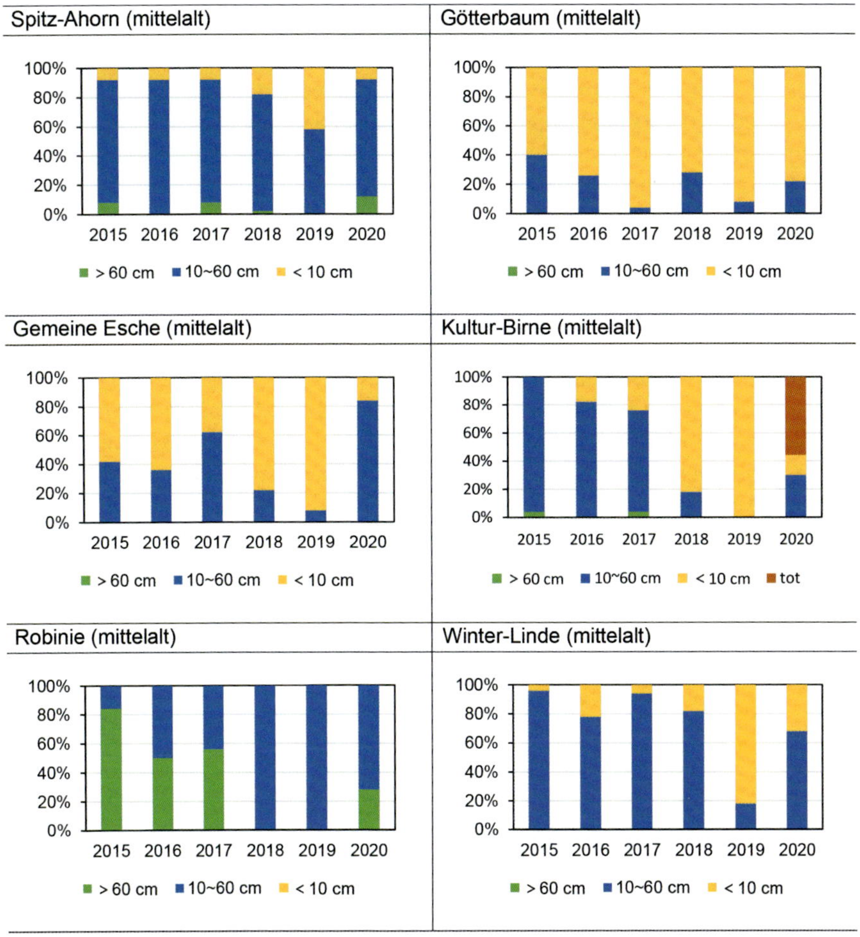

Abb. 7.8: Anteile von langen, mittleren und kurzen Trieben am Trieblängenzuwachs mittelalter Bäume in den Jahren 2015 bis 2020.

(Abb. 7.7 und 7.8). Erwartungsgemäß zeigen **junge Bäume** aller Baumarten einen deutlich höheren Anteil an langen Trieben und praktisch kaum kurze Triebe, im Vergleich zu den mittelalten. Die (geringen) Anteile kurzer Triebe sind nur in den Trockenjahren festzustellen, da bei den meisten Arten die Anteile langer Triebe zurückgehen. Bei den **mittelalten Bäumen** sind mit Ausnahme der Robinie fast immer gewisse Anteile an kurzen Trieben festzustellen, die in den Trockenjahren (besonders 2019) deutlich zunehmen.

7.4 Diskussion und Schlussfolgerungen

Um die Wachstumsreaktion der verschiedenen Baumarten in den beiden Altersklassen noch genauer zu erklären, wurden Korrelationsanalysen mit zahlreichen Klimaparametern durchgeführt. Dazu zählen natürlich die Durchschnittstemperaturen der einzelnen Monate, Maximaltemperaturen, Minimaltemperaturen, Niederschlagssummen, Sonnenstunden, Regentage oder der Niederschlagsindex jeweils unterschiedlicher Perioden mit unterschiedlicher Länge. Angesichts der Kürze der Datenreihe in dieser Studie ist es nicht sehr wahrscheinlich, sehr enge und/oder übereinstimmende Beziehungen festzustellen. Bei so wenigen Datensätzen können einige signifikante Korrelationen rein zufällig sein oder sich einfach nicht biologisch erklären lassen. So ein Beispiel wäre eine Korrelation der Februar-Temperaturen mit dem Jahreszuwachs des nachfolgenden Jahres.

Zudem haben schon frühere Untersuchungen gezeigt, dass das Trieblängenwachstum schwächer mit Klimaparametern korreliert ist als das Durchmesserwachstum (vgl. Kap. 6). Dies liegt auch daran, dass das Trieblängenwachstum in der Regel gerade bei jungen Bäumen von mehreren Vegetationsperioden beeinflusst wird. Zumindest ein nennenswerter Teil ihres Wachstums wird in der Knospe präformiert, wird also von den Witterungsbedingungen des Vorjahres beeinflusst. Nachdem dieser Teil ausgetrieben ist, zeigen junge Bäume häufiger sogenanntes „freies Wachstum“ (Fortsetzung des Längenwachstums bis gegen Ende der Vegetationsperiode) oder Johannistriebe im Sommer. Es wird also auch von den Witterungsbedingungen im Jahr des Austriebes beeinflusst.

Als Ergebnis solcher Korrelationsanalysen und Plausibilitätsprüfungen erhält man in der Regel eine ganze Reihe unterschiedlicher Beziehungen – dies für die verschiedenen Baumarten, für die Altersklassen und selbst für einzelne Probeflächen. Das ist plausibel, da die Baumarten natürlich verschiedene Strategien aufweisen (Gillner et al. 2017) und sich die Standorte z. T. deutlich unterscheiden.

In der Zusammenschau ergeben diese Daten einen eher groben Eindruck davon, welche Perioden im Jahr wesentlichen Einfluss auf den Zuwachs haben. Dies sind meist das späte Frühjahr und der Frühsommer des Vorjahres, also die Periode, in welcher die Knospen für das folgende Jahr angelegt werden. Hinzu kommt dann noch eine Periode hoher Produktivität im Juni und Juli des aktuellen Jahres. Auch diese Rhythmik muss berücksichtigt werden, wenn es um die Beurteilung der Auswirkungen von Dürreperioden auf verschiedene Baumarten geht. Langfristige Durchschnittswerte sind nicht aussagekräftig. Dürreereignisse in verschiedenen Perioden wirken sich zudem unterschiedlich aus (vgl. Kap. 1).

Aus den Ergebnissen dieser Fallstudie lässt sich schlussfolgern, dass auch das Trieblängenwachstum der Baumarten eine gewisse Klimasensitivität zeigt, die jedoch von zahlreichen Einflussfaktoren überlagert wird. Dennoch werden auch mit dieser sehr einfachen und vollkommen zerstörungsfreien Methode wichtige und interessante Hinweise gegeben.

Während die meisten Bäume signifikante Zuwachseinbußen infolge der Dürreperioden verzeichnen, profitieren andere scheinbar bzw. sind in der Lage, ihr Zuwachsniveau weitgehend aufrecht zu erhalten (Abb. 7.9). Dabei ist zu beachten, dass gerade die jungen

Abb. 7.9: Starkwüchsige junge Hainbuche (oben, Hebelei aus Pflanzung) und junge Stiel-Eiche (unten, Grumbach aus Naturverjüngung) im Spätsommer 2020

Bäume in einem Alter untersucht wurden, in dem sie noch nicht das Maximum des jährlichen Höhenzuwachses erreicht hatten, in dem also von Jahr zu Jahr eine altersbedingte Zuwachssteigerung zu erwarten ist. Die sogenannte Kulmination des Höhenzuwachses ist bei den mittelalten Bäumen bereits erreicht, was erklärt, warum sie generell weniger lange Triebe zeigen als die jungen. Da kürzere Triebe auch weniger Blätter tragen, die besonders nach einem trockenen Frühjahr wie 2020 zudem auch noch kleiner bleiben, ist die produzierende Oberfläche geringer. Dies kann dazu beitragen, dass mittelalte Bäume mit sowieso kürzeren Trieben deutlichere Zuwachsrückgänge in Folge von Trockenstress zeigen als junge. Die allgemein starkwüchsige Robinie vermag dies in ihrem Alter noch eher auszugleichen.
Es gibt bisher nur relativ wenige so detaillierte Untersuchungen zum jährlichen Jugendwachstum vieler verschiedener Baumarten im Vergleich, da dies in diesem Alter forstlich nicht primär von Interesse ist und in Waldbeständen von der Konkurrenz und ggf. Beschattung anderer Bäume stark beeinflusst wird. Für Straßenbäume sieht dies anders aus, dazu gibt es einige umfangreiche und z. T. langjährige Erhebungen (z. B. GALK 2020, SCHÖNFELD & BÖLL 2020, STADTGRÜN 2021, vgl. Kap. 11). Für die hier dargestellten Untersuchungen wurden nur freistehende Bäume ohne Beschattung durch Altbäume und gepflanzte Bäume mindestens 5 Jahre nach der Pflanzung ausgewählt (Abb. 7.1, Tab. 7.1). Zudem schränkt der Alterstrend in diesem Stadium und natürlich auch der (Mikro-) Standort eine einfache Vergleichbarkeit der Ergebnisse ein.
Eine der wenigen durchaus vergleichbaren Untersuchungen (an anderen Baumarten und auf einem anderen Standort) haben FORKER et al. 2020 im sog. Klimawald Köln durchgeführt (s. Kap. 11). Dabei wurden Höhen- und Durchmesserzuwachs von 10 Baumarten über die ersten 10 Jahre nach der Pflanzung zurückverfolgt. Dabei kam es z. T. zu erwarteten Reaktionen auf die Trockenjahre, z. T. aber auch zu unerwarteten oder sogar unerklärlichen, obwohl diese Bäume alle auf einem ähnlichen Standort in unmittelbarer Nähe voneinander wachsen.
Dies zeigt wie die hier vorgestellte Fallstudie eindrucksvoll, wie vielfältig die Reaktions- und Anpassungsvorgänge der Bäume und Baumarten sind, was auch in den Kapiteln 1, 2, 8 und 9 deutlich wird. Bei der Interpretation der Ergebnisse dieser Fallstudie müssen natürlich die sehr unterschiedlichen Standorte von Bestandes- und Straßenbäumen beachtet werden, welche die Vergleichbarkeit einschränken. Trotzdem sind die Ergebnisse von hohem Interesse, da sie zusammengefasst zeigen, wie überraschend gut die meisten **jungen Bestandesbäume** mit den Trockenperioden 2018 und 2019 klargekommen sind. Sie haben sich sogar offensichtlich ein Stück weit angepasst (vgl. Kap. 9), und ihre Prognose der weiteren Wachstumsentwicklung ist nicht kritisch zu sehen, trotz der Trockenjahre und moderater Trieblängenabnahme 2020. Dies gilt nach unseren Erhebungen auch an anderen Standorten auf Freiflächen und in Wald-Naturverjüngungen: dass die Jungbäume aus Naturverjüngung die Trockenjahre überwiegend gut bis sehr gut überstanden haben.
Anders sieht es bei den **mittelalten Straßenbäumen** aus, von denen immerhin 2 Baumarten – Birne und Esche – große Probleme bis hin zu Absterbeerscheinungen zeigen, was sich interessanterweise bereits vorher durch extrem kurze Jahrestriebe angekündigt

hat. Dies kann mit 15 bzw. 25 Jahren noch kein altersbedingter Kronenrückzug sein kann (Roloff 2018). Es erfolgt also eine deutliche vorzeitige Alterung bei den Birnbäumen, die auf ihre Stammveredlung zurückzuführen ist.
Diese Fallstudie, wie auch andere Untersuchungen an Baumarten unterschiedlicher Herkünfte an verschiedenen Standorten, macht sehr deutlich, dass es nicht einfach ist, daraus verallgemeinerbare Schlussfolgerungen zu ziehen – es gibt nicht nur Weiß und Schwarz, „geeignet" und „ungeeignet". Daher erscheint es auch nicht gerechtfertigt, gleich nach einem einzigen Misserfolg eine Baumart abzulehnen – was sich an einem Standort bewährt hat, kann an anderen zum Fehlschlag führen. Zudem bedeutet das Absterben alter Bäume einer Baumart (wie z. B. derzeit vieler Altbuchen) nicht, dass es den jungen Bäumen derselben Baumart genauso schlecht geht – im Gegenteil: diese zeigen (zumindest bei Naturverjüngung) überwiegend sehr gutes Wachstum und haben sich offenbar bereits angepasst. So haben etliche Jungbäume z.B. von Eichen im Jahr 2020 sogar Johannistriebe entwickelt und bis über 1 m Höhenzuwachs erreicht.
Angesichts der Herausforderungen des messbaren Klimawandels und der damit deutlich zunehmenden Unwägbarkeiten wird es zukünftig dringend erforderlich sein, noch mehr Vielfalt zu erproben und nicht auf Standardlisten zu setzen. Dabei müssen auch Fehlschläge einkalkuliert und unerwartete Erfolge ernst genommen und bekannt gemacht werden. Veredelte Bäume sind unbedingt zu vermeiden.

Literatur

Forker, M.; Bouwman, M.; Roloff, A., 2020: Baumarten für den Klimawandel – 10 Jahre Waldlabor Köln. Allg. Forstztschr./Der Wald 12, 12–15

GALK 2020: Straßenbaumliste. www.galk.de [Zugriff 1.10.2020]

Gillner, S.; Korn, S.; Hofmann, M.; Roloff, A., 2017: Contrasting strategies for tree species to cope with heat and dry conditions at urban sites. Urban Ecosystems 20, 853–865

Roloff, A., 1986: Morphologie der Kronenentwicklung von Fagus sylvatica L. (Rotbuche) unter besonderer Berücksichtigung möglicherweise neuartiger Veränderungen. Ber. Forschungsz. Waldökosysteme Göttingen 18: 1–177 (Dissertation)

Roloff, A., 1989: Kronenentwicklung und Vitalitätsbeurteilung ausgewählter Baumarten der gemäßigten Breiten. Sauerländer's Verlag, Frankfurt a.M., 258 S. (Habilitationsschrift)

Roloff, A., 2018: Vitalitätsbeurteilung von Bäumen – Aktueller Stand und Weiterentwicklung. Haymarket Media, Braunschweig

Schönfeld, P.; Böll, S., 2020: Stadtbäume nach dem Trockensommer 2018. ProBaum 01, 18–26

Stadtgrün 2021: Neue Bäume braucht das Land! http://www.lwg.bayern.de/landespflege/urbanes_gruen/085113/index.php [Zugriff 1.10.2020]

8 Vom Gen zur Fitness – Welche Rolle spielt die Genetik?

(Doris Krabel)

8.1 Einführung und Begriffe

„Genetik ist nicht alles, aber alles ist nichts ohne Genetik“ (frei nach DOBZHANSKY (1973) *„Nothing in biology makes sense except in the light of evolution“*). Dieser Satz trifft für alle Lebewesen unserer Erde zu, d. h. vom kurzlebigen Einzeller bis zum langlebigen Baum. Damit soll ausgedrückt werden, dass die Summe und das Zusammenspiel aller Lebensvorgänge recht komplex sind und durch zahlreiche Stoffwechselprozesse gesteuert werden, aber dass letztendlich diese Steuerung irgendwo in der genetischen Ausstattung eines jeden Individuums verankert ist. Was umfasst diese „genetische Ausstattung“ beziehungsweise was bedeutet zunächst der Begriff „Genetik“? Er ist aus dem Griechischen hergeleitet und kann am treffendsten mit „Ursprung, Entstehung, Leben“ übersetzt werden (HENNIG 1995). Diese Übersetzung macht bereits recht gut deutlich, dass es sich bei der Genetik, wie wir sie heute verstehen, nicht nur um die klassische Vererbungslehre beginnend mit Gregor Mendel (1822–1884) handelt, sondern dass die Genetik als Fachdisziplin sich der Aufgabe stellt, die Entwicklung und das Funktionieren hoch komplexer Organismen zu verstehen. Damit erklärt sich die genetische Ausstattung eines Individuums, die sämtliche Informationen in den Zellen eines Organismus umfasst und ein Funktionieren oben genannter Prozesse möglich macht. Die Art und Weise und das Ausmaß, wie dieses Funktionieren ausgeprägt wird beziehungsweise abläuft, kann zwischen einzelnen Individuen unterschiedlich sein. Dies ist die Grundlage der natürlichen Variabilität. Nahezu sämtliche für diese Variabilität notwendigen Informationen sind in dem DNS-Molekül (Desoxyribonukleinsäure) als Code gespeichert. Dieses ist bei Pflanzen in den Chromosomen des Zellkerns sowie spezifischen Zellorganellen gelagert und wird bei Bedarf abgelesen.

Die Ursachen, die zu dieser Unterschiedlichkeit führen können, müssen allerdings nicht immer rein genetischen Ursprungs sein, sondern können auch durch ein Zusammenspiel von Genetik und Umwelt hervorgerufen werden. Dieses Zusammenspiel lässt sich an einem einfachen Experiment veranschaulichen (Abb. 8.1).

Die Abbildung 8.1 verdeutlicht zweierlei: Erstens, dass der Grad der Bewässerung einen eindeutigen Einfluss auf das jeweilige Wachstum der Pflanzen hat und zweitens, dass die einzelnen Sorten (Genotypen) unterschiedlich auf die gleiche Behandlungsweise reagieren. Weitere Untersuchungen in diesem Zusammenhang (KRABEL et al. 2018) haben auch ergeben, dass sich die Behandlungsweise nicht nur auf das Sprosswachstum der Pflanzen auswirkt, sondern auf eine Vielzahl von Eigenschaften und Merkmalen (z. B. Wurzelmasse, Blattgröße, Blattmasse). Dieses Beispiel veranschaulicht, dass die Umwelt immer auf die Gesamtheit der genetischen Ausstattung eines Individuums wirkt und nicht nur auf einzelne Gene. An dieser Stelle sollen einige Begriffe in alphabetischer Reihenfolge näher erläutert werden, die für das weitere Verständnis hilfreich sind:

- **Anpassung**:
  Anpassung beschreibt die Fähigkeit eines Individuums, sich an die aktuelle Umweltsituation anzupassen, d.h. zu überleben und Nachkommen zu produzieren. Im Falle der Resistenzzüchtung besitzen beispielsweise Obstbäume Merkmale, die sie resistent gegenüber dem Befall durch bestimmte Pathogene machen.
- **Anpassungsfähigkeit**:
  Anpassungsfähigkeit ist die Fähigkeit eines Individuums, sich an wechselnde zukünftige Umweltsituationen anpassen zu können.

Abb. 8.1: Drei verschiedene Pappelsorten (1, 2 und 3) mit je 2 Pflanzen – die rechte und die linke Pflanze sind jeweils genetisch identisch, wurden aber unterschiedlich bewässert (jeweils links optimal und rechts reduziert), alle übrigen Wuchsbedingungen waren gleich. (Foto: A. Solger)

- **DNS (engl. DNA)**:
  Desoxyribonucleinsäure ist das Molekül, das sämtliche Erbinformationen eines Individuums in Form eines Codes (bestimmte Bausteine in einer spezifischen Reihenfolge) enthält. Neben Abschnitten, die für die Kodierung bestimmter Merkmale zuständig sind, enthält die DNS auch Bereiche, die nicht kodierend sind. Neben der Weitergabe der Erbinformation ist der DNS-Code auch für die Funktion sämtlicher Stoffwechselvorgänge zuständig.
- **Epigenetik**:
  Ist ein Fachgebiet der Biologie, das solche Faktoren erforscht, die für die Aktivität eines Gens und in Folge für die Entwicklung der Zelle zuständig sind. Die Unter-

suchungen fokussieren sich dabei auf Änderungen der Genfunktion, die nicht auf Veränderungen der Sequenz der DNS zurückzuführen sind, wie sie etwa durch Mutationen hervorgerufen werden, jedoch trotzdem an die Tochterzellen weitergegeben werden. Grundlage sind chemische Veränderungen an dem „Verpackungsmaterial" der DNS wie z. B. der Eiweißkörper, die an die DNS binden, oder aber auch chemische Veränderungen, welche die Struktur einzelner DNS-Bausteine modifizieren und damit Abschnitte oder ganze Chromosomen in ihrer Aktivität beeinflussen können. Da die Bausteine der DNS in ihrer Reihenfolge nicht verändert werden, kann man epigenetische Effekte nicht im Genotyp (Erläuterung siehe unten), sehr wohl aber im äußeren Erscheinungsbild (Phänotyp) beobachten (Lewin 1991).

- **Fitness**:
  Beschreibt in der Genetik den relativen Fortpflanzungserfolg eines Individuums in seiner Umwelt. Sehr alte Bäume haben beispielsweise eine hohe Fitness, weil sie über einen sehr langen Zeitraum Nachkommen produzieren können.
- **Gen und Genom**:
  Ein Gen entspricht einer Erbeinheit (Merkmal); die Summe aller Erbeinheiten eines Organismus entspricht seinem Genom.
- **Genotyp**:
  Die Erbfaktoren (genetische Konstitution), die von einem Individuum an seine Nachkommen weitervererbt werden, sind charakteristisch für diesen Organismus und stellen seinen Genotyp dar. Sorten entsprechen unterschiedlichen Genotypen innerhalb einer Art.
- **Mikrobiom bzw. Mikrobiota**:
  Gesamtheit aller Mikroorganismen (Bakterien und Pilze), die ein vielzelliges Lebewesen natürlicherweise, ohne Auslösung von Krankheitssymptomen, besiedeln. Das Mikrobiom beschreibt die Gesamtheit der DNS dieser Mikroorganismen.
- **Mitochondrien**:
  Pflanzenorganellen, die im Wesentlichen als Energielieferant für die Zelle zuständig sind. Besonders viele Mitochondrien befinden sich dort, wo viel Energie benötigt wird, z. B. in zellteilungsaktiven Geweben. Sie sind mit eigener Erbinformation ausgestattet.
- **Mutation**:
  Die Veränderung eines Gens wird als Mutation bezeichnet.
- **Phänotyp**:
  Er entspricht dem Erscheinungsbild eines Individuums und kann als die Antwort des Umwelteinflusses auf einen Genotyp gesehen werden.
- **Plastiden**:
  In Pflanzenzellen findet man verschiedene Arten dieser Organellen. Die wichtigsten sind die Chloroplasten, die den grünen Farbstoff (Chlorophyll) enthalten und für die Photosynthese zuständig sind.
- **Reaktionsnorm**:
  Ist die Variationsspanne eines Merkmals, mit der ein Individuum auf seine Umwelt reagiert.

- **Selektion:**
  Ist ein wichtiger Evolutionsfaktor und beschreibt die Auswahl der an eine aktuelle Umweltsituation bestangepassten Individuen einer Population. Diese können bei der Fortpflanzung ihre Gene an die nächste Generation weitergeben.

8.2 Genetische Variation und genetische Varianten

Wie bereits in der Einführung zu diesem Buch erwähnt, waren die Sommer 2018, 2019 und 2020 in weiten Teilen Deutschlands beziehungsweise Europas durch ausgeprägte und langanhaltende Dürreperioden gekennzeichnet. Unsere einheimischen Waldbäume sind von Natur aus meist an derartige Extremereignisse angepasst. Ein Waldbestand besteht aus einer Vielzahl an Bäumen, einzelne sterben ab, andere gewinnen dadurch mehr Zugang zu Ressourcen und überleben. Im Unterschied zu den Verhältnissen in natürlichen Wäldern finden wir in unseren Wirtschaftswäldern allerdings verbreitet Baumartenzusammensetzungen, die von der Natur so nicht „vorgesehen" sind. Und auch wenn Forstleute traditionell sehr langfristig denken, müssen wir uns angesichts großflächig absterbender Fichtenbestände und deutlicher Trocknisschäden an vielen anderen Baumarten derzeit fragen, ob hier wirklich nur Bäume sterben oder ob nicht doch unsere Wälder gerade verschwinden. Wenn wir allerdings genauer hinsehen, stellen wir fest, dass es immer Bäume gibt, die auch diese extremen Witterungsbedingungen weitgehend unbeschadet überstanden haben. Wir fragen uns daher, wie es sein kann, dass innerhalb einer Baumart derartig unterschiedliche Reaktionen auftreten? Die Antwort darauf sind oftmals genetische Unterschiede zwischen einzelnen Baumindividuen. An dieser Stelle sollten wir uns zunächst einmal der Frage widmen, wie eigentlich Evolution funktioniert. Evolution läuft auf Ebene der Population ab. Eine Population setzt sich zusammen aus Individuen einer Art, die zumindest rein theoretisch die Möglichkeit haben, gemeinsame Nachkommen zu bilden. Für an den Standort gebundene Bäume heißt dieses beispielsweise, dass der Pollen durch den Wind, Wasser, Insekten oder Vögel oder andere Tiere so weit transportiert werden muss, dass für eine erfolgreiche Befruchtung die Blüte eines anderen Baumes bestäubt werden kann. Sind die Abstände hingegen zu groß oder der Pollentransport durch Barrieren (z.B. hohe Berge, große Gebiete anderer Baumarten) blockiert, spricht man nicht mehr von einer Population.
Eine solche Population setzt sich aus Individuen zusammen, die genetisch mehr oder weniger unterschiedlich sind (unterschiedliche sog. „Genotypen"). Diese genetischen Unterschiede bedeuten, dass jedes Individuum bestimmte „Stärken" aufweist, die es in die Lage versetzen, zu überleben und Nachkommen zu haben. Dabei kommt der eine Genotyp (Individuum) besser mit der aktuellen Umwelt zurecht, der andere weniger gut. Ändern sich nun die Umweltbedingungen, so kann es passieren, dass einige Genotypen nicht überleben und sterben, weil ihre genetische Ausstattung für die neu herrschenden Umweltbedingungen nicht geeignet ist. Andere Genotypen haben hingegen ein genetisches Potenzial, das die neuen Bedingungen gut oder sehr gut toleriert. Dieses wird dann an die Nachkommen weitergegeben. Zum größten Teil wird durch die sog.

Rekombination – das ist die zufällige Neukombination von mütterlichen und väterlichen Erbanteilen, die sich bisher für den Standort bewährt haben – genetische Variation geschaffen. Ein nur sehr geringer Anteil genetischer Variation basiert auf Mutationsereignissen. Der gesamte Prozess führt schließlich dazu, dass die genetische Struktur der Population, d. h. die Zusammensetzung der Population aus unterschiedlichen Genotypen, in einem ständigen Fluss der Veränderung/ Anpassung ist (Abb. 8.2).

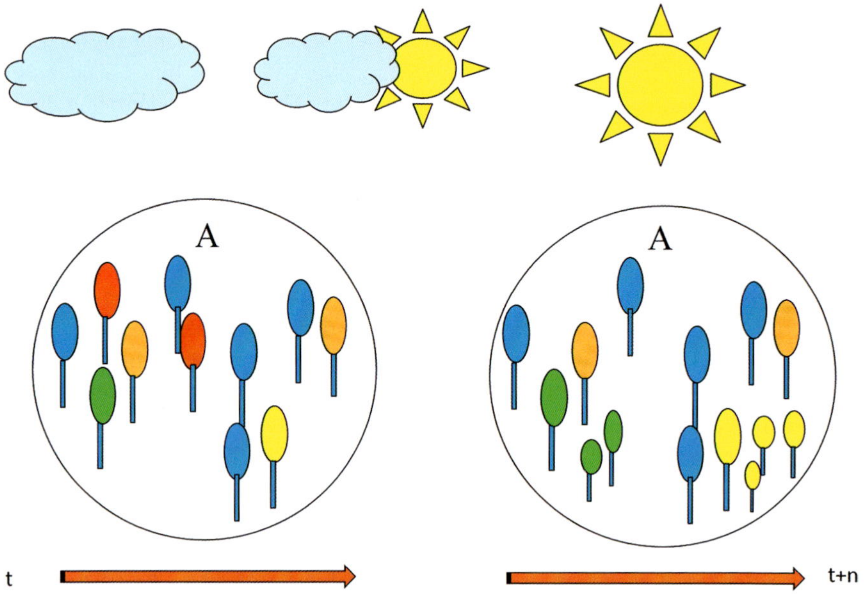

Abb. 8.2: Schematische Darstellung einer Baumpopulation A über die Zeit betrachtet (t, t+n) mit geänderten Umweltbedingungen (hier durch Sonne und Wolken symbolisiert). Auf Ebene der Population hat sich die genetische Zusammensetzung der Population (genetische Struktur) als Anpassungsprozess an die Umweltbedingungen verändert (genetische Varianten in unterschiedlichen Farben dargestellt).

Je mehr genetische Varianten, d. h. je diverser die genetische Struktur einer Population oder eines Bestandes ist, desto größer ist die Chance, dass sich auch unter sich ändernden Umweltbedingungen Varianten finden, welche diese neue Situation tolerieren und langfristig überleben können. Umgekehrt bedeutet dies aber auch, dass bei einer wenig diversen genetischen Struktur die Gefahr besteht, dass die Population unter geänderten Umweltbedingungen verlorengeht oder stark reduziert wird, weil sich keine oder nur wenige Genotypen an diese neue Situation anpassen können. Auf diese Weise findet in einer natürlichen Population eine ständige Anpassung an die zahlreichen Umweltbedingungen statt, d. h. Individuen verschwinden, andere kommen hinzu und wieder andere bleiben über einen langen Zeitraum erhalten.

Ein solcher Anpassungsprozess findet auch in Bezug auf Trockenheit statt. Das erklärt, weshalb wir in natürlichen Vorkommen Baumexemplare finden, die abgestorben sind, neben solchen, die augenscheinlich vital erscheinen (Abb. 8.3). Was ist aber mit solchen Beständen, in denen Bäume einer Art auf großer Fläche abgestorben sind – handelt es sich hier ebenfalls um genetisch unterschiedliche Varianten oder um genetisch homogene Individuen, wie wir sie bei Klonen vorfinden? Eine eindeutige Klärung dieser Frage kann mit bestimmten genetischen, heutzutage meist molekulargenetischen Methoden erfolgen.
Für bewirtschaftete Waldbestände findet sich die Ursache für die Zusammenstellung des genetischen Ausgangsmaterials bzw. des Pflanzgutes in den Ansprüchen der Gesellschaft an diese Bäume. Um den Holzbedarf von Industrie und Bevölkerung zu decken, wurde in der Vergangenheit vielfach mit genetisch relativ einheitlichem oder eng verwandtem Pflanzenmaterial aufgeforstet. Als Baumarten eigneten sich besonders Nadelgehölze wie etwa Fichten (*Picea abies*), die neben guten Holzeigenschaften für beispielsweise Bergbau, Baugewerbe auch einfach vegetativ durch Stecklinge zu vermehren waren. Für den Baumbestand kann dies eine relativ enge Verwandtschaft zwischen den einzelnen Individuen bedeuten, was dazu führen kann, dass diese Individuen (ähnliche Phänotypen) auch recht einheitlich auf bestimmte Umweltfaktoren reagieren. Dies ist

Abb. 8.3: Sommer 2019 – einzelne Exemplare verschiedener Baumarten (kleine Buche im Vordergrund, Birken und Kiefern im Hintergrund) zeigen schwere Dürreschäden.

Abb. 8.4: Extreme Standorte für junge Bäume in Großstädten. (Foto oben: S. Herzog; Foto unten: I. Herzog)

eine Erklärung dafür, dass durch die Wirkung von bestimmten Umweltfaktoren (zum Beispiel Trockenheit) ein großflächiges Absterben von Populationsteilen stattfinden kann (Selektion). Dies geschieht immer dann, wenn sehr ähnliche Phänotypen auch genetisch ähnlich sind und somit auch auf Umweltfaktoren ähnlich reagieren. Eine weitere Erklärung wäre, dass sich die Umweltbedingungen sehr drastisch und innerhalb einer kurzen Zeitspanne derart geändert haben, sodass im Rahmen der Evolution keine Anpassung stattfinden konnte (Krabel 2020).

Für extreme Standorte, wie sie beispielsweise bei Stadtbäumen (Abb. 8.4) vorkommen, ist die Situation dahingehend verschärft, als hier oftmals durch menschliche Einflüsse sehr drastische und sehr kurzfristige Umweltveränderungen auftreten. Man denke etwa an im Tages- und Jahresgang stark wechselnde Immissionsbelastung oder an Tiefbaumaßnahmen, die in wenigen Stunden den Standraum völlig verändern oder einen Großteil der Wurzeln beseitigen können. Gleichzeitig ist der Bestand an Stadtbäumen in den meisten Fällen genetisch recht homogen, d. h. wenige Baumarten und innerhalb der Baumarten wenige genetische Varianten (Sorten, Pauleit et al. 2002). Auch die Altersstrukturen sind oftmals wenig divers (Abb. 8.4). Eine Reaktion dieser Vorkommen auf umweltbedingte Ereignisse kann dann nur gleichgerichtet erfolgen und bedeutet unter Umständen einen Totalausfall.

Aus den oben genannten Erkenntnissen und Beobachtungen kann geschlossen werden, dass es bei der Begründung von Waldbeständen ebenso wie bei der Pflanzung einzelner Bäume grundsätzlich günstig ist, mit einer möglichst großen Anzahl an genetisch unterschiedlichen Varianten zu arbeiten, um sich für klimatische oder andere Eventualitäten zu rüsten. Zusammengefasst bedeutet dies für die praktische Anwendung, dass man möglichst immer genetisch diverses Pflanzenmaterial verwenden sollte, wie es etwa bei Pflanzen aus Saatgut oder Naturverjüngung der Fall ist.

8.3 Reaktionsnorm und phänotypische Plastizität

Im Zusammenhang mit den extremen Dürreereignissen 2018 bis 2020 wurde in der fachlichen und populären Presse zunehmend gefordert, dass die Verwendung von Baumarten notwendig sei, die eine besonders ausgeprägte phänotypische Plastizität haben. Auf diese Weise könne man den Wald von morgen gegen die Folgen möglicher Klimaveränderungen besser rüsten. Dieses sind Forderungen, die eine genauere Beleuchtung wert sind. Zunächst: was bedeutet der Klimawandel für einen Baumbestand? Die prognostizierten Klimaszenarien (IPCC 2020) gehen davon aus, dass sich in den nächsten Jahren trockene Sommer, Phasen im Frühjahr mit extremer Dürre und weitere Extremereignisse wie Starkregen und Überschwemmung sowie Stürme häufen werden. Dieses sind Umweltfaktoren, an die sich langlebige Individuen wie Bäume nur sehr schwer anpassen können, da sie recht unterschiedliche Eigenschaften betreffen.

Für eine Anpassung an Trockenheit (vgl. Kap. 9) beispielsweise sollten die physiologischen und anatomischen Eigenschaften so angelegt sein, dass möglichst effizient Wasser aus dem Boden aufgenommen und in der Pflanze bewegt wird. Dieses ist wenig übereinstimmend mit den Eigenschaften, die für eine längere Überschwemmungsphase notwendig wären. Trockenphasen im Frühjahr sind physiologisch besonders ungünstig, weil in dieser Phase neue Zellen gebildet werden und alles in der Pflanze auf Wachstum und Zellteilung ausgerichtet ist. Das bedeutet, dass eine Verzögerung in diesem Ablauf – etwa durch ein späteres Einsetzen der Zellteilungsprozesse, um Spätfrostschäden oder Schäden durch Frühjahrstrockenheit zu vermeiden – zu einer Entwicklungsverzögerung während der Vegetationsperiode führt, die bis zum Herbst möglicherweise nicht mehr eingeholt werden kann. Ein rechtzeitiger Abschluss der Wachstumsphase und die entsprechende Vorbereitung der Gewebe auf den Winter, d.h. insbesondere auf niedrige Temperaturen, ist aber ebenfalls für ein Überleben notwendig. Baumarten oder Genotypen, die Merkmale in sich vereinen, welche an all diese Umweltbedingungen optimal angepasst sind, kann es daher kaum geben.

Dennoch findet man Baumarten (vgl. Kap. 12, 13) und innerhalb der Baumarten Genotypen, die besonders tolerant gegenüber einer Vielzahl von variierenden Umwelteinflüssen zu sein scheinen. Die Grenzen in der Variabilität der Ausprägung bestimmter Eigenschaften gibt es für alle Merkmale. Diese Grenzen sind genetisch festgelegt und werden durch die Gesamtheit aller erblichen Eigenschaften mitbestimmt (HENNIG 1995). Nehmen wir als Beispiel die Blattgröße eines Baumes: Diese kann je nach

Abb. 8.5: In Folge von Sommertrockenheit entstandene Trockenschäden an alten Rhododendronsträuchern neben solchen, die noch vital erscheinen.

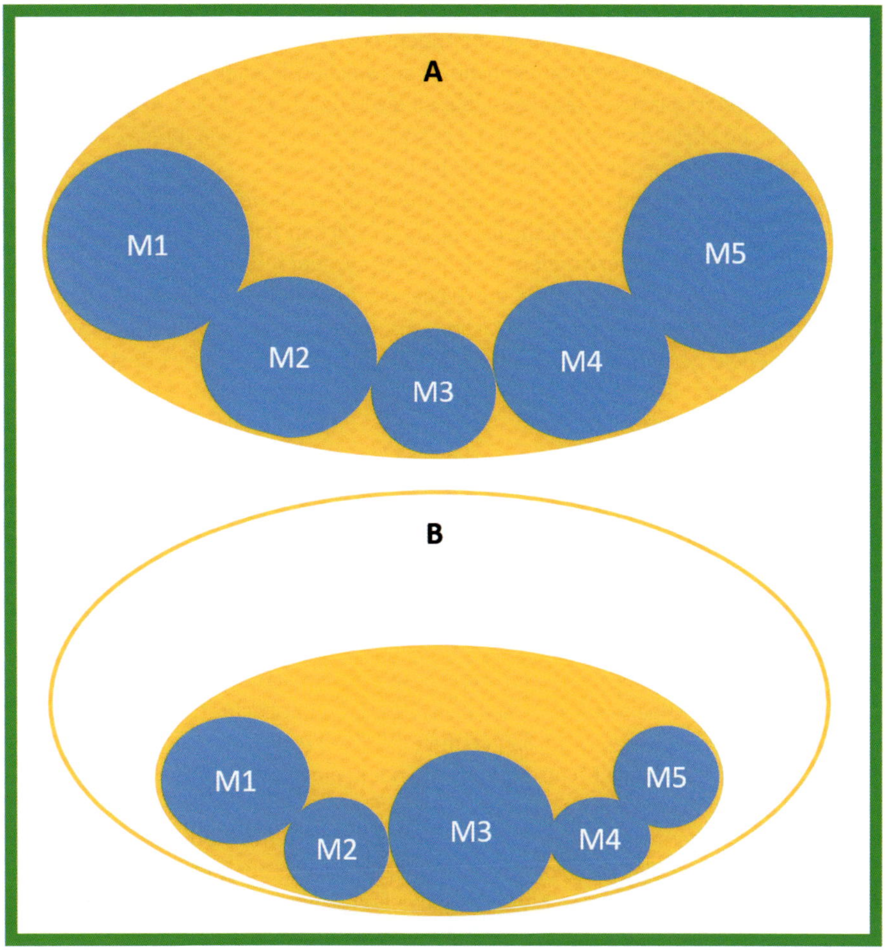

Abb. 8.6: Schematische Darstellung der phänotypischen Plastizität (gelbe Füllung) zweier genetisch unterschiedlicher Individuen A und B. M1 bis M5 symbolisieren die Ausprägung von 5 verschiedenen Merkmalen/Merkmalgruppen unter denselben Umweltbedingungen (grüner Kasten).

Standortbedingungen zu einem gewissen Grad variieren, wird aber einen bestimmten Größenrahmen, auch bei stark kontrastierenden Standorten, nicht über- bzw. unterschreiten. Wir sprechen von Reaktionsnorm, in diesem Fall der Blattgröße. Während die Reaktionsnorm eher einzelne Merkmale oder eine Merkmalgruppe und dessen Variabilität beschreibt, umschreibt phänotypische Plastizität die Gesamtheit aller Merkmalsausprägungen und damit die Fähigkeit eines Individuums, auf seine Umgebung in unterschiedlicher Weise zu reagieren (Abb. 8.5 und 8.6). Die jeweilige Reaktion auf eine große Spannweite von Umweltveränderungen bedeutet, dass das Individuum besonders plastisch reagiert (Schlichting 1986). Eine phänotypische Plastizität ist besonders wichtig für langlebige Organismen wie Bäume, die zudem noch an ihren Standort gebunden sind und ungünstigen Umweltbedingungen nicht ausweichen können. Bäume oder Sträucher, die besonders plastisch reagieren, haben die Möglichkeit, über einen langen Zeitraum zahlreiche Nachkommen zu bilden, um somit den Fortbestand ihrer Population zu sichern. Wir sprechen in diesem Fall von einer hohen Fitness.

Sollte sich der Klimawandel so entwickeln, wie er durch derzeit existierende Modelle dargestellt wird, so ist es sicherlich sinnvoll, nach solchen Baumarten und Genotypen zu suchen und diese zu verwenden, welche eine ausgeprägte phänotypische Plastizität besitzen. Damit ist auch eine ausreichende Anpassungsfähigkeit an vielfältige Umweltsituationen gewährleistet. Dies kann, zusammen mit einer hohen innerartlichen Variabilität (viele genetisch unterschiedliche Varianten innerhalb eines Bestandes), die Folgen der in verschiedenen Szenarien beschriebenen Umweltveränderungen für einen Baumbestand abmildern.

8.4 Die Rolle epigenetischer Effekte, Mutationen und andere Besonderheiten

Epigenetische Prozesse und die Bedeutung von Mutationen in der Analyse von Baumreaktionen sind erst seit wenigen Jahren in den Fokus wissenschaftlicher Untersuchungen gerückt. Bei Gehölzen, die von großem wirtschaftlichen Interesse sind (so wie beispielsweise Ölpalmen), hat man beispielsweise beobachtet, dass Pflanzen, die vegetativ durch Zellkulturen (Abb. 8.7) vermehrt werden und es sich somit um genetisch einheitliche bzw. identische Pflanzen (Klone) handelt, eine unterschiedliche Ausprägung in Bezug auf das Merkmal Ertrag zeigen. Ein Großteil der Klone erzielt den erwarteten guten Ertrag, ein geringer Teil der Pflanzen jedoch nicht (Ong-Abdullah et al. 2015). Man fragte sich, wie dies möglich sein kann, wenn es sich doch um genetisch identische Pflanzen handelt, die ja den Erwartungen entsprechend alle gleich wachsen sollten.

Abb. 8.7: Junge Bäumchen, die aus einer Zellkultur stammen und somit genetisch identisch sind.

Kann es sein, dass womöglich geringfügige Umweltveränderungen während der Anzucht Unterschiede im späteren Wachstum der Pflanzen hervorrufen?

Abb. 8.8: Ca. 800 Jahre alte Stiel-Eiche im Landschaftspark Sherwood Forest bei Nottingham. (Foto: A. Solger)

Oder auch der Versuch zu erklären, weshalb es Baumindividuen gibt, die augenscheinlich alle Extremereignisse sogar über Jahrhunderte überstehen (Abb. 8.8) und dabei recht vital erscheinen, wirft beispielsweise folgende Fragen auf:

- Besitzen diese Bäume Gene oder andere Abschnitte im Genom, die eine besonders ausgeprägte Anpassungsfähigkeit im Vergleich zu Bäumen derselben Art bedingen?
- Verändert sich das Ausmaß der Anpassungsfähigkeit im Laufe eines langen Baumlebens und falls ja, wodurch?
- Welchen Einfluss übt die Umwelt z. B. auf die Nachkommen dieser Pflanzen aus?
- Welche Bedeutung haben alte Bäume für die Zukunft des Bestandes oder der Population?

Zu all diesen Fragen gibt es bislang kaum belastbare Erkenntnisse. Die wenigen Ergebnisse lassen jedoch erkennen, wie komplex der Baumorganismus ist und dass wir weit davon entfernt sind, ihn in dieser Komplexität zu verstehen.

Epigenetik – haben Pflanzen ein Gedächtnis?

Gene, d. h. die Orte auf der DNS, welche für die Ausprägung eines bestimmten Merkmals zuständig sind, sind umgeben mit genetischen Bausteinen von Viren, die sich im Laufe der Evolution im Genom der Pflanzen angesammelt haben. Dieses Phänomen findet man bei allen bisher untersuchten Organismen. Die meisten dieser Elemente verhalten sich inaktiv, einige jedoch nicht. Derartige Bausteine wurden bereits Mitte der 1940er-Jahre an Mais durch Barbara McClintock (1984) entdeckt. Für diese Entdeckung wurde die Forscherin später mit dem Nobelpreis ausgezeichnet. Sie fand heraus, dass solche Strukturen (sogenannte transponible Elemente oder „springende Gene“) die Position auf der DNS der Pflanze verändern und dann jeweils mit spezifischen Pflanzengenen interagieren können. Die Forscherin nahm an, dass dieser Vorgang entscheidend für die Regulation der Ausprägung von Merkmalen der Wirtspflanze ist. Dieser Prozess ist zunächst schwer vorstellbar. Bedenken wir allerdings, dass in Bäumen aufgrund von Wachstumsprozessen Milliarden von Zellteilungen und damit Verdopplungsprozesse des DNS-Moleküls stattfinden, dann wird einem klar, dass das Genom nichts Statisches sein kann. Ein Beispiel für die wechselnde Regulation von Genen soll dies verdeutlichen: Wachstumsvorgänge von Bäumen werden durch Zellteilungsvorgänge in Meristemen (teilungsfähige Gewebe) hervorgerufen. Eines davon ist das sogenannte Kambium (Abb. 8.9), das beispielsweise für das Dickenwachstum eines Baumes zuständig ist. Die Zellen dieses Kambiums besitzen alle die gleiche genetische Ausstattung, d. h. die DNS-Moleküle sehen in der Regel in jeder Zelle gleich aus. Dennoch werden sehr unterschiedliche physiologische und anatomische Vorgänge in diesen Zellen reguliert. Als Antwort auf kühler werdende Nachttemperaturen im Herbst werden z. B. die Zellteilungsvorgänge eingestellt, aber Speichervorgänge gestartet. Im Frühjahr setzen komplizierte Aktivierungsprozesse ein, auch vornehmlich durch Temperaturveränderungen gesteuert, die dazu führen, dass vom Kambium neue Zellen gebildet werden. Bei diesen neuen Zellen handelt es sich nun um Zellen mit ganz unterschiedlichen Funktionen, d. h. die einen sorgen für Festigkeit, andere für Wasserleitung und wieder andere für die Leitung und Speicherung von Assimilaten (i. d. R. verschiedene Zuckermoleküle und Ionen). An diesem Beispiel erkennt man, dass eine unterschiedliche Genregulation ein Schlüssel zur Ausprägung von Reaktionsweisen der Pflanzenzelle sein muss.

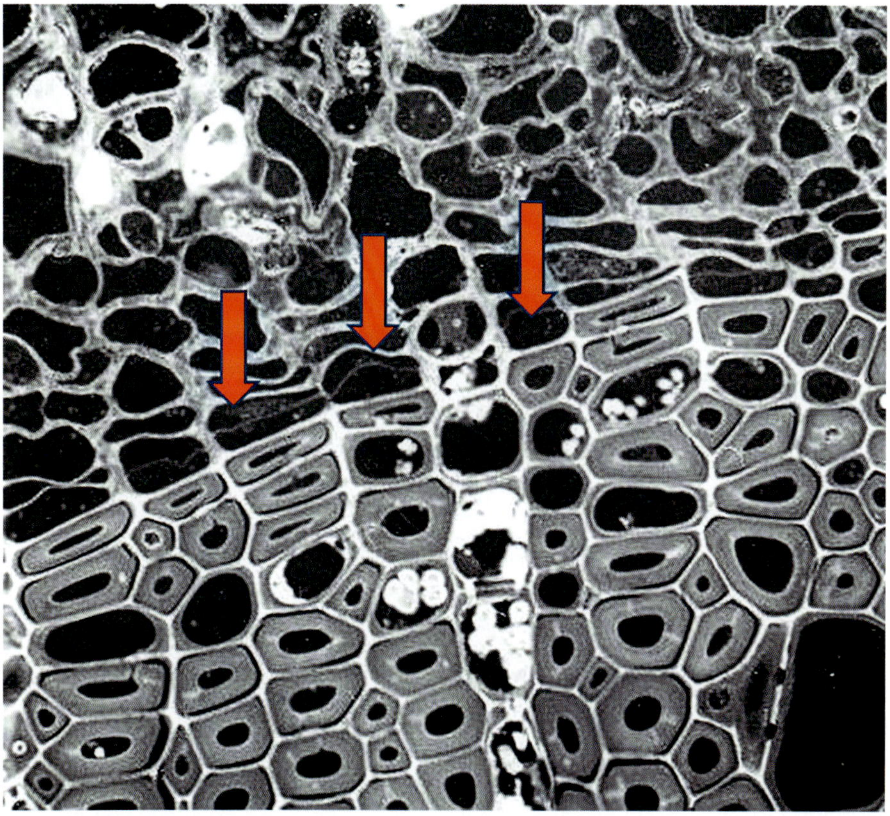

Abb. 8.9: Buche – Ausschnitt aus einem Querschnitt, der die beginnende Zellteilung (Pfeile) im Frühjahr zeigt. Alle unterschiedlichen Zelltypen im Präparat wurden durch genetisch einheitliche Kambiumzellen gebildet.

Epigenetische Veränderungen von Genen, das sind meist chemische Modifikationen der DNS, sind bei o.g. Vorgängen ein Schlüssel für das „Gedächtnis" von Pflanzen. Dieser Schlüssel bestimmt, ob ein Gen stark ausgeprägt wird oder nur sehr zaghaft. Für anwendungsrelevante Fragestellungen bedeutet dies etwa, dass beispielsweise Dürre- oder andere Ereignisse von der Pflanze „erinnert" werden können. Falls zukünftig ähnliche Ereignisse auftreten, ist die Pflanze durch ihr „Gedächtnis" physiologisch nunmehr darauf vorbereitet, die erneut auftretende Situation besser zu tolerieren und damit ihr Überleben zu sichern. Epigenetische Effekte können somit dafür sorgen, dass Pflanzen zu einem gewissen Grad „abgehärtet" werden können. Ein gutes Gedächtnis erlaubt es,

Erlebtes zu speichern, um zukünftiges Verhalten an neue Gegebenheiten anzupassen (KRAUSE et al. 2018).
Gleichzeitig verschwindet die „Erinnerung“, wenn entsprechende Ereignisse nicht mehr auftreten. Für die wachsende Pflanze bedeutet dies etwa folgendes: wenn sie beispielsweise als junges Pflänzchen Trockenstress erlebt und überlebt hat und dies sich nicht wiederholt, dann wird die diesbezügliche „Erinnerung“ ihrer Zellen mit der Zeit verblassen (vgl. Kap. 4, 6). Dadurch wird sozusagen Platz für neue Einflüsse und epigenetische Veränderungen geschaffen. Wie das epigenetische Gedächtnis im Detail funktioniert, wird die Forschung sicherlich zukünftig noch länger intensiv beschäftigen. Eine gezielte Steuerung derartiger Vorgänge ist für die Züchtungsforschung ein wichtiger Schritt, um z. B. besonders trockenstresstolerante Pflanzen bereitzustellen.

Mutationen – ihre Bedeutung für zukünftige Baumgeneration
In Bäumen, wie in jedem anderen lebenden Organismus, treten spontan und/oder im Rahmen der Vervielfältigung der Erbinformation bei Zellteilungen regelmäßig kleinste Veränderungen an dem DNS-Molekül auf, sog. Mutationen. Diese Veränderungen sind in den meisten Fällen für das Individuum nachteilig. Zwar kennt die Zelle Reparaturmechanismen, doch werden nicht alle Fehler entdeckt. Je älter nun ein Baum wird, desto mehr Mutationsereignisse können sich dementsprechend in den Zellen ansammeln und können dann auch rein theoretisch an die Folgegeneration über die Samen weitergegeben werden.
Untersuchungen des Genoms von alten Stiel-Eichen (*Quercus robur*) durch PLOMION *et al.* (2018) haben gezeigt, dass tatsächlich derartige Mutationen in alten Bäumen nachweisbar sind und dass diese vermutlich auch auf Blütenorgane übertragen werden können. Die Schlussfolgerung daraus ist, dass möglicherweise durch derartige Ereignisse eine genetisch veränderte Generation oder zumindest einige wenige Nachkommen entstehen können, die besser an aktuelle Umweltbedingungen angepasst sind als diejenigen Individuen, die noch die genetische Information der Eltern von vor vielleicht 200 Jahren in sich tragen. Der endgültige Beweis für diese Annahme steht noch aus, ist aber insofern hoch interessant, als er ein neues Licht auf evolutive Vorgänge von Bäumen wirft (KRABEL 2020).
Sollte es tatsächlich eine „Strategie“ von langlebigen Pflanzen sein, dass Mutationsereignisse als evolutive Chance regelmäßig von alten Bäumen an die Nachkommen weitergeben werden, um der neuen Generation eine Anpassung an aktuelle Umweltereignisse zu ermöglichen, so bedeutet dies, dass solche alten Individuen auch möglichst lange erhalten bleiben sollten, damit dieses Potenzial ausgeschöpft werden kann.

Andere Besonderheiten – Endophyten
Das sog. Mikrobiom von Mensch und Tier ist in den vergangenen Jahren verstärkt in den Fokus der Human- und Tiermedizin sowie der Ernährungswissenschaften gerückt. Man weiß inzwischen, dass Mikroorganismen (Pilze, Bakterien) den menschlichen und tierischen Organismus besiedeln und für den Körper einen wichtigen Beitrag zu seiner Gesundheit leisten. In der Regel ist diese Lebensgemeinschaft sehr spezifisch an sei-

nen Wirt angepasst und auch auf das Vorkommen im jeweiligen Körperteil sehr genau abgestimmt. So findet sich beispielsweise im Darm eine andere Zusammensetzung der Artengemeinschaft als im Rachen oder in der Nase.
Pilzliche und bakterielle Lebensgemeinschaften wurden auch in zahlreichen Pflanzenarten nachgewiesen. Wir sprechen von sog. Endophyten (vgl. Kap. 5). Diese „Untermieter" von Pflanzenzellen werden teilweise über den Samen, d.h. von der Mutterpflanze, an die Tochtergeneration weitergegeben. Im Laufe der Lebensspanne eines Wirtes kommen neue Arten hinzu, sodass mit zunehmendem Alter des Wirtes die Artenvielfalt dieser Mikroorganismen innerhalb seiner Zellen stetig zunimmt (Pirttilä & Frank 2018). Auf diese Art und Weise wird die Erfordernis der Anpassung des Baumes an wechselnde Umweltbedingungen zusätzlich unterstützt: Pilze und Bakterien haben nur einen sehr kurzen Generationszyklus (Zeitspanne vom Entstehen einer Generation bis zur nächsten), sodass diese Organismen im Rahmen ihrer Evolution viel schneller auf Umweltveränderungen reagieren können als ihre Wirte (in diesem Falle der Baum). Eine derartige Reaktion kann in Form einer Veränderung des Zellmilieus an die Pflanze „weitergegeben" werden (Pirttilä & Frank 2018, Morgenstern et al. 2013). Der Nachweis, inwieweit durch ein besonders diverses Mikrobiom tatsächlich die Anpassungsfähigkeit des Baumes gegenüber extremen Umweltbedingungen verbessert werden kann, steht allerdings noch aus.

8.5 Züchtung von klimaresistenten Bäumen

Man mag sich nun die Frage stellen, weshalb die Forschung mit ihren inzwischen sehr ausgefeilten Züchtungsmethoden bislang noch keine klimaresistenten Bäume entwickelt und auf den Markt gebracht hat. Dies hat mehrere Gründe, die im Wesentlichen biologisch-technischer Art sind. Allerdings ist auch das politische Umfeld in Europa für nicht-konventionelle Pflanzenzüchtung nach wie vor außerordentlich ungünstig.
Natürlich wird mit konventionellen Züchtungsmethoden intensiv daran gearbeitet, solche Sorten zu selektieren und zu vermehren, die sich als besonders tolerant gegenüber bestimmten bzw. möglichst verschiedenen Umweltbedingungen erwiesen haben (Abb. 8.10 und s. Kap. 3, 12, 13). Jedoch gibt es bisher keine Züchtung von spezifischen Bäumen, denen ein Klimaresistenz- oder Trockentoleranzgen implantiert wurde. Diese Superbäume wird es – zumindest in Mitteleuropa – so bald wohl auch nicht geben. Dies liegt an mehreren Faktoren, die im Genom der Bäume zu suchen sind und von denen vier näher beleuchtet werden sollen:

1. Unsere mitteleuropäischen Baumarten sind bislang wenig domestiziert, d.h. intensiv züchterisch bearbeitet. Ausgenommen sind schnellwachsende Pappel- und Weidenarten sowie Obstgehölze. Dies liegt daran, dass der Zeitraum, der für ein sogenanntes Züchtungsprodukt benötigt wird, bei holzigen Pflanzen sehr lang ist. Es dauert zunächst oft einige Jahrzehnte, bis Bäume blühen und für Kreuzungsversuche genutzt werden können (Abb. 8.11). Das Produkt derartiger Kreuzungen sind Familien, sogenannte Kreuzungs-Nachkommenschaften, aus denen nun geeignete Kandi-

Abb. 8.11: Baumkletterer (Bild links, weiß umrandet) führt in einem Douglasienbestand Kreuzungsversuche durch. Er muss dazu in die Baumkrone steigen und mit einem Pinsel ausgewählten Pollen auf die weiblichen Blüten auftragen. Die Blüten werden anschließend mit speziellen Papiersäckchen (Bild rechts, Pfeil) gegen unerwünschten Fremdpollen geschützt. (Fotos: K. Morgenstern)

Abb. 8.12: Die Ausprägung von Merkmalen, die züchterisch interessant sind, benötigt bei Gehölzen (hier Rot-Eichen (Quercus rubra) in verschiedenen Entwicklungsstadien) einen sehr langen Zeitraum und kann im Laufe der Baumentwicklung durch zahlreiche Umweltfaktoren beeinflusst werden.

Zusammenfassend kann man sagen, dass die Bemühungen um die Züchtung klimaresistenter oder besser klimaangepasster Bäumen sicherlich wichtig und berechtigt sind. Bislang war allerdings der Nutzen solch aufwändiger Verfahren in vergleichsweise langfristig arbeitenden Branchen wie der Forstwirtschaft und dem Stadtbaummanagement begrenzt. Gleichzeitig bestanden und bestehen in Mitteleuropa große politische Vorbehalte bei Pflanzen, sodass sich auch das gesellschaftliche Umfeld für entsprechende Forschungsaktivitäten eher ungünstig darstellt.
Die Geschwindigkeit, mit der die klimatischen Veränderungen und ihre Manifestation in Form außergewöhnlicher Wetterlagen, insbesondere Trockenheit, aber auch z. B. Früh- und Spätfrostereignisse, Überflutungen oder Stürme, voranschreiten, erlaubt allerdings kein langes Zögern mehr.
Die derzeit am meisten erfolgversprechende Strategie und vermutlich nachhaltigste Lösung ist es daher, die von Natur aus vorhandene genetische Vielfalt innerhalb der Baumarten zu erforschen und durch gezieltes Kombinieren unterschiedlicher genetischer Varianten in der Praxis zu nutzen. Die gezielte züchterische Beeinflussung von Bäumen muss selbstverständlich auch weiter betrieben werden. Mit Erfolgen ist dabei allerdings nicht unbedingt zeitnah zu rechnen.
Der Erhalt und die Nutzung der innerartlichen Variation in Populationen und Beständen ermöglicht es einem Baumbestand, auf vielfältige Umweltsituationen zu reagieren und Genotypen hervorzubringen, die auch an extreme Bedingungen angepasst sind. Variation bedeutet auch das Schaffen von heterogenen Strukturen, etwa durch die Verwendung unterschiedlicher Altersklassen. Auf diese Weise können Pflanzen beispielsweise altersspezifisch auf diverse Umwelteinflüsse reagieren. Schließlich ist es in Zukunft wichtig, Bäume nicht ausschließlich aus lokal vorhandenem Vermehrungsgut zu regenerieren, sondern auch über Beimischungen aus anderen Regionen mit anderen Umweltbedingungen nachzudenken. Ein gewisser Anteil an genetischen Varianten, die vielleicht an aktuelle Umweltbedingungen nicht angepasst sind, ist vermutlich die beste „Versicherung" gegen die Gefährdung ganzer Bestände unter sich rapide ändernden Umweltbedingungen (Krabel 2017, 2018).

8.6 Resümee

Langlebige Bäume besitzen eine Reihe von Möglichkeiten, um sich an wechselnde Umweltbedingungen zu einem gewissen Grad anzupassen. Auf Ebene des einzelnen Individuums ist dies die phänotypische Plastizität als Ergebnis seiner genetischen Ausstattung. Epigenetische Effekte als Antwort auf Umweltereignisse, die das Gedächtnis der Pflanze ausmachen, und endophytische Lebensgemeinschaften, die den Stoffwechsel der Pflanze unterstützen und eine kurzfristige Anpassung ermöglichen. Mutationsereignisse stellen eine Möglichkeit dar, eine verbesserte Anpassungsfähigkeit auf die Nachkommen zu übertragen. Auf Ebene der Population sorgt eine möglichst hohe genetische Vielfalt für unterschiedliche Reaktionsweisen und damit für den Erhalt der Population oder Art.

9 Baumphysiologie und Trockenstress – eine komplexe Beziehung?

Doris Krabel

9.1 Einführung und Begriffe

Die physiologischen Vorgänge, die mit Trockenstressreaktionen von Pflanzen in Verbindung gebracht werden, sind in der Tat sehr komplex und noch nicht in allen Details verstanden. Vorgänge wie etwa das Welken, Verfärben und Abwerfen von Blättern, das Stoppen von Wachstumsvorgängen oder das Abwerfen von Zweigen sind nur der für uns sichtbare Teil einer Kette von zahlreichen physiologischen Prozessen, die diesen Ereignissen vorausgehen.

Auf einige wichtige Begriffe in alphabetischer Reihenfolge sei in diesem Zusammenhang verwiesen:

- **Abscisinsäure (ABA)**:
  Zählt zu den Phytohormonen und ist eine chemische Verbindung, die zu den wachstumshemmenden Stoffen gerechnet wird. ABA wird den Stresshormonen zugeordnet, da ein erhöhter Abscisinsäure-Spiegel bei verschiedenen Stresssituationen (Kälte, Trockenheit, erhöhte Salzkonzentration) festgestellt werden kann. Nach Abklingen der Stresssituation fällt der ABA-Spiegel wieder ab.
- **Hydraulische Leitfähigkeit**:
  Ist ein Maß für die Beweglichkeit von Wasser in der Pflanze. Die hydraulische Leitfähigkeit im Holz hängt beispielsweise vom Durchmesser, der Länge sowie der Anzahl der wasserleitenden Elemente ab sowie von dem Widerstand, der dem Wasser entgegengesetzt wird, wenn es von einer Zelle in die nächste übertritt.
- **Osmose**:
  In der Regel versteht man unter Osmose in pflanzlichen Systemen den gerichteten Fluss von Wasser durch eine selektivdurchlässige Membran hindurch, um Konzentrationsgradienten gelöster Substanzen (osmolytische Substanzen) auszugleichen.
- **Prolin**:
  Ist eine Aminosäure und wird zu den sog. Biomarkern gezählt. Es konnte festgestellt werden, dass in den Wurzeln oder Blättern von Pflanzen, die Trockenstress ausgesetzt sind, besonders hohe Prolinwerte gemessen werden können. Prolin zählt zu den osmolytischen Substanzen des Zellsaftes, d. h. wenn der Wassergehalt in den Zellen zu stark absinkt, kann die Synthese von Prolin dafür sorgen, dass ein gewisser Wassergehalt für wichtige Stoffwechselreaktionen erhalten bleibt. Die Synthese von Prolin wird durch das Einschalten spezifischer Gene reguliert.
- **Stomata (Spaltöffnungen)**:
  Poren in der äußeren Zellschicht eines Blattes, die dem Gasaustausch dienen. Es handelt sich dabei um mehrere spezialisierte Zellen, die durch Vergrößerung und

Erschlaffen einen Spalt erzeugen, durch den im Wesentlichen CO_2 aus der Luft aufgenommen und Wasserdampf (Transpiration) und Sauerstoff an die Umgebung des Blattes abgegeben werden.

- **Stressfaktoren (physiologische):**
  In einem Organismus führt Stress zu einer Beeinträchtigung des Stoffwechsels und/oder zu Entwicklungsstörungen. Die für Pflanzen wichtigsten abiotischen Stressfaktoren sind Wassermangel, mechanische Belastung, Salzbelastung, Hitze, Kälte, Frost, Sauerstoff, Licht und UV-Strahlung. Eine Pflanze, die durch evolutive Vorgänge optimal an ihren Standort angepasst ist, dürfte rein theoretisch keine Stresssymptome zeigen. Meist ist jedoch dieser optimale Anpassungsbereich relativ eng begrenzt. Insbesondere geraten Pflanzen unter mehr oder weniger starke physiologische Belastungen, wenn sie nicht optimal an den Standort angepasst sind (z. B. Verfrachtung aus der Baumschule an einen stark umweltbelasteten urbanen Standort). Ein Stressfaktor erzeugt immer eine Vielzahl von Stressreaktionen. Wir sprechen auch von einem sog. Stresssyndrom (BRENNICKE & SCHOPFER 2010).
- **Turgor:**
  Als Turgor oder Turgordruck wird der Druck des Zellsaftes auf die Zellwand bezeichnet. Dieser Druck sorgt für die Stabilität der Zelle. Ist durch eine hohe Konzentration an gelösten Stoffen im Zellsaft der osmotische Wert in der Zelle höher als außerhalb, dann nimmt die Zelle Wasser auf, um dieses Konzentrationsgefälle auszugleichen. Umgekehrt gibt sie Wasser ab, wenn die Konzentration außerhalb der Zelle höher ist als innerhalb.
- **Xylem:**
  Kennzeichnet den Holzteil von Pflanzen. Bei Bäumen entspricht dies dem größten Teil des Gewebes des Stammes. Die Funktionen, welche die Xylemzellen im Wesentlichen erfüllen, sind Wasserleitung (in Radial- und Längsrichtung), Speicherung und Festigung. Bei diesen Zellen spricht man auch von Xylemelementen, da die Endwände der Zellen in längeren Abständen aufgelöst sind und dadurch eine dünne Röhre/Kapillare (aus mehreren Zellen zusammengesetzt) entsteht, die dem Wasser einen geringeren Widerstand entgegensetzt als mehrere Einzelzellen.

9.2 Beziehung Pflanze – Wasser

Bei unseren Baumarten handelt es sich um hydrostabile Pflanzen, d. h. sie sind durch evolutive Anpassungsprozesse dahingehend adaptiert, dass sie versuchen den Wasserstatus in ihren Zellen, auch unter trockenen Bedingungen, solange wie möglich aufrecht zu erhalten. Pflanzen wie beispielsweise Algen oder Moose oder auch verschiedene Sumpfpflanzenarten sind hydrolabil, d. h. der Wassergehalt ihrer Zellen kann je nach Wasserverfügbarkeit relativ stark schwanken, sogar bis zur vollständigen Austrocknung. Letzteres ist eine evolutive Anpassung an einen wechselfeuchten Lebensraum.
Um bei hydrostabilen Pflanzen einen bestimmten Wassergehalt der Zellen aufrecht erhalten zu können, müssen Wasserverluste ausgeglichen werden, die durch Ver-

dunstung oder Verlust über die Blattfläche entstehen. Ein Ausgleich funktioniert bei einer wachsenden Pflanze über den sog. Transpirationssog. Man kann sich diesen Vorgang als eine Art „Pumpe ohne Elektromotor" vorstellen, der nur auf Grund des Gefälles (passiv) zwischen Bodenwassergehalt und Wassergehalt der Atmosphäre (i. d. R. hoher Wassergehalt des Bodens im Vergleich zu geringem Wassergehalt der Atmosphäre) einen Sog durch die Pflanze hindurch erzeugt. Die Pflanze, die im Boden mit ihren Wurzeln verankert ist, nimmt Wasser über ihre Feinwurzeln und Wurzelhaare auf und verteilt

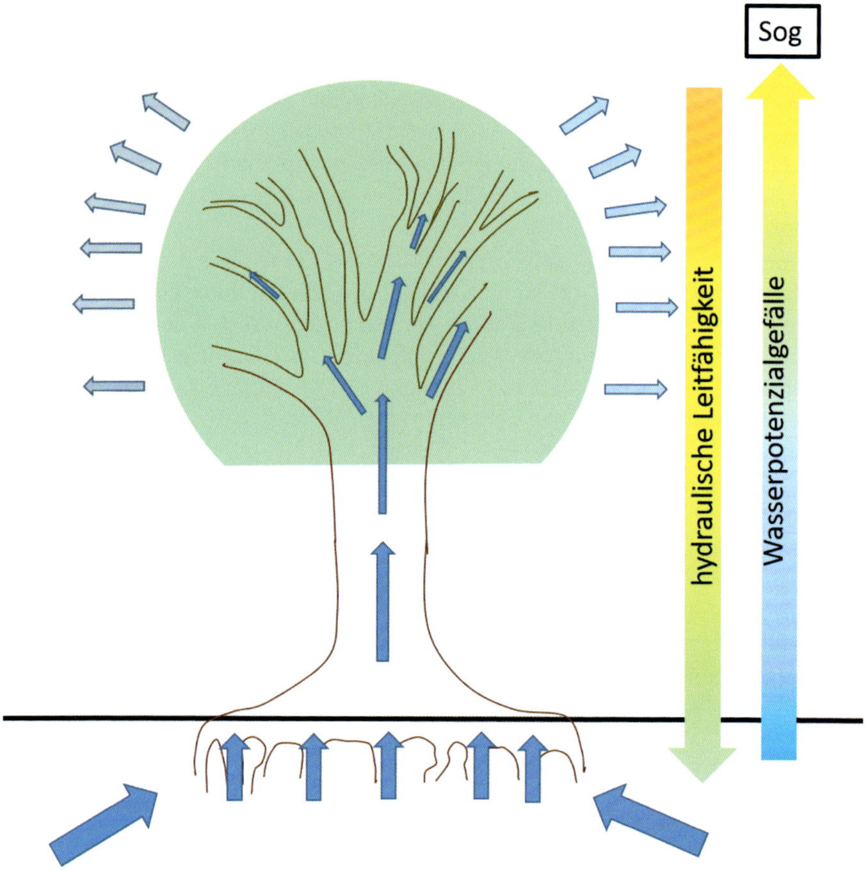

Abb. 9.1: Beziehung Boden – Pflanze – Luft: Wasser wird von der Pflanze aus dem Boden über die Wurzeln aufgenommen und dem Wasserpotenzialgefälle folgend in der Pflanze bis in die Blattgewebe hinein passiv bewegt. In den Blättern angekommen, wird das Wasser schließlich als Wasserdampf über die Spaltöffnungen an die Atmosphäre, die eine Sogwirkung auf den Wasserfaden ausübt, abgegeben. Die hydraulische Leitfähigkeit der Gewebe nimmt von der Stammbasis bis in die Krone hinein ab, d. h. der Widerstand für den Wasserfluss nimmt dementsprechend zu und ist in den Blättern am höchsten. Bei Trockenheit ist das Wasserpotenzialgefälle zwischen Pflanze und Luft am größten.

es in ihren Geweben dem Wasserpotenzialgefälle folgend bis in die Krone und die Blätter hinein. Schließlich geben die Blätter das Wasser in Form von Wasserdampf (Transpiration) über Spaltöffungen an die Atmosphäre ab (Abb. 9.1).
Auf dem Weg durch die Pflanze hindurch dient das Wasser als Transportmittel für beispielsweise Ionen, Zuckermoleküle und Pflanzenhormone sowie als Medium für sämtliche Stoffwechselvorgänge in den Pflanzenzellen. Wassermoleküle werden nicht zuletzt zum Aufbau von Zuckermolekülen im Rahmen der Photosynthese benötigt, um daraus Strukturelemente wie neue Zellwände von Holz-, Speicher-, Festigungszellen, Gewebe von Blüten und Wurzeln sowie Speicher- und Reservestoffe aufbauen zu können. Dieser Antrieb für Wasser in der Pflanze ist solange gewährleistet, wie die Pflanze ausreichend Wasser über den Boden aufnehmen und durch ihre Spaltöffnungen verdunsten kann. Nahezu die gesamte Wassermenge, welche die Pflanze auf diese Art und Weise aufnimmt, wird somit durch Transpiration an die Atmosphäre wieder abgegeben (Larcher 2001). Kommt es nun zur Unterbrechung der Wasserversorgung infolge der Austrocknung des Bodens, setzt sich eine komplexe Maschinerie in Gang, die darauf ausgerichtet ist, den Wasserverbrauch der Pflanze zu minimieren und gleichzeitig wichtige Lebensfunktionen aufrecht zu erhalten.

9.3 Trockenstress ist nicht gleich Trockenstress

Die Effekte, die Trockenstress mit sich bringt, reichen vom morphologischen bis zum molekularen Niveau und betreffen alle phänologischen sowie alle Alters-Stadien der Pflanzenentwicklung, wann immer ein Wasserdefizit auftritt (Farooq et al. 2009). Welche Reaktionen in der Pflanze jeweils ausgelöst werden, hängt von der Intensität, der Dauer und der Häufigkeit des Auftretens der jeweiligen Stresssituation ab (vgl. Kap. 1).
Bereits in einem sehr frühen Entwicklungsstadium des Baumes können unter Trockenstressbedingungen einerseits Wachstumsdepressionen der oberirdischen Pflanzenteile beobachtet werden (s. Abb. 8.1), andererseits kann die Ausbildung von Feinwurzeln und deren Länge, d. h. artspezifisch und vom Entwicklungsstand der Pflanze abhängig, gesteigert sein (Abb. 9.2).
Die junge Pflanze versucht durch die verstärkte Bildung von sehr feinen Wurzeln – diese sind für die Aufnahme von Wasser zuständig –, das Wurzelsystem auszuweiten, um so eine größere Oberfläche für die erforderliche Wasseraufnahme zu schaffen. Dieser Prozess kostet die Pflanze natürlich Energie und erfordert, dass sie auf Kosten des oberirdischen Sprosses Baustoffe in die Bildung neuer Gewebe (hier Wurzelmasse) investiert. In der Folge dieser Verschiebung verändert sich das Spross-/Wurzelverhältnis der Pflanze zugunsten der Wurzelmasse (Anjum et al. 2011). Solange ein Wachstum noch möglich ist, heißt dies, dass zumindest die an der Bildung von derartigen Bausteinen beteiligten Stoffwechselvorgänge ungestört funktionieren sollten. Das ursprüngliche Spross-/Wurzelverhältnis normalisiert sich, sobald sich die Versorgungssituation für die Pflanze wieder verbessert hat. Dies gilt nicht nur für Wasser, sondern auch andere Nährelemente wie etwa Stickstoff oder Phosphor (Reich 2002).

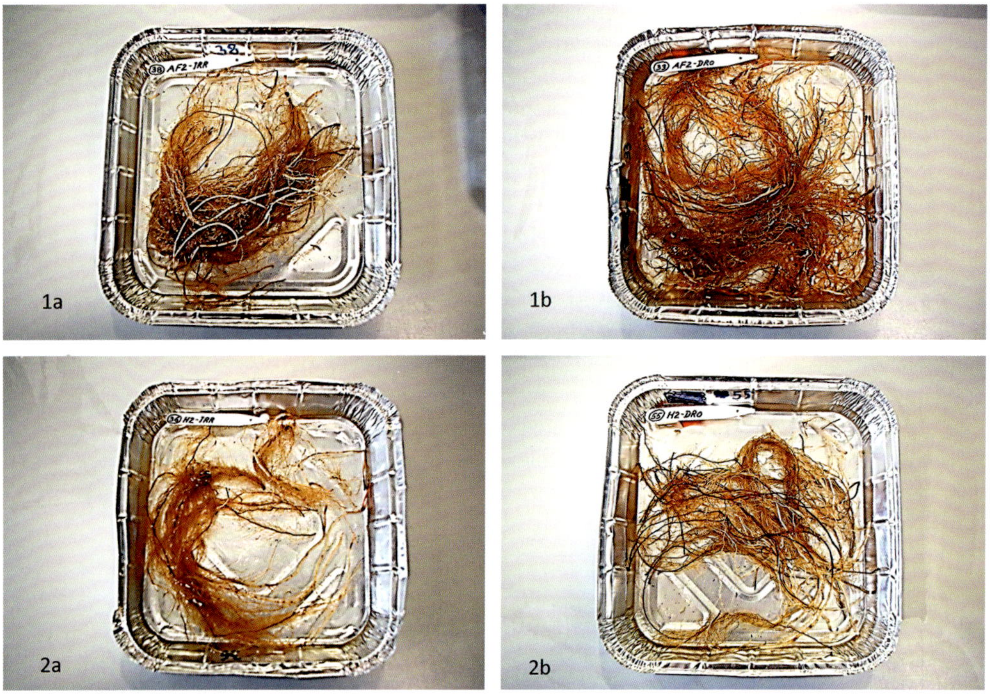

Abb. 9.2: Wurzelsysteme von 60 Tage alten Stecklingen von zwei verschiedenen Pappelsorten, die unter normalen (1a und 2a) und reduzierten (1b und 2b) Bewässerungsbedingungen im Gewächshaus angezogen wurden. Besonders auffällig ist der hohe Anteil an Feinwurzeln bei der Sorte 1 unter trockenen Bedingungen (1b). Erkennbar ist auch der sortenspezifische Unterschied zwischen den beiden Genotypen 1 und 2. (Fotos: A. Solger)

Die erste Reaktion, die eine Pflanze allerdings in Bezug auf eine reduzierte Wasserverfügbarkeit zeigt, ist das Schließen der Stomata (Spaltöffnungen) der Blätter. Damit wird zunächst eine unnötige Wasserabgabe an die Atmosphäre weitgehend eingestellt und vorübergehend der Wassergehalt in den Zellen (Turgor) aufrechterhalten. Das für diesen Prozess erforderliche Signal senden die Wurzeln über das Wasserleitsystem (Xylem) an den Spross bzw. in die Krone und die Zellen der Blätter. Bei diesem Impuls handelt es sich um einen Cocktail aus verschiedenen Phytohormonen, wobei Abscisinsäure die größte Rolle spielt. Liegt diese Signalsubstanz in einer ausreichenden Konzentration in den Blattzellen vor, wird durch Ausstrom von Kalium-Ionen aus den Spaltöffnungszellen ein „Erschlaffen" (Turgor-Verlust) dieser Zellen und damit der Verschluss der Öffnung des Spaltöffnungsapparates bewirkt. Das auf diese Weise erzeugte Stoppen der Transpirationsverluste erkauft sich die Pflanze nun allerdings mit der Unterbrechung des sogenannten Gaswechsels, der ebenfalls über die Spaltöffnungen stattfindet. Solange die Stomata geschlossen sind, kann kein Kohlendioxid von der Pflanze aus der Atmosphäre aufgenommen und kein Sauerstoff an die Umwelt abgegeben wer-

den. Damit kommen wichtige Stoffwechselwege wie die Photosynthese zum Erliegen und die Pflanze beginnt zu „hungern". Auf diese Weise und unter Verbrauch von Wasserreserven, die u.a. in den Zellwänden des Stammes gespeichert werden, kann der Baum eine kurze Trockenphase vorübergehend überstehen (Holbrook & Sinclair 1992).
Wird der Pflanze, etwa durch einen nächtlichen Regenschauer, erneut Wasser zugeführt, dann dient dieses meist im Oberboden befindliche Wasser zunächst zur Deckung des Bedarfs der Transpiration am folgenden Tage. Die Transpiration steigt im Laufe des Tages an und ist gegen Mittag besonders hoch. Reichen die für die Transpiration benötigten Wassermengen nicht aus, wird das Defizit normalerweise durch das Stamm-Wasserreservoir abgepuffert. Ist dieses Reservoir jedoch zuvor in Folge einer Trockenphase entleert worden, dann müssen die Stomata geschlossen werden, um ein größeres Defizit und Gewebeschäden zu vermeiden. Bei weiter andauernder Trockenheit (Abb. 9.3) werden die Phasen, während derer die Stomata geschlossen werden, immer länger. Auf diese nun andauernde Stresssituation reagiert der Baum, indem er in einem nächsten Schritt versucht, die transpirierende Fläche durch Blatt- und/ oder durch das Abwerfen von belaubten Zweigen weiter zu reduzieren. Unter Eichen können im Sommer beispielsweise belaubte Zweigabsprünge beobachtet werden, die infolge von Trockenheit abgeworfen wurden (Rust 2019, vgl. Kap. 2).

Abb. 9.3: Gewebeschäden an einer jungen Eberesche im August 2019 – typisch die eingerollten Blätter, die nach längerer Trockenphase abgestorben sind. (Foto: S. Herzog)

Abb. 9.4: Schäden an Buchen im August 2018 mit vertrocknetem Laub und abgestorbenen Früchten, die in Folge langandauernder Trockenheit entstanden sind. (Foto: S. Herzog)

Gleichzeitig finden weitere Abbauprozesse in den Pflanzenzellen statt, insbesondere die Photosynthese betreffend. So zerfallen Teile der Chloroplasten aufgrund des Abbaus von Pigmenten (Chlorophyll a und b) und Zerstörung ihrer Membranen (Kaiser et al. 1981, Chaitanya et al. 2003). Abbildung 9.4 zeigt die Braunfärbung von Blättern als Ergebnis von langanhaltender Trockenheit.

Schauen wir uns weitere physiologische Reaktionen an, die ebenfalls zu Beginn der Reaktionskaskade ablaufen: im Allgemeinen kann beobachtet werden, dass in den Pflanzenzellen Substanzen gebildet werden, die den Zellinnendruck (Turgor) erhalten. Dieses sind Substanzen wie etwa verschiedene Zucker, Aminosäuren oder Prolin. Letzteres unterstützt unter anderem die Membranstabilität wichtiger Zellbestandteile. Prolin konnte bisher in zahlreichen Pflanzenarten nachgewiesen werden. Es gibt Hinweise, dass Pflanzen mit einer von Natur aus hohen Prolinkonzentration in ihren Blättern trockenstresstoleranter sind als solche mit einem niedrigen Gehalt (Anjum et al. 2011).

Gleichzeitig macht die Erhöhung des Zucker- und Aminosäuregehaltes in den Blättern trockengestresster Bäume diese anfälliger gegenüber Pathogenen und Parasiten, da sie nunmehr eine attraktive Kohlen- und Stickstoffquelle darstellen.

Betrachten wir den letzten Schritt einer langanhaltenden Trockenperiode und ihre Auswirkung auf die Physiologie von Bäumen, insbesondere auf die hydraulische Leitfähigkeit. Diese beschreibt die Leichtigkeit, mit der Wasser in dem Organ geleitet werden kann

(Rust 2019). Wie man sich vorstellen kann, ist dieser Vorgang im Wesentlichen abhängig von der Verfügbarkeit des Wassers im Boden, dem Wassergehalt der Luft sowie von den Widerständen, die das Wasser in der Pflanze überwinden muss, um aus dem Boden über die Wurzeln bis in die Krone zu gelangen und dort durch Spaltöffnungen verdunstet zu werden. Solange ausreichend Bodenwasser zur Verfügung steht, schafft es die Pflanze mit ihren spezifisch für Wasserleitung ausgebildeten Geweben sowie den vor genannten physiologischen Prozessen, einen kontinuierlichen Wasserfaden zu erhalten, der den Vorgang (Wasseraufnahme – Wasserabgabe) aufrechterhält. Bei langen Trockenphasen ist der Wassergehalt des Bodens stark reduziert und der durch den geringen Wasserdampfgehalt der Luft erzeugte Sog so stark (s. auch Abb. 9.1), dass dieser Wasserfaden abreißen und Luft in die Gewebe eindringen kann. Wir sprechen dann von Embolien, die die hydraulische Leitfähigkeit des Gewebes vermindern. Ist Luft einmal in die Gewebe eingedrungen, dann kann dieser Vorgang in der Regel nicht rückgängig gemacht werden. Dieses Phänomen ist etwa vergleichbar mit Luftbläschen in einer sehr dünnen Kapillare, die von selbst nicht mehr entweichen können. Geschieht dies großflächig, d. h. sind viele Leitbahnen betroffen, dann ist das hydraulische System des Baumes blockiert und die Pflanze kann auch bei erneuter ausreichender Wasserzufuhr über den Boden nur noch unzureichend Wasser zu den Blättern leiten. Infolgedessen können Zweige oder Kronenbereiche absterben.

Die Abbildung 9.5 soll die wichtigsten Abläufe in der Kaskade der Reaktion auf Trockenheit verdeutlichen.

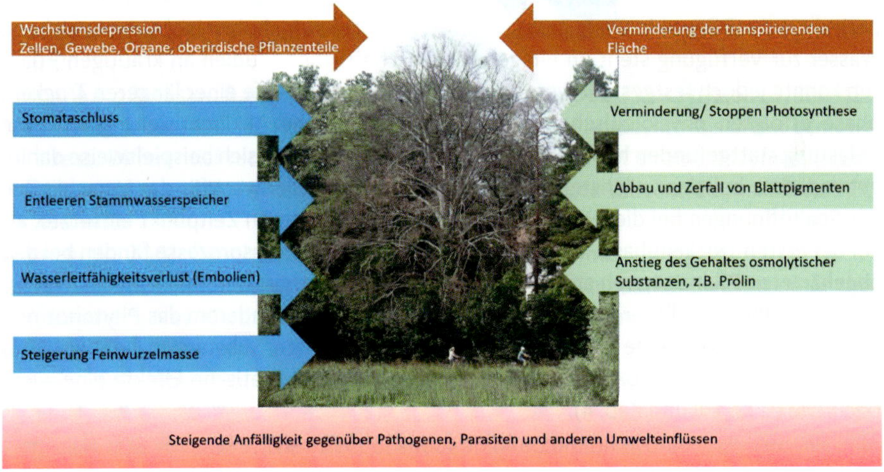

Abb. 9.5: Zusammenfassung der wichtigsten Reaktionen, die in Bäumen infolge von langanhaltender Trockenheit ablaufen. Blaue Pfeile kennzeichnen Abläufe, die den Transpirationsstrom betreffen, grüne Pfeile stellen Auswirkungen auf die Photosyntheseleistung dar und braune Pfeile fassen morphologische/ anatomische Veränderungen zusammen. Diese Prozesse sind jedoch nicht isoliert zu betrachten, sondern greifen ineinander.

Im Wald geht es im Unterschied zu Stadt- und Straßenbäumen meist um Massenpflanzung von Hunderten oder Tausenden sehr junger wurzelnackter Bäumchen ohne anschließende Bewässerung (Abb. 10.2). Dabei ist **Herbstpflanzung** unbedingt vorzuziehen, aufgrund der zunehmenden Häufung trockener Frühjahre mit schnell auf Sommerniveau steigenden Temperaturen. Denn die Wurzeln wachsen im Herbst durchaus noch einige Wochen, solange der Boden mindestens 8 °C warm und meist ausreichend Feuchtigkeit gegeben ist, sodass bis zum Frühjahr ein besserer Wachstumsstart möglich wird.

Abb. 10.2: Wurzelnackte Pflanzung von Fichten auf einer Freifläche im Wald mit anschließenden Schäden durch Wassermangel

Ideal ist bei und nach der Pflanzung zunächst **Halbschatten** (wenn man dies überhaupt beeinflussen kann), denn damit kommen fast alle Baumarten in der Jugend zurecht, und die Sonne wird die Jungbäume durch ihre Wanderung über den Tag zeitweise erreichen, aber nicht den ganzen Tag bestrahlen, erwärmen und austrocknen. Sobald der Anwuchserfolg eingetreten ist, kann man dann die beschattenden Altbäume (evtl. nach und nach) entfernen, falls dies in das Gesamtkonzept passt.

Dies alles ist bei Ballenpflanzung mit anschließender Wässerung nicht entscheidend, dagegen wichtiger, dass die Pflanzen sorgfältig und mehrmals verschult (z. B. „2x v.") worden sind und sich im Ballen keine **Ring-, Würgewurzeln oder Wurzelkarussells** (Abb. 10.3) entwickelt haben: als letzteres bezeichnet man es, wenn die Wurzeln im Ballen nicht mehr nach außen streben, sondern ein ineinander verwachsendes Knäuel bilden.

Die Kultivierung von Bäumen und Gehölzen in Containern während ihrer Baumschulzeit nimmt deutlich zu, da man die Bäume dann fast ganzjährig, so auch in den Sommermonaten, pflanzen kann und fast keine Wurzelverluste auftreten. So wird der Verpflanzschock minimiert. Dabei ist jedoch zu beachten, dass nicht selten Ringwurzelbildungen an den Behälterwänden auftreten, die auch nach der Auswurzelung erhalten bleiben. Diese können zu späteren Stammabschnürungen und sogar zum Absterben der Bäume führen (Schneidewind 2020b).

Für den Pflanz- und Anwuchserfolg sind **Größe und Alter der zu pflanzenden Bäume** entscheidend: Kleinere (jüngere) Bäume überholen ältere meist einige Jahre nach der Pflanzung in der Größe (Abb. 10.4), da sie schneller am neuen Standort zurechtkommen, und überstehen Stresssituationen i. d. R. besser. Noch krasser ist der Unterschied meist bei Jungpflanzen aus Naturverjüngung.

Abb. 10.3: Ring-/Würgewurzel an einer alten Kirsche (unten links)

Abb. 10.4: Jüngere dreijährige Himalaya-Birke (Mitte rechts) überholt eine vor 10 Jahren gepflanzte 15-jährige (links) in der Größe

Beim **Transport der Pflanzware** ist darauf zu achten, dass der Ballen oder die Stämme nicht beschädigt werden, die Ballenpflanzen nicht am Stamm angehoben werden dürfen und dass die Ballen nicht längere Zeit in der Sonne liegen (oder dem Fahrtwind ausgesetzt sind) und austrocknen, auch bei **Zwischenlagerung** am Pflanzort (Abb. 10.5).

Die **Pflanzgrube** ist der Grubenraum, bei dem ungeeignet anstehender Boden durch geeignetere Böden oder Substrate ersetzt wird. Für den Wasserhaushalt von gepflanzten jungen Stadtbäumen ist natürlich der Bodenraum um den Baum entscheidend: sei es „naturnaher“ Boden, im dicht besiedelten Stadtbereich meist mit erheblichen Problemen und Beimischungen, oder seien es (künstliche) technogene **Substrate**. Diese sind ein nach definierten Anforderungen hergestellter Bodenersatz, welcher aus miteinander vermischten Stoffen oder aufbereiteten Böden besteht und bestimmte besonders ausgeprägte Eigenschaften aufweist wie Überfahrbarkeit, Wasserspeichervermögen u.ä.

Als **Pflanzloch** wird die in der Pflanzgrube hergestellte Vertiefung in der Vegetationsfläche oder in der Pflanzgrubenverfüllung mit 1,5-fachem Durchmesser des Ballens/

Abb. 10.5: Lagerung von Ballenware in der Sonne

Wurzelwerkes zu seiner Aufnahme bezeichnet (FLL 2010). Die Größe des Pflanzloches hängt von der Ballen-/Wurzelwerkgröße ab, die Größe der Pflanzgrube von den Bedingungen des Begrünungszieles sowie der Pflanzenauswahl und soll mindestens 12 m³ groß sein. Die Pflanzgruben können unterirdisch durch Wurzelgräben miteinander verbunden werden, um ein größeres Wasserspeichervolumen zu erreichen (s. nachfolgend bei Rigolen) – vorgesehene Maßnahmen dieser Art sind bereits vor der Pflanzung zu planen und zu installieren, da sie z. T. weit über den eigentlichen Baumstandort hinausgehen, z. T. auch unter den Straßenraum.

Es wird diskutiert (Balder 2020), ob im urbanen Raum „**strukturstabile Substrate**" ein Standard der Zukunft werden, der mit ressourcenschonender und resilienter Gestaltung urbaner Gehölzstandorte für lange Zeit Gehölzwachstum ermöglicht und hohe Ansprüche an die Aufenthaltsqualität ohne Folgekosten erfüllt. Die (vor allem Langzeit-)Erfahrungen dazu sind allerdings noch sehr unvollständig.

Hinsichtlich vor allem des Wasserhaushaltes müssen solche Substrate folgende Ziele erfüllen (BALDER 2020):

- Verkehrsfähigkeit, Verdichtungsstabilität,
- kaum Porenverschluss, hoher Anteil luftführender Poren,
- Lenkung der Wurzeln in tiefere Bodenschichten,
- gute Infiltration von Wasser,
- hohe Wasserleitfähigkeit zur Vermeidung von Vernässung, aber zugleich hohe Wasserspeicherfähigkeit,
- ausreichende Nährstoffversorgung durch Depotwirkung.

Mögliche, verfügbare Substratmischungen müssen vor ihrem großflächigen Einsatz von neutraler Seite getestet sein hinsichtlich ihrer Eignung für Bäume, ihrer Umweltverträglichkeit und sonstiger dazu bekannter Anforderungen einschließlich möglicher negativer Nebenwirkungen wie z. B. Geruchsbelästigungen, Allergien oder Stoffausträge. Nach Aussage von BALDER (2020) gibt es solche optimierten Substrate inzwischen mit guten Praxiserfahrungen, sodass aus seiner Sicht nichts gegen ihre Verwendung in der Stadt spricht.

Abb. 10.6: Gelungene Verpflanzung einer ganzen Allee alter Linden vor 10 Jahren

Abb. 10.7: Wasserversorgungshilfe durch Bewässerungsränder

Zudem ist alles daran zu setzen, dass bei Stadt- und insbesondere bei Straßenbäumen

- der zur Verfügung stehende Wurzelraum groß genug ist (mindestens 12–15 m^3),
- die Wurzeln zum Auswachsen in die Umgebung „motiviert“ werden,
- sie ausreichend unversiegelte und unverdichtete Umfeldbereiche finden,
- nicht zu große/alte Pflanzen verwendet werden: je jünger desto besser (aber: Vandalismus).

Ein besonderes Thema dabei sind **Großbaumverpflanzungen**. Theoretisch ist es heutzutage möglich, Bäume jeden Alters und jeder Größe zu jeder Jahreszeit zu verpflanzen, auch ganze Alleen (Abb. 10.6). Der Aufwand dafür kann allerdings erheblich sein und bis zu höhere 6-stellige Euro-Beträge kosten. Dann wird sich die Frage nach der Notwendigkeit stellen, und es sind Spezialmaschinen, -methoden und -wissen und somit Spezialfirmen notwendig. Die Wasserversorgung der verpflanzten Großbäume ist natürlich zum einen von der verbliebenen Wurzelbiomasse abhängig und kann zum anderen durch aufwändige Spezialbewässerung optimiert werden. Diese kann bis zu 10 Jahre dauern, wenn dies mit der Firma vertraglich geregelt ist. Die Erfolge sind beeindruckend, und bei außergewöhnlich wertvollen Bäumen, die sonst hätten beseitigt werden müssen, kann es den Aufwand wert sein.

Inzwischen gibt es eine Vielzahl von neuartigen **Bewässerungshilfen** für frisch gepflanzte, aber auch schon länger am Endstandort wachsende Bäume. Es sind Produkte mit unterschiedlichen Ausstattungen und Randausprägungen erhältlich, z. B. in verschiedenen Formen und Größen von mobilen Bewässerungssäcken bzw. -ringen. Diese Hilfsmittel sollen die Versorgung der Bäume in der Anwuchsphase und bei der weiteren Entwicklung sicherstellen (Schneidewind 2020a).

In die **Gießmulde** um den Baum wird gewässert. Sie ist vom **Gießrand** aus Oberboden begrenzt, dessen innerer Durchmesser sich über dem äußeren Rand des Ballens befinden und mit anwachsendem Baum während der Entwicklungspflege vergrößert werden soll (FLL 2010, 2015). **Bewässerungsränder** aus witterungsbeständigen Kunststoffen besitzen im Gegensatz zu den Gießrändern aus Oberboden den Vorteil, dass sie eine gleichmäßige und dauerhafte Randhöhe gewährleisten (Abb. 10.7). Die speziell für die Bewässerung von Baumpflanzungen entwickelten Systeme können so die herkömmlichen Gießränder bzw. Gießmulden funktionell ersetzen (Schneidewind 2020a).

Für eine kontinuierliche Befeuchtung des Wurzelbereiches von neu gepflanzten Bäumen können auch mobile **Bewässerungssäcke** (Abb. 10.8) und flach aufliegende -ringe sor-

Abb. 10.8: Wasserversorgungshilfe durch Bewässerungssäcke am Stammfuß

gen. Zudem ist dann die oberflächliche Verdunstung unter den Auflageflächen der Säcke und Ringe verringert. Die in Grüntönen gefertigten Bewässerungssäcke für 25 bis 100 l Wasser (Sonderanfertigungen auch mehr) können als Ganzes mit der Innenwand um den Baumstamm gelegt und mittels eines an den Außenrändern befindlichen groben Reisverschlusses befestigt werden. Bei größeren Stammumfangen können mehrere Säcke durch seitliche Reisverschlüsse miteinander verbunden am Baum installiert werden und sind so im Verbund aufstellbar.
An der Unterseite der Säcke befinden sich kleine Löcher, durch die das Wasser über einen definierten Zeitraum langsam in den Boden sickert. Der maximale Hohlraum für den Stamm ist meist 15 cm groß. Durch die kontinuierliche Zunahme der Stammumfänge wachsender Baume ist damit die langjährige Nutzung dieser Bewässerungsringe begrenzt (Schneidewind 2020a). Nach eigener Einschätzung und Erfahrung können die Bewässerungssäcke den Nachteil haben, dass sie die Wurzeln nach oben lenken, da über längere Zeit das Wasser immer von dort kommt. Demgegenüber läuft das Wasser beim Bewässerungsrand schneller durch und schließlich nach unten, sodass die Wurzeln dem eher nach unten zu folgen versuchen.

Abb. 10.9: Zu tief gepflanzte Fichte, bei welcher der unterste Astquirl aus dem Boden kommt! Dies wird zum Absterben des Baumes führen, denn Fichten sind dagegen besonders empfindlich.

Wichtig ist die Tiefenbelüftung des Baugrundes, damit die Wurzeln dorthin gelenkt werden. Jedoch sollen dafür keine herkömmlichen **Dränrohre** mehr um den Ballen herum eingebaut werden, da sie die Austrocknung des Ballens durch den sog. Kamineffekt beschleunigen und zu schnellerer Wasserabfuhr aus dem Pflanzloch führen. Vielmehr gibt es eigens dafür hergestellte, speziell perforierte Belüftungsrohre, die nicht verfüllt werden dürfen (FLL 2010). Es ist unbedingt darauf zu achten, dass aus Sorge vor Trockenstress **nicht zu tief gepflanzt** wird (Abb. 10.9). Denn sonst beobachtet man oft, dass das Niederschlagswasser in feuchten Perioden ins Pflanzloch läuft und dort länger steht, was zu Wurzelfäulen bis hin zum Absterben der Bäume führen kann.
Eine **Mulchschicht** auf der Baumscheibe kann die Verdunstung aus dem Boden (Evaporation) und Konkurrenzvegetation verringern. Sie sollte innerhalb der Gießmulde nicht aus organischen Stoffen bestehen, sonst kann sie beim Bewässern zu Problemen führen, da sie selbst erst durchfeuchtet werden muss und vom Wasserstrahl oder bei Starkregen evtl. weggespült wird. Im Straßenbereich verteilt sie sich ggf. auch durch Hunde und Darüberlaufen von Passanten auf dem Gehweg. Außerdem können aus ihr Nährstoffe freigesetzt werden, welche die Wurzeln nach oben lenken (FLL 2015).

Abb. 10.10: Bewässerung der Stadtbäume im Stockholmer Modell mit unsichtbaren unterirdischen Rigolen (Stockholm)

Die **Bepflanzung der Baumscheibe** mit Stauden oder Zwergsträuchern hat einen gewissen Konkurrenzeffekt mit den Baumwurzeln zur Folge, da sie bei Kurzzeitniederschlägen auch einen Teil des Wassers verbrauchen. Andererseits lockert die Unterpflanzung den Boden, schützt ihn vor Besonnung der Baumscheibe und vermindert so deren oberflächige Verdunstung (Evaporation). Die verwendeten Arten sollten nicht zuviel Biomasse und keine zu dichte oder zu tiefe Bewurzelung entwickeln.

Für die anschließende längerfristige Wasserversorgung von Baumpflanzungen in der Stadt wird in jüngerer Zeit vermehrt eine **Regenwasserbewirtschaftung mittels unterirdischer Baumrigolen** als integrales Wassermanagement durch eine Kombination von Muldenversickerung und Ableitung/Versickerung in temporäre Zwischenspeicher favorisiert (Lohaus 2015). Beim sog. **Stockholmer Modell** (Alvem & Bennerscheidt 2009) wird zur Bewässerung der Wurzelräume das Regenwasser von angrenzenden Dachflächen und/oder Geh- und Radwegen genutzt und gezielt in unterirdische Speichergräben geleitet (Abb. 10.10). Der so gestaltete Wurzelraum hat damit in Kombination mit der Bewässerung von Bäumen die Funktion einer Rigole und stellt eine Maßnahme zum Rückhalt, zur Versickerung und zur Nutzung von Regenwasser vor Ort dar. Dabei sind die Qualität des „Grauwassers" und mögliche Verschmutzung, Starkregen sowie die Rückhaltefunktion der Baumkronen durch Interzeption zu beachten, und es ist eine Bepflanzung von Versickerungsflächen vorzusehen (Lohaus 2015).

Weitere Typen von „blau-grüner Infrastruktur", wie solche Konzepte genannt werden, und Beispiele für Pflanzgrubenbauweisen werden detailliert von Blume (2019) vorgestellt und bewertet: Tasinge Plads Kopenhagen, Pflanzgrube Stockholm, Pflanzgrube New York, Pflanzgrube Melbourne, Pflanzgrube Bioswale (USA) und Muldentypen.

Künstliche Bewässerung in der Zeit (Monate bis Jahre) nach der Pflanzung ist ein sehr komplexes und umfassendes Thema: wie stellt man den Bedarf fest und mit welchen Methoden erreicht man optimale Ergebnisse? Dazu gibt es umfangreiche Untersuchungen (Benk et al. 2020, Weltecke 2020). Wenn man zu wenig/zu spät bewässert, treten an den gepflanzten Bäumen Schäden auf, bis hin zum Absterben (Abb. 10.11). Wenn man zuviel bewässert, kann es Nässeschäden an den Wurzeln (Fäulen) und Nährstoffverluste durch Auswaschung geben. Beregnet man über der Krone, werden Blattpilz-Krankheiten gefördert, bei Tropfbewässerung mit Schläuchen oder Matten unter den Bäumen können Bodenvernässung und -verschlämmungen sowie Verstopfungen der Schlauchporen unbemerkt bleiben.

Für eine optimierte Bewässerung von Stadtbäumen sind Kenntnisse über den Wasserbedarf der Bäume und die Menge des zur Verfügung stehenden Wassers unabdingbar. Bewässerungszeitpunkt und -menge können durch eine Gegenüberstellung von verfügbarem Wasser und Verbrauch bestimmt werden. Auf kommunaler Ebene lohnt sich ggf. die Installation von Wasserspannungssensoren auf Musterstandorten, die Aufschluss über die Bewässerung ähnlicher Standorte in der Nähe geben (Weltecke 2020).

Für die den Bäumen zur Verfügung stehende Wassermenge ist dabei nicht nur die aktuell im Boden vorhandene Wassermenge, also der Wassergehalt, entscheidend. Vielmehr hängt sie maßgeblich von der **Wasserspannung (Bodensaugspannung)** ab, d. h. wie stark das Wasser im Boden gebunden ist und welche Saugspannung Bäume aufbringen müs-

Abb. 10.11: Unterbliebene Bewässerung nach der Pflanzung hat nach 3 Monaten zum Absterben dieser Trauben-Eiche geführt.

sen, um das Wasser aus dem Boden zu beziehen (s. Kap. 9). So wird verbreitet die Messung der Bodensaugspannung mit Feuchtigkeitssensoren als Entscheidungskriterium favorisiert, denn diese spiegelt unmittelbar den Versorgungsstatus der Bäume wider. Sie wird auch als Matrix-Potenzial des Bodens bezeichnet (Angabe als pF-Wert) und benennt die Kraft, die von der Pflanze aufgebracht werden muss, um dem Boden oder Substrat Wasser zu entziehen. Dies hat den Vorteil, dass alle Unwägbarkeiten der Qualität und Größe von z. B. Ballensubstrat, Baumsubstrat der Pflanzgrube und anstehendem Boden einfließen, also der potenziell durchwurzelbare Bodenraum Berücksichtigung findet und man daraus auf den Versorgungszustand des Baumes schließen kann (Borgmann & Riehl 2020).

Die **Wasserspeicherkapazität des Bodens** wird zunächst durch die Bodenart (Sand, Ton, Schluff) bestimmt und vergrößert sich durch den Humusgehalt, sinkt aber im Regelfall mit zunehmendem Bodenskelett. Allerdings gibt es auch Bauschuttreste oder poröse Steine, wie z. B. Lava, Bims oder Ziegel, die maßgeblich mit zur Wasserspeicherkapazität beitragen können, da sie eine Belüftungs- und Dränwirkung haben (Benk et al. 2020). Natürlich wirkt sich auch entscheidend aus, wie weit der Boden horizontal und verti-

Abb. 10.12: Unterschiedlicher Wuchserfolg bei vor 15 Jahren gleichzeitig gepflanzten Amur-Korkbäumen, maßgeblich eine Folge der Bodeneigenschaften und damit einhergehend der Wasserversorgung

kal durchwurzelt werden kann, also wie groß das durchwurzelbare Bodenvolumen ist (Abb. 10.12). Anschluss der Baumwurzeln an den Kapillarsaum des Grundwassers (oder zum Stauwasser) sichert die Wasserversorgung über einen längeren Zeitraum auch ohne Niederschläge. Wie hoch dabei ein kapillarer Aufstieg von der Grundwasseroberfläche zur Untergrenze des Wurzelraumes erfolgt, hängt wiederum von der Bodenart ab (WELTECKE 2020).

Auf einem tonigen Standort muss doppelt so häufig gewässert werden wie auf einem schluffigen Boden, aber dafür nur mit der halben Wassermenge. Auf einem Sand- oder Tonstandort würden die Bäume vertrocknen, wenn man sich bei den Gießintervallen an einem schluffigen Standort orientiert. Würde man auf einem Sand- und Tonstandort mit der Wassermenge gießen, wie sie auf einem schluffigen Standort empfehlenswert ist, dann versickert auf dem sandigen Standort viel Wasser ungenutzt, der tonige Standort würde hingegen vernässen und es käme zu Belüftungsengpassen im Wurzelraum (WELTECKE 2020).

Nach FLL (2015) sollen neu gepflanzte Bäume im ersten Standjahr zweimal monatlich mit 75 bis 100 l bewässert werden (in Trockenperioden auch häufiger), danach 4 Jahre 8–16x jährlich und zusätzlich bei Trockenstress. Es ist unbedingt auf die vertragliche

Abb. 10.13: Fliegenpilze als häufige Mykorrhizapartner z. B. an Birken

Abb. 10.14: Jungbäume aus Turbo-Anzucht (Alter 3 Jahre bei Höhe etwa 4 m!) und krasser Pflanzschnitt: Ob diese Berg-Ahorne die Umstellung aus der Baumschule schaffen werden? Weißer Stammanstrich als Sonnenschutz

Regelung des Wässerns in der Fertigstellungspflege (sowie ggf. Entwicklungs- und Unterhaltungspflege) zu achten, um Ausfälle und Streitigkeiten zu vermeiden. Zudem ist bei allen Varianten der Bewässerung zu bedenken, dass der Kapillareffekt zum seitlichen Verdriften des Gießwassers im Boden führt, da die trockenen Bodenbereiche um den Wurzelraum herum das Wasser ansaugen („hydraulic lift"). Das kann aber auch erwünscht sein, um die Baumwurzeln dorthin zu lenken.

Auch die **Qualität des Bewässerungswassers** hat erheblichen Einfluss. So wurden z. B. im Spreewald Erlen-Anzuchtflächen mit Spreewasser bewässert und dabei unwissentlich die Bäume mit Sporen der Erlen-Phytophthora infiziert. Auch der pH-Wert ist sehr bedeutsam, ebenso Nitrat- und Chloridgehalte – dies soll hier nicht vertieft werden, dazu gibt es Spezialliteratur (z. B. PASCHOLD 2010).

Abb. 11.4: Bewässerungsexperiment AdapTree in Pillnitz

11.3 Freiland-Messungen am Baumstandort (z. B. Straßenbäume und Klimawald)

Ziel der Dissertation von STEN GILLNER war es (GILLNER 2012), folgende Fragen anhand von Untersuchungen an wichtigen Stadtbaumarten zu beantworten:

- Wie reagiert das Baumwachstum auf unterschiedliche Versiegelungsgrade, auch im Vergleich zu Waldstandorten?
- Welche Witterungsparameter in welchem Zeitraum des Jahres steuern das Baumwachstum maßgeblich, wie empfindlich reagieren die Baumarten auf extreme Witterungsbedingungen?
- Wie reagiert die Baumphysiologie auf Standorts- und Witterungseinflüsse?
- Welche Baum- und Standorts-Wasserhaushaltsparameter haben den größten Einfluss auf die Baumreaktion? (Abb. 11.5)

Die wichtigsten Ergebnisse der Arbeit sind folgende:

- Die Besonderheiten und besonderen Risiken des Stadtstandortes werden herausgearbeitet und bewertet.

- Bereits seit einiger Zeit ablaufende Wachstumsveränderungen an Stadtbäumen können nachgewiesen und interpretiert werden.
- Für alle untersuchten Baumarten kann gezeigt werden, dass sie auf höhere Temperaturen und zunehmende Trockenheit negativ reagieren werden.
- Durch die Kombination von Jahrringmessungen mit physiologischen Methoden lassen sich Aussagen zur Trockenheitstoleranz wichtiger Stadtbaumarten und nach Baumarten(gruppen) differenzierte Konsequenzen für die zukünftige Verwendung ableiten.

Im Ergebnis werden die untersuchten 9 Baumarten nach ihrem Jahrringzuwachs und den physiologischen Messungen in 3 Gruppen eingeteilt: geringe, mittlere und gute Eignung für zukünftige Verwendung.
Die **Trockenheitsverträglichkeit von Stadtbäumen** war Thema in einem Verbundprojekt der TU München und der Hochschule Weihenstephan-Triesdorf (DUTHWEILER et al. 2017), in dem Wachstum, Wasserhaushalt, Ökosystemleistungen und die Wirksamkeit von Varianten der Begrünung in 5 bayerischen Städten an ca. 1700 Bäumen untersucht

Abb. 11.5: Gaswechsel-Messung am Straßenbaum (Porometer misst Photosynthese und Transpiration an einem in der Kammer eingespannten Blatt, Foto: S. Gillner)

Abb. 11.6: Baumstandort (Platanen) in offener Grunflache

wurden. So konnten Kohlenstoffspeicherung, Verdunstung, entzogene Energie und Beschattung quantifiziert und die Auswirkungen der Standortbedingungen auf die Kühlwirkung hergeleitet werden. Die Untersuchungen zeigen, wie sich die kleinklimatischen Verhältnisse, Bodenfeuchte/-temperatur und die Baumart auf ihre Verdunstungskühlung auswirken. Dabei wurden 2 heimische mit 2 eingeführten Baumarten bei ihrer unterschiedlichen Trockenheitsanpassung verglichen (Rosskastanien und Winter-Linden mit Ahornblättrigen Platanen und Robinien), was allerdings durch den zugleich verschiedenen Lichtbedarf der Baumartpaare überlagert wird. Ein wichtiges Ergebnis ist, dass Baumpflanzungen in offenen Grünflächen (Abb. 11.6) einen wesentlich größeren Beitrag zur Verringerung der nächtlichen Wärmespeicherung in der Stadt beitragen können als auf versiegelten, engen Plätzen.

In seiner Masterarbeit der Forstwissenschaften an der TU Dresden hat Konrad Bauer **Temperaturen an Straßenbäumen** in Würzburg im Sommer 2018 gemessen, einem der bisher heißesten Sommer dort (Bauer 2018): Tagesverläufe über mehrere Wochen im Vergleich von Luft- und Blatttemperatur in verschiedenen Kronenbereichen, Rindentemperatur auf der Süd- und Nordseite sowie Substrattemperatur (Abb. 11.7). Die Blatt-

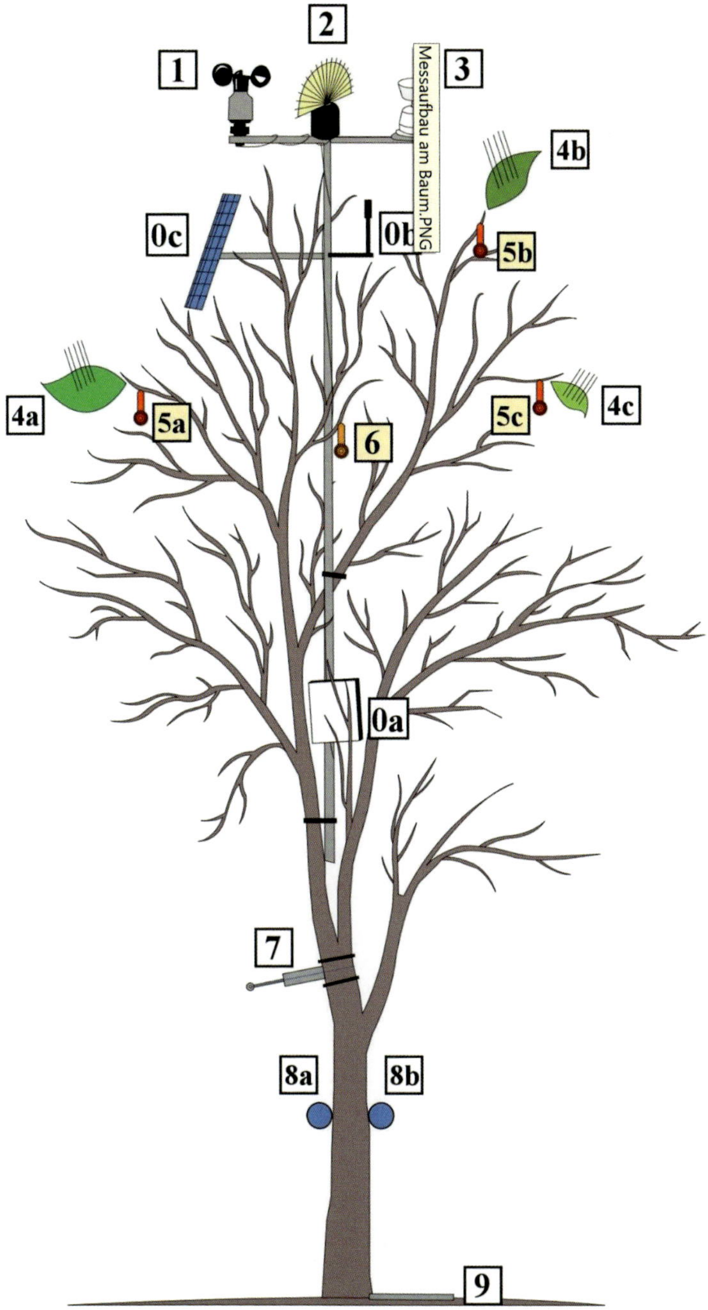

Abb. 11.7: Sensoren-Installation an Untersuchungsbäumen (Grafik: L. Pilate)

temperaturen erreichten häufiger kritische Werte um oder über 40 °C (über versiegelten Flächen) wie auch die Rinde auf der Südseite, das dunkle Substrat im Stammumfeld sogar über 60 °C. Dabei zeigte sich zum einen, was alles bei solchen Kronentemperatur-Messungen zu beachten ist, aber auch dass bei den beiden Baumartenpaaren Hainbuche und Hopfenbuche, Winter-Linde und Silber-Linde jeweils meist die nichtheimische Baumart aus Südosteuropa günstiger abschneidet. Die silbrig behaarten Blattunterseiten der Silber-Linden haben danach einen maßgeblichen Einfluss für eine geringere Überhitzung ihrer Blätter.

Im **Klimawald Köln** (Forker et al. 2020, www.koeln-waldlabor.de) werden in einem Gemeinschaftsprojekt der Stadt Köln mit mehreren Partnern seit 2010 neue Baumarten und Waldbilder angelegt und getestet. Dabei wurden im sog. Klimawald auf insgesamt 1,5 ha Bäume gepflanzt, die als besonders robust gegenüber dem Klimawandel eingeschätzt wurden und auch künftig in Stadtwäldern und Forsten gepflanzt werden können (Abb. 11.8a). Die Auswahl der 10 Baumarten für den Klimawald basierte auf einem Gutachten des Autors (Roloff 2008), in dem als wesentliches Kriterium die Toleranz gegenüber andauernden Trockenphasen herangezogen wurde.

Abb. 11.8a: Klimawald Köln – Flaumeichenbestand nach 10 Jahren im Herbst

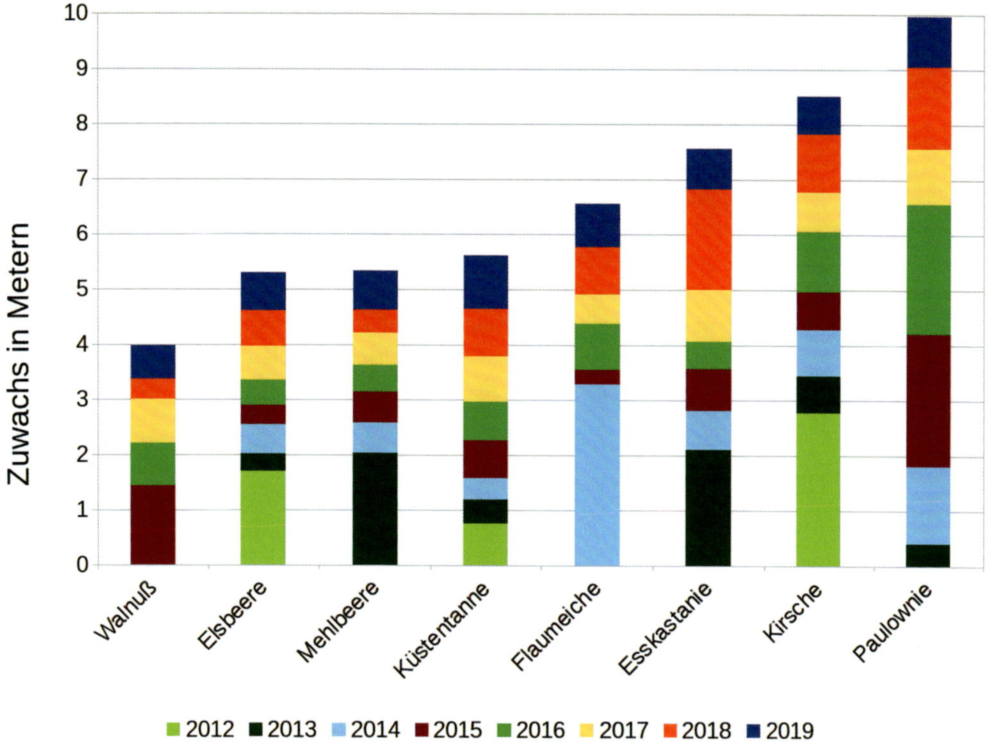

Abb. 11.8b: Klimawald Köln – Höhenzuwachs der untersuchten Baumarten nach 10 Jahren (Grafik: M. Forker)

Nach 10 Jahren Wachstum wurde im Klimawald Köln 2019 an neun Klimabaumarten untersucht (FORKER et al. 2020), wie sie auf die Witterung und andere Einflüsse reagiert haben, um daraus die Baumart-Eignung zu bewerten (Abb. 11.8b). 6 der „Klima-Baumarten" wachsen in sog. Einart-Hainen des Klimawaldes (Elsbeere, Echte Mehlbeere, Flaum-Eiche, Walnuss, Küsten-Tanne, Paulownie). Die Einart-Haine sind als quadratische Flächen von 50 × 50 m mit einem Pflanzverband von 1 × 2 m angelegt. Weitere Baumarten wachsen in ähnlichen, kleinen Reinbeständen im sogenannten Wandelwald auf dem Gelände des Waldlabors (Sand-Birke, Vogel-Kirsche, Ess-Kastanie) sowie im Energiewald (nochmal Ess-Kastanie), mit gleichem Pflanzverband.

11.4 Freiland-Erhebungen von Schäden (z. B. nach den Trockenjahren 2018/19)

In den Sommern 2018 bis 2020 wurden regional und überregional fortlaufend Erhebungen zu Gehölzschäden durchgeführt, mit dem Ergebnis von einerseits bei einigen Baumarten Massensterben (z. B. an Fichte, Kiefer, Buche, Birnbaum) oder auffälligen Blattschäden (z. B. an Spitz-/Berg-Ahorn, Sommer-Linde, Abb. 11.9), andererseits jedoch auch überraschenden Baumarten ohne Symptome (z. B. viele Arten mit auch mediterranem Areal wie Feld- und Burgen-Ahorn, Mehlbeere oder mit Herkunft aus fernen sommerwärmeren Regionen wie Ginkgo, Götterbaum, Schnurbaum, Gleditschie). Selbst wenn diese Erfassungen unsystematisch erfolgten (weil es anders gar nicht möglich gewesen wäre), liefern sie wertvolle Hinweise auf artspezifische Probleme und für weitergehende Untersuchungen (vgl. Kap. 5, 7).

Abb. 11.9: Blattschaden an Spitz-Ahorn im Sommer 2019

11.5 Vollanalyse Stadtbaumzustand (z. B. Resilientes Stadtgrün Dresden)

In Einzelfällen ist es möglich, in umfassenden Analysen Stadtbereiche zu untersuchen, um daraus Vorschläge für ein resilientes, d. h. klimawandel-angepasstes Stadtgrün zu entwickeln. So hat z. B. Daniel Blume (2020) in seiner Masterarbeit der Landschaftsarchitektur an der TU Dresden im Stadtbereich von Dresden Klimastressbereiche mit besonders hohen klimatischen Belastungen ausgewählt und in diesen vor allem die Vitalität des Straßenbegleitgrüns, die Biodiversität und die Gestaltungsqualität untersucht. Die dabei gefundenen Beeinträchtigungen wurden analysiert (Abb. 11.10) und mit klimatischen und strukturellen Einflussfaktoren wie Bebauungsgrad, Verkehrsbelastung, Versiegelung, Gebäuderückstrahlung, Baumumfeld, Ausgestaltung der Pflanzgruben in Zusammenhang gebracht. So kommt der Autor zu sehr interessanten und fundierten Schlussfolgerungen für eine Baumartenbewertung und Vorschläge für Maßnahmen zur Resilienzsteigerung. Im Ergebnis werden daraus z. B. Empfehlungslisten zu Baumarten sowie zu Maßnahmen für Wassersammel-Bauweisen der Pflanzgruben abgeleitet, um die Funktionsfähigkeit des Stadtgrüns bei zunehmender Hitze und Trockenheit zu erhalten.

Abb. 11.10: Baum mit geringer Resilienz aufgrund extremer Standortprobleme

Unter diesen 77 Baumarten weisen folgende %-Anteile die zuvor genannten 9 Eigenschaften auf:

- 100% Vorkommen auf Naturstandorten mit zeitweiligem oder dauerhaftem Wassermangel (100%-Anteil deshalb, da dies das erste Auswahlkriterium der KLAM-Stadt war und daher für alle genannten Baumarten gegeben ist),
- 78% Blätter mit Haaren (oder Schuppen),
- 62% zerstreutporiges Holz (dieser Anteil ist unter Sträuchern wesentlich höher),
- 62% gefiederte oder deutlich gelappte Blätter,
- 60% glänzende und/oder dick-ledrige Blätter,
- 54% unterseits bläulich/graue oder silbrig/weiße Blätter,
- 37% kleine Blätter (dieser Anteil ist unter Sträuchern wesentlich höher),
- 18% sehr hohe Frosttoleranz,
- 6% Dornen (dieser Anteil ist unter Sträuchern wesentlich höher).

Um diese %-Anteile sinnvoll interpretieren zu können, muss man natürlich die Anteile von Baumarten mit diesen Eigenschaften unter den sonstigen 242 hier winterharten und in der Stadt verwendeten Laubbaumarten (nach Roloff & Bärtels 2018 und Roloff & Gillner 2013) kennen, z.B. wieviel Prozent von diesen 242 Arten gefiederte oder gelappte Blätter aufweisen (es sind 34%). Weil der Anteil unter den genannten 77 Arten deutlich höher ist (es sind 62%), ist das Merkmal gefiederte/gelappte Blätter geeignet für eine Abschätzung der Trockenstress-Toleranz. So ergab hingegen die Überprüfung der Merkmale ‚Blätter mit Haaren (oder Schuppen)' und ‚Zerstreutporigkeit des Holzes', dass der Anteil unter den 77 trockenstresstoleranten Baumarten und den 242 sonstigen Stadtbaumarten nahezu identisch ist (62:63 bzw. 78:79%) und diese beiden Merkmale daher für die Einschätzung nicht geeignet sind.
Danach ergibt sich das nachfolgende Ranking der 7 geeigneten Trockenstresstoleranz-Parameter (Verhältnis %-Anteil von Arten mit dieser Eigenschaft unter den 77 besten KLAM-Arten zu %-Anteil unter den 242 sonstigen Arten in eckigen Klammer):

1. natürliches Vorkommen auf Standorten mit zeitweiligem oder dauerhaftem Wassermangel [100:5]
2. glänzende und/oder dick-ledrige Blätter [60:26],
3. unterseits bläulich/graue oder silbrig/weiße Blätter [54:29],
4. gefiederte oder deutlich gelappte Blätter [62:34],
5. sehr hohe Frosttoleranz (unter −30 °C) [18:12],
6. kleine Blätter (Länge < 10 cm) [37:26],
7. Vorhandensein von Dornen [6:2].

Die Rangfolge ergibt sich nach dem Quotienten der beiden %-Anteile [in eckiger Klammer], nur für Dornen erfolgte eine Hintanstellung wegen der geringen %-Anteile, allerdings wird dieses Merkmal immer noch für wichtig gehalten (wenn es auftritt).
Beispiele für Baumarten mit mehr als 3 dieser genannten Eigenschaften sind *Phellodendron amurense* (Amur-Korkbaum, Abb. 11.11) und *Styphnolobium japonica* (Japanischer Schnurbaum) mit gefiederten, glänzenden, unterseits bläulichen Blättern sowie als Favo-

Abb. 11.11: Favorit Amur-Korkbaum mit gefiederten, glänzenden, unterseits bläulichen Blättern

rit *Acer rubrum* (Rot-Ahorn) mit kleinen, gelappten, glänzenden, unterseits bläulichen Blättern und sehr hoher Frosttoleranz.

Mit den Ergebnissen dieser Untersuchungen wird es möglich, Baumarten besser als bisher hinsichtlich ihrer Trockenstress-Toleranz zu bewerten. Dafür gibt es keine einzelnen morphologischen, anatomischen, physiologischen Parameter. Der jetzt erreichte Kenntnisstand ist aber eine interessanter Ansatz, mit dem man Gehölze auf die o.g. Eigenschaften prüfen und unter Berücksichtigung der Aussagekraft der gefundenen Parameter einstufen kann. Durch physiologische Untersuchungen (vgl. Kap. 9) sollten diese Parameter zusätzlich abgesichert und weitere Eigenschaften für Schnelltests benannt werden.

Citree-Datenbank:

In einem EU-Verbundprojekt von 2010 bis 2015 (Aktualisierung bis heute) wurde an der TU Dresden eine umfassende Datenbank zur Gehölzartenfindung erarbeitet (Citree 2020), in der man bis zu 65 erwünschte oder unerwünschte Eigenschaften der Baumarten eingeben kann und dann aus fast 400 Baumarten und -sorten geeignete Arten herausgefiltert werden (Abb. 11.12).

Damit die CITREE-Datenbank passende Bäume für einen Standort finden kann, benötigt sie Vorgaben. Es ist deshalb der gewünschte Standort zu charakterisieren und anzugeben, welche zusätzlichen Anforderungen an die Bäume gestellt werden (insb. zu Erscheinungsbild, natürlicher Verbreitung oder Gefahrenpotenzial). Für einige typische

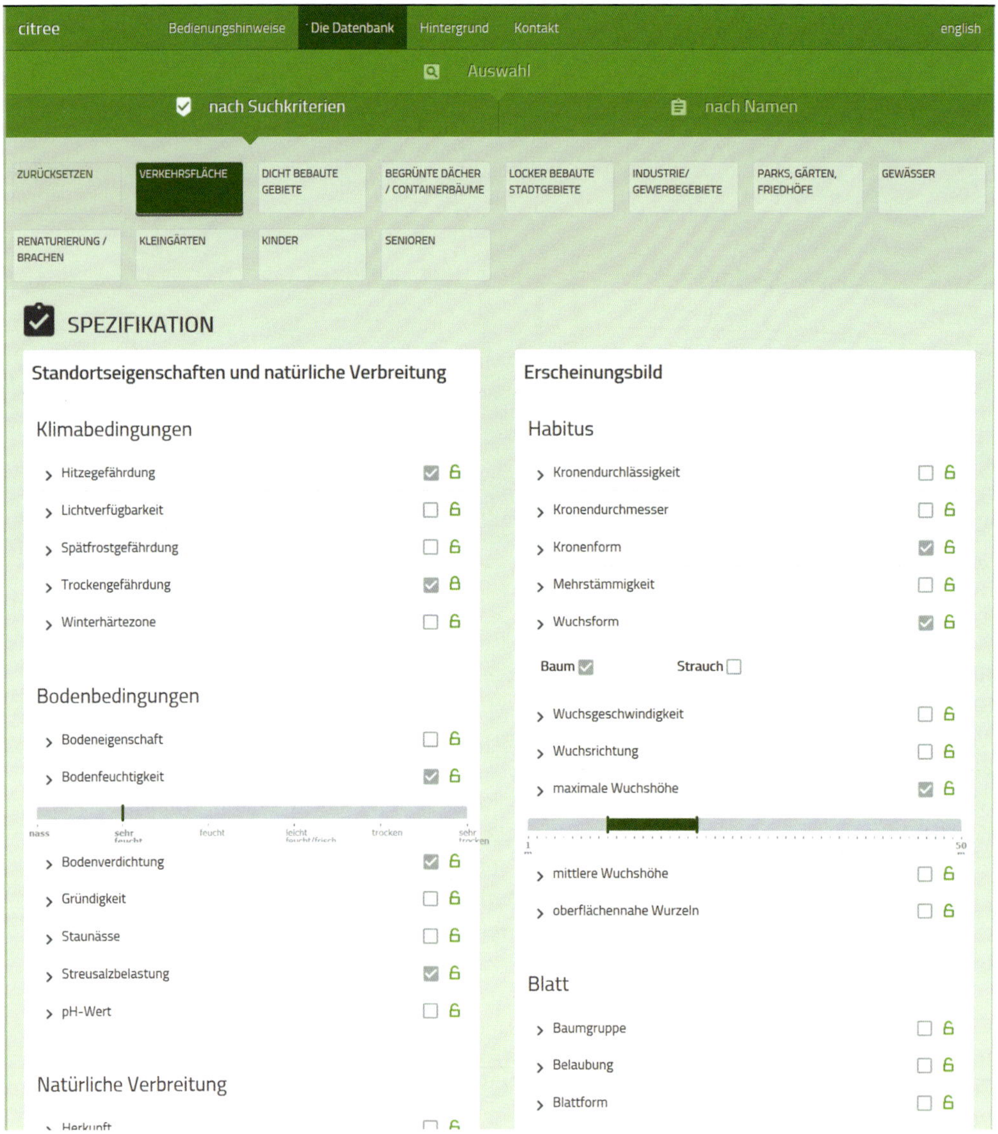

Abb. 11.12: Screenshot Citree-Datenbank (www.citree.de, Zugrifff 1.10.2020) mit nach Wunsch einzustellenden Vorgaben zu Trockenstress- und Hitzegefährdung

Standortsituationen können Voreinstellungen ausgewählt und sie ggf. nach eigenen Wünschen angepasst werden.
Durch das Klicken auf ein Merkmal wird dieses aktiviert und mit einem Häkchen versehen. Inaktive Merkmale sind ohne Häkchen dargestellt und gehen nicht in die Auswahl ein. Wenn ein bestimmtes Merkmal eines Gehölzes unbedingt erfüllt sein muss, ist es als Pflichtkriterium zu kennzeichnen, indem man das Schloss (🔓) schließt (🔒). Dadurch werden Arten ausgeblendet, die diese Vorgabe nicht erfüllen.
Bei einigen Schiebereglern können sowohl ein Minimal- als auch ein Maximalwert bestimmt werden, um den gewünschten Bereich auszuwählen. Dazu zieht man die Regler an beide Enden der Skala in die gewünschte Position. Die Ausprägung, bei der sich ein Schieberegler befindet, gilt in der Vorgabe jeweils als mit eingeschlossen.
Bei vielen Merkmalen (z. B. Blattform) kann man sich Abbildungen anzeigen lassen, indem der Mauszeiger über dem Merkmal platziert wird (z. B. »trichterförmig«).
Die Ergebnisse der Suche sind sortiert in einem Ranking nach dem Grad der Übereinstimmung mit den Vorgaben. Durch einen Klick auf eine Baumart der Ergebnisse öffnet sich deren zugehöriger Steckbrief mit ausführlicheren Informationen und vielen Bildern. In den Steckbriefen werden Übereinstimmungen mit den Vorgaben grün dargestellt. Merkmale, die mit Ihren Auswahlkriterien nicht übereinstimmen, sind orange markiert. Unter den sonstigen Anmerkungen finden sich weitere wichtige Informationen, z. B. zu relevanten Krankheiten und Schädlingen.
Parallel zur Filterung anhand bestimmter Kriterien können die Steckbriefe der Arten durchsucht werden, indem man diese nach deutschen oder wissenschaftlichen Namen filtert. Dazu gibt man einfach einen Namen in das Textfeld ein.

Toolbox Urbane Wälder:
Im Rahmen eines vom Bundesamt für Naturschutz (BfN) von 2009 bis 2019 geförderten Vorhabens erprobte die Stadt Leipzig anhand von städtischen Brachflächen die Anlage urbaner Wälder. Die von der TU Dresden (Landschaftsarchitektur) koordinierte wissenschaftliche Begleitforschung untersuchte parallel dazu anhand der Erprobungsflächen, aber auch einer Vielzahl älterer urbaner Wälder die Wirkung von Wäldern auf den Naturhaushalt und die Biodiversität in Städten, auf die Stadtgestalt und die Erholungseignung, den Stadtumbau und die Akzeptanz der städtischen Bevölkerung. Dabei wurde eine Toolbox für die Anlage urbaner Wälder entwickelt, die interaktiv auf der Homepage www.urbane-waelder.de angewandt werden kann. Die Erprobungen und Untersuchungen haben gezeigt: Urbane Wälder stellen einen integrativen und innovativen Ansatz in der Stadtentwicklung dar, der maßgeblich zu einer attraktiven Lebens- und Umweltqualität in unseren Städten beitragen kann.
Ziel des Vorhabens war es, die besonderen Bedingungen für innerstädtische Waldflächen praktisch zu erkunden und Wege für die aktive und gesteuerte Entwicklung von Wald oder waldartigen Gehölzbeständen aufzuzeigen. Dabei wurden auch neuartige Ansätze im Naturschutz modellhaft umgesetzt. Auf drei unterschiedlichen Modellflächen wurde erprobt, wie eine Flächensicherung und die Anlage von Wald gelingen können und welche Managementansätze für die langfristige Sicherung und Akzeptanz zielführend sind.

„Urbaner Wald“ wurde, abweichend von der traditionellen Forstwirtschaft, als interdisziplinärer und integrativer Ansatz in der Stadtentwicklung untersucht. Wirtschaftliche, soziale, naturschutzfachliche und stadtökologische Aspekte sind dabei gleichermaßen einbezogen worden. Zudem leisten urbane Wälder gleichzeitig einen Beitrag zum Erhalt der biologischen Vielfalt. Bei der Planung und Anlage kooperierten das Stadtplanungsamt und das Amt für Stadtgrün und Gewässer (Abteilung Stadtforsten) der Stadt Leipzig mit Landschaftsarchitekten und Landschaftsbaufirmen. Im gesamten Prozess wurde auf eine facettenreiche Beteiligung der Öffentlichkeit Wert gelegt.

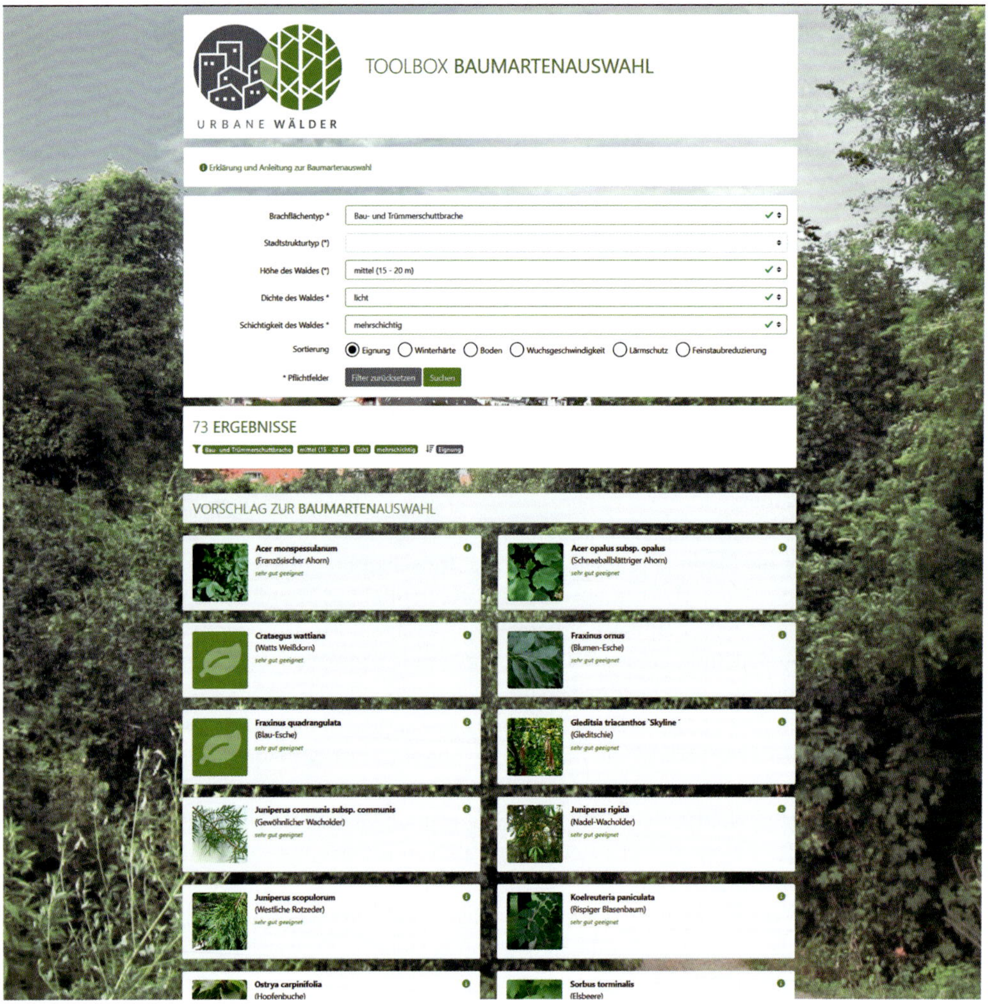

Abb. 11.13: Screenshot Toolbox Urbane Wälder: interaktive Baumartenauswahl (www.urbane-waelder.de, Zugriff 1.10.2020)

Urbane Wälder bedürfen – im Gegensatz zu Wäldern in der freien Landschaft – bei der Planung, Gestaltung und Unterhaltung einer engen Zusammenarbeit zwischen Stadtplanung, Landschaftsarchitektur und Forstwirtschaft, um den hohen Anforderungen an Ästhetik, Akzeptanz, Nutzbarkeit und Wirtschaftlichkeit in der Stadt gerecht zu werden. In der mit dem Projekt vor allem vom Institut für Landschaftsarchitektur (unter Beteiligung der Professur für Forstbotanik) erarbeiteten Toolbox findet sich eine interaktive Webseite zur Baumartenwahl: https://baumartenauswahl.urbane-waelder.de. Darin wird man zur Eingabe von Anforderungen aufgefordert und erhält eine Liste geeigneter Baumarten für die gestellten Anforderungen (Abb. 11.13).

11.7 Stärkere Bewertung von bestimmten Herkunftsarealen (z. B. mit Hitze und Strahlung, langen sommerlichen Trockenperioden)

Eine ggf. stärkere Bewertung sommerlich strahlungsreicher und trockener Herkunftsareale wie z. B. Süd(ost)europa/Mittelmeerraum als Weiser für Anpassung an Hitzeperioden und intensive Strahlungssituationen nimmt Rücksicht darauf, dass Trocken-

Abb. 11.14: Beispiel Hitzeregion Mittelmeer – über 1000-jähriger Olivenbaum auf Korfu. Temperaturen von um die 40 °C mit langer Sommertrockenheit und intensiver Strahlung sind dort normal. Allerdings ist diese Baumart hier (auch in Zukunft) nicht winterhart genug

stress im Frühjahr und Sommer gekoppelt mit Hitze und intensiver Einstrahlung die erwartete (und gefürchtete) kritischste Anforderung der Zukunft sein wird. Dies tritt schon heute z. B. in Südost-Europa und im größten Teil des Mittelmeerraums auf, sowie im mittleren Westen der USA und mittleren Osten Asiens. Baumarten, deren Areal in Europa bis zum Mittelmeerraum reicht oder andere, die von dort stammen (Abb.11.14), sind grundsätzlich positiver zu bewerten, solange sie die notwendige Frosthärte aufweisen.

11.8 Herleitung aus gärtnerischer/gartenbaulicher Erfahrung (z. B. Lebensbereiche und Favoritenlisten)

Lebensbereiche nach Kiermeier:
Unter einem Lebensbereich versteht man nach Kiermeier (1991) und Roloff & Bärtels (2018) eine Gruppe von Pflanzen mit gleichen oder sehr ähnlichen Ansprüchen. Es sind Pflanzen, die aus vergleichbaren Pflanzengesellschaften stammen und im Siedlungsbereich oder – wenn heimisch – in der freien Landschaft nach gemeinsamen Ansprüchen und Eigenschaften verwendet werden. Andere Begriffe für Lebensbereich sind Wuchsgemeinschaft oder pflanzliche Lebensgemeinschaft. Der Lebensbereich ist der Typ des Idealstandortes.
Ziel des Kennziffernsystems bzw. der Eingruppierung der Gehölze nach Lebensbereichen ist es, aus der riesigen Fülle im Angebot befindlicher Gehölzarten und -sorten schnell die für vorgegebene Situationen und Aufgaben geeigneten Arten herauszufinden; dies gilt sowohl für den urbanen Bereich als auch für den landschaftlichen Sektor. Dadurch soll mühevolle, ziellose und fehlerträchtige Sucharbeit bei der Gehölzauswahl wie bei der Planung vermieden werden.
Für die Eingruppierung nach Lebensbereichen gab das natürliche Vorkommen der Pflanzen den wichtigsten, aber nicht den entscheidenden Hinweis. Denn zahlreiche Gehölze kommen am Naturstandort nicht dort vor, wo sie sich am wohlsten fühlen, sondern dort, wo ihnen die stärkeren Konkurrenten Platz lassen. Für die Verwendung ist zudem maßgebend, wie die Gehölze z. B. im Siedlungsbereich sinnvoll eingesetzt werden können, dort wo die Konkurrenz durch das menschliche Einwirken meist fehlt.
Eine z. T. unüberwindliche Schwierigkeit der Zuordnung zu einem bestimmten Lebensbereich stellt die Anpassungsfähigkeit derjenigen Gehölze dar, die nicht nur an einem einzigen Standort vorkommen, sondern an mehreren. Hier galt es, sich im Interesse einer praktikablen Lösung vorwiegend für eine einzige Möglichkeit, und zwar für den optimalen Standort, zu entscheiden. Derartige Vereinfachungen sind unerlässlich, werden aber der Vielfalt der Pflanzen nicht immer gerecht. Außerdem ist es schwer zu entscheiden, welcher Standort aus einer möglichen Vielzahl der optimale wäre. In den Fällen, wo das Vorkommen der Gehölze und deren Verwendungsmöglichkeiten außerordentlich weit angelegt sind, wurden sogenannte Sekundärlebensbereiche ausgewiesen. Sie sollen die Vielfältigkeit der Lebensumstände in einem weiteren Rahmen darstellen. Die Sekundärlebensbereiche sind in Klammern hinter den Primärlebensbereichen angegeben.

Eine Einteilung nach Lebensbereichen kann nur diejenigen Faktoren berücksichtigen, die zum Überleben oder besseren Gedeihen der Gehölze notwendig sind. Ausgeklammert werden müssen alle optischen Signale (Blüten, Farben usw.), Duftnoten und pflanzlichen Details (Blattbehaarung, Zweigstellung u. Ä.) der Gehölze, da diese ein solches Kennziffernsystem überfrachten und unübersichtlicher machen würden.

Ordnungssystem der Kennziffern (nach Kiermeier 1991 und Roloff & Bärtels 2018): Das Prinzip des Kennziffernsystems ist eine Abfolge von vier Ziffern, die den Gehölzarten zugeordnet werden, z. B. 4.2.1.2.

1. Ziffer – Hauptgruppe
Sie kennzeichnet das optimale Vorkommen. Hierunter finden sich Gehölze identischer oder sehr ähnlicher Standorte. Insgesamt gibt es 9 Hauptgruppen, hier eine Auswahl zur Herleitung der Trockenstresstoleranz:

2. Auen- und Ufergehölze – Gehölze feuchter Lagen (Abb. 11.15)
4. Artenarme Wälder und Gehölzgruppen – Gehölze nährstoffarmer Böden
5. Heiden und Dünen – Gehölze sandiger, baumfreier, offener Lagen
6. Steppengehölze und Trockenwälder – Gehölze warm-trockener (xerothermer) Lagen

2. Ziffer – Untergruppe
Die 2. Ziffer stellt im weiteren Sinne die Faktoren des Bodens dar, also den Bereich, wo die Wurzeln als unterirdischer Teil des Gehölzes ihre Lebensgrundlagen suchen.

- voran die Abstufungen der Feuchtigkeitsgrade (Abfolge: trocken, mäßig trocken, frisch, feucht, nass)
- gefolgt von den Säurestufen des Substrats (Abfolge: stark sauer, sauer, schwach sauer, neutral, schwach alkalisch, alkalisch, stark alkalisch)
- abschließend die Bodenarten (Abfolge: Sand, lehmiger Sand, sandiger Lehm, Lehm, schwerer Lehm, Ton; zudem humos oder mineralisch).

Die Faktoren können nicht beliebig getrennt werden, sondern sie bedingen sich gegenseitig, wie in der Natur zu sehen ist. Deshalb sind immer bestimmte Faktorengruppen dargestellt.

3. Ziffer – Spezielle Gruppe
Es folgt die 3. Ziffer, sie gibt die Bedingungen der Belichtung und der Temperatur an.

- voran die Abstufungen der Besonnung bzw. der Beschattung (Abfolge: sonnig, absonnig, lichtschattig, halbschattig, schattig).
- gefolgt von den Temperaturabstufungen (Abfolge: hitzeverträglich, wärmeliebend, gemäßigt, kühl, kalt),
- abschließend Frostempfindlichkeit und Spätfrostgefährdung (Abfolge: sehr frostempfindlich, frostempfindlich, mäßig frosthart, meist frosthart, frosthart).

4. Ziffer – Wuchsgruppe
Die Wuchsgruppe stellt die Wuchsgröße dar: Bäume, Sträucher, Sonderformen.

Abb. 11.15: Beispiel Lebensbereich Auen-Schotterbänke – für Stadtbäume sehr interessant, da Wasserversorgungs-Amplitude von nass bis zu extrem trocken (blühend auf Kiesbank: Traubenkirsche LB 2.2.4.4)

Favoritenliste LWG

In verschiedenen Publikationen hat Gartenbau-Experte KLAUS KÖRBER von der Landesanstalt für Weinbau und Gartenbau LWG Bayern (Veitshöchheim) Empfehlungslisten zu Bäumen mit Zukunftscharakter und seine umfangreichen Erfahrungen beschrieben, so im Jahrbuch für Baumpflege 2017 (S. 115–136) mit einer Liste von 30 Baumarten und Sorten.

Ebenfalls von der LWG ist im Heft LWG aktuell/2019 mit dem Titel „Klimabäume – Welche Baumarten können in Zukunft gepflanzt werden“ von PHILIPP SCHÖNFELD (2019) publiziert, in der die meisten Arten/Sorten von KÖRBER mit enthalten sind (Abb. 11.16):

LWG Veitshöchheim, Institut für Stadtgrün und Landschaftsbau

Tabelle 2: Klimabäume

Art	Lebensbereich	Clasen	Ebben	von Ehren	Lorberg	Ley	Sander	Stadtgrün 2021	Baumsortimente der Zukunft (Fellhölter u. a.)	Stadtgrün 2025 (Ufer)	Bäume mit Zukunftscharakter (Körber)	Klima Arten Matrix	GALK-Liste mit Einstufung oder Straßenbaumtest 2 (X)"
Acer buergerianum	3.1.3.3						X	X	X	X		2.1	X
Acer campestre und Sorten	6.3.3.2			X	X	X	X		X		X	1.1	X 'Huibers Elegant'
Acer x freemanii 'Autumn Blaze'	(2.3.3.2)						X				X	k.A.	X
Acer monspessulanum	6.3.2.3		X		X	X		X	X	X	X	1.2	X
Acer platanoides 'Fairview'	3.1.3.1		X				X					2.1	X
Acer rubrum in Sorten	2.3.2.3		X	X	X	X		X				1.2	X 'Scanlon'
Alnus x spaethii	2.4.2.3	X	X	X	X	X	X	X	X	X	X	2.1	gut geeignet
Amelanchier arborea 'Robin Hill'	2.3.3.3		X	X								2.1	X
Carpinus betulus 'Frans Fontaine', 'Fastigiata' und 'Lucas'	3.1.6.2	X	X	X		X		X	X	X		2.1	X 'Lucas'
Celtis australis	6.3.1.2		X	X			X	X	X	X	X	1.3	geeignet m. E.
Cornus mas	6.3.3.4		X	X		X						1.1	geeignet m. E.
Fraxinus americana 'Autumn Purple'	2.4.3.1						X				X	k.A.	X
Fraxinus ornus und Sorten	6.3.1.3		X	X	X	X	X	X	X	X	X	1.3	X 'Louisa Lady' und 'Mecsek'
Fraxinus pennsylvanica 'Summit'	2.5.3.1		X			X	X	X	X	X	X	2.1	X
Ginkgo biloba und Sorten	6.3.2.1			X		X	X	X		X	X	1.2	X 'Fastigiata Blagon', 'Princeton Sentry'X
Gleditsia triacanthos 'Skyline'	2.5.1.1		X	X	X	X	X	X	X	X	X	1.2	gut geeignet
Koelreuteria paniculata	6.1.1.4			X		X						1.3	X
Liquidambar styraciflua und Sorten	2.3.1.2				X	X		X	X	X	X	2.3	X
Magnolia kobus	3.2.2.3			X	X		X	X	X	X		3.2	X
Malus 'Evereste'	k.A.			X		X	X					k.A.	geeignet m. E.
Malus trilobata	6.3.3.3		X			X	X					k.A.	X
Malus tschonoskii	3.1.3.3					X		X				1.3	X
Ostrya carpinifolia	6.3.3.3	X	X	X	X	X	X	X	X	X	X	1.1	X
Parrotia persica und 'Vanessa'	2.3.2.3		X	X		X	X	X	X	X	X	k.A.	k.A.
Pinus sylvestris	4.2.3.1		X	X	X							1.1	k.A.
Prunus padus 'Schloss Tiefurt'	2.2.4.4					X	X					4.1	X
Quercus cerris	6.3.2.1	X	X	X		X	X	X	X	X	X	1.2	geeignet
Quercus frainetto und 'Trump'	6.3.2.1				X			X	X	X	X	1.2	X
Quercus x hispanica 'Wageningen'	6.3.1.4							X	X	X		k.A.	k.A.
Quercus robur ssp. *robur*	3.1.4.1				X	X					X	3.1	geeignet
Quercus robur ssp. *petraea*	4.2.2.1			X		X	X				X	2.2	geeignet
Robinia pseudoacacia in Sorten	6.1.3.2			X		X						1.1	geeignet
Sophora japonica 'Regent'	6.1.2.2		X	X	X	X	X	X	X	X	X	1.2	geeignet m. E.
Sorbus commixta 'Dodong'	8.1.3.3	X			X		X					k.A.	k.A.
Tilia cordata 'Greenspire' und 'Erecta'	3.1.3.2				X	X	X					2.1	gut geeignet
Tilia x euchlora	3.1.3.2					X	X				X	2.1	geeignet
Tilia plathyphyllos 'Örebro'	7.3.2.1	X		X			X				X	3.2	k. A.
Tilia tomentosa 'Brabant' und 'Szeleste'	6.3.2.1			X	X	X	X	X	X	X	X	1.2	gut geeignet 'Brabant'
Ulmus 'Columnella'	2.4.4.1			X		X	X				X	k.A.	X
Ulmus 'Lobel'	2.4.4.1		X	X		X	X	X	X	X	X	k.A.	geeignet m. E.
Ulmus 'New Horizon'	2.4.4.1	X			X						X	k.A.	X
Ulmus 'Rebona'	2.4.4.1	X			X			X				k.A.	geeignet m. E.
Zelkova serrata und 'Green Vase'	3.1.2.2	X		X		X	X	X	X	X		2.2	X
43 Arten/Sorten													k. A. = keine Angabe

Autor: Dr. Philipp Schönfeld, Bayerische Landesanstalt für Weinbau und Gartenbau, Institut für Stadtgrün und Landschaftsbau, Veitshöchheim; 7.04.2019

Abb. 11.16: Liste Klimabäume (P. Schönfeld 2019, Screenshot www.lwg.bayern.de › dateien › zukunft_klimabaeume, Zugriff 1.10.2020)

11.9 Listen nach Eigenschaften oder Artbeschreibungen in Baum(schul)büchern

In verschiedenen Baumbüchern sind Listen enthalten mit Baum- und Straucharten, die mit Trockenheit zurechtkommen bzw. Trockenstress tolerieren, z. B. in (Auswahl):

- G. Krüssmann (1970), Taschenbuch der Gehölzverwendung, S. 97/98: „Gehölze für sandige, trockene bis sterile Böden“
- W. Gaida & H. Grothe (2000), Gehölze, S. 15–35: „Standortansprüche Bodenfeuchte“
- N. Sommer (2007), Gehölzsortimente und ihre Verwendung, S. 117–140: „Verträglichkeiten“

In etlichen Baumschulkatalogen sind sowohl bei jedem Gehölz die Standortstoleranzen angegeben als auch am Ende Listen mit Baum- und Straucharten, die mit Trockenheit klarkommen oder Trockenstress tolerieren, z. B. (auch entsprechende Internetseiten), z. B. in (Auswahl):

- L. von Ehren (2005), Handbuch Wir lieben Bäume, S. 837–839: „Trockenheitsverträgliche Gehölze“
- S.H. Lorberg (2010), Baumschulerzeugnisse, S. 562: „Hitze- und Luftbelastung“
- J.-G. Bruns (2019), Pflanzen – Sortimentskatalog, S. 1229/30: „Auswahl stadtklimatoleranter Gehölze“ und S. 1246–1249 „Gehölze für trockene Böden“

Andere Bücher enthalten umfassende Beschreibungen vieler Baum- und Straucharten, wobei auch auf Standortsspektrum und Trockenheitstoleranz der einzelnen Arten eingegangen wird, z. B. in (Auswahl):

- H.-D. Warda (2001), Das große Buch der Garten- und Landschaftsgehölze: 935 Seiten
- A. Bärtels & P.A. Schmidt (2014), Enzyklopädie der Gartengehölze: 883 Seiten
- Gebr. van den Berk (2015), Über Bäume: 1032 Seiten
- A. Roloff et al. (2020): Enzyklopädie der Holzgewächse: 5.723 Seiten Loseblattsammlung (online: onlinelibrary.wiley.com › doi › book, Zugriff 1.10.2020)
- A. Roloff & A. Bärtels (2018): Flora der Gehölze: 912 Seiten

Zudem gibt es natürlich eine größere Anzahl von Internetseiten mit Gehölzlisten zu speziellen Fragestellungen, wo trockenstresstolerante Bäume meist unter Klimabäumen oder Zukunftsbäumen zu finden sind. Eine der umfangreichsten Gehölzdatenbanken Citree wird in Kapitel 11.7 vorgestellt (www.citree.de, Abb. 11.12).

11.10 Bewertung, Diskussion und Schlussfolgerungen: Bedeutung des Baumalters

Einige der vorgestellten Ansätze streben relativ überschaubare Listen empfohlener Baumarten an. Der Grund ist nachvollziehbar, dass nur diese Baumarten untersucht und für geeignet befunden wurden. Das schließt jedoch nicht aus, dass es noch viele weitere Baumarten gibt, die nicht untersucht oder mangels Verfügbarkeit in Baumschulen nicht berücksichtigt worden sind. Hierfür sind offene Datenbanken besser geeignet, und alle Listen müssen regelmäßig aktualisiert werden, je nachdem: infolge von besseren oder schlechteren neuen Erfahrungen mit einer Baumart, durch ein höheres Anpassungspotenzial oder infolge erweiterten Wissens.

Die Vielfalt der Ansätze ist fast unüberschaubar groß, aber auch gerade deshalb interessant. Selbst wenn die Ergebnisse auf den ersten Blick durchaus häufiger als Widersprüche erscheinen, sind diese jedoch meist gut erklärbar. Einer der Hauptgründe ist das oft unterschiedliche Alter der Untersuchungs- oder Bewertungsbäume. Die Bedeutung des Baumalters für alle Fragestellungen zu Folgen von Trockenstress für den Baumzustand ist entscheidend. Vorschläge, die dies nicht beachten, sind daher prinzipiell kritisch oder sogar als ungeeignet einzustufen.

Abb. 11.17: Absterbende Blutbuchen in einer historischen Parkanlage

tisch daraufhin beurteilt, ob sie sich für trockene Standorte eignen. Am Beispiel für die Amerikanische Gleditschie (*Gleditsia triacanthos*) wird dies erklärt (Tab. 12.3).

Tab. 12.3. Bewertung der Trockentoleranz und Winterhärte am Beispiel der Amerikanischen Gleditschie (*Gleditsia triacanthos*); Erläuterung der Spalten s. Legende zu Tab. 12.2.

	Trockentoleranz			Winterhärte							
Gleditsia triacanthos	A	B	C	E	F	G	H	I	J	K	L
primäre Einordnung	2	5	1	6b		(x)	(x)	>20			
Einzelwertung (Note)	4	3 (4)	1	1	1	2	3				
Gesamt I (Primärnoten)			**2,83**				**1,75**				
sekundäre Einordnung	6	3	2								
Einzelwertung (Note)	1	2	1								
Gesamt II (Finalnoten)			**1,33**						**1**	**2**	**w(fe)***
Bewertung (Notenpaar)	**1.2**										

* w (fe) = winterhart, teilweise frostempfindlich

Tab. 12.4. Bewertung der Trockentoleranz und Winterhärte am Beispiel des Rot-Ahorns (*Acer rubrum*); Erläuterung der Spalten s. Legende zu Tab. 12.2.

	Trockentoleranz			Winterhärte							
Acer rubrum	A	B	C	E	F	G	H	I	J	K	L
primäre Einordnung	2	3	2	4		x	x	>15			
Einzelwertung (Note)	4	4	2	1	1	1	4				
Gesamt I (Primärnoten)			**3,33**				**1,75**				
sekundäre *Einordnung*	3	2	4								
Einzelwertung (Note)	2 (3)	4	2								
Gesamt II (Finalnoten)			**2,83**						**1**	**2**	**w***
Bewertung (Notenpaar)	**1.2**										

* w = winterhart

Vorrangig kommt die Gleditschie in feuchten Lagen und an Ufer- und Randzonen von Gewässern vor (Lebensbereich 2), ist also auf den ersten Blick für Trockenstandorte ungeeignet (Bewertung 4). Jedoch ist diese Art aufgrund ihrer weiten Standortamplitude auch als Bestandteil von Steppengehölzen und Trockenwäldern zu finden (Lebensbereich 6) und widersteht heißen, trockenen Standortbedingungen ausgezeichnet, was ebenfalls durch die Bewertung der Standortfaktoren weiterer Literaturangaben belegt wird. Auch diese Art wurde daraufhin mit dem Notenpaar 1.2 bewertet.
Am Beispiel vom Rot-Ahorn (*Acer rubrum*) wird exemplarisch die Vorgehensweise bei widersprüchlichen Angaben aufgezeigt (Tab. 12.4). Trotz einer kritischen Einschätzung der Trockentoleranz nach Roloff & Bärtels (2018) wurde der Art letztendlich die Note 1 zugeordnet. Begründet wird diese Einordnung wiederum nach Literaturangaben, die neben einem Standortsoptimum auf frischen bis feuchten und nährstoffreichen Böden eine Eignung für sehr trockene Standorte angeben. Auch diese Art wurde daher letztlich mit dem Notenpaar 1.2 bewertet.

12.5 Ergebnisse: die Matrix

Ausgehend von der Bewertung können die Baumarten in 4 verschiedene Kategorien der Trockentoleranz eingestuft werden. Die folgende Tabelle 12.5 gibt die vier Einstufungen an. Dabei sind diese Kategorien nochmals nach dem Grad der Winterhärte untergliedert, wodurch sich insgesamt 16 Unterkategorien bzw. „Notenpaare“ ergeben. Diese lassen sich gut als Matrix darstellen (KlimaArtenMatrix = KLAM) und dadurch besser in ihrer Einstufung vorstellen (Abb. 12.3).

Winterhärte

Trockenstress-Toleranz	.1	.2	.3	.4
1.	1.1	1.2	1.3	1.4
2.	2.1	2.2	2.3	2.4
3.	3.1	3.2	3.3	3.4
4.	4.1	4.2	4.3	4.4

Abb. 12.3. KlimaArtenMatrix (KLAM) der 16 Einstufungen („Notenpaare“) nach Trockentoleranz und Winterhärte (je heller die Fläche des Feldes, desto bessere Eignung; Abstufungen „sehr gut geeignet“: 1.1, 1.2 / „gut geeignet“: 1.3, 2.1, 2.2 / „geeignet aber z. T. problematisch“: 2.3, 3.1, 3.2, 3.3 / „nur eingeschränkt geeignet“: 1.4, 2.4, 3.4, 4.1, 4.2, 4.3 / „ungeeignet“: 4.4).

In der nachfolgenden KlimaArtenMatrix (Tab. 12.5) sind alle heimischen und nichtheimischen Baumarten einbezogen, die mit eindeutigem Ergebnis geprüft wurden. Nicht enthalten sind Bäume, deren Prüfung negativ ausfiel oder über die noch nicht hinreichende Informationen vorliegen. Aus dem Fehlen einer Art kann also nicht zwangsläufig auf Nichteignung geschlossen werden, dies ist im Einzelfall weiter zu prüfen. Zudem sind nicht berücksichtigt Pathogene (s. Kap. 5) und weitere spezielle Faktoren, die entweder nicht hart bewertbar sind oder für die jeder Anwender der Matrix selbst unterschiedliche zusätzliche individuelle Ansprüche formuliert, wie z. B. ästhetische Kriterien.

Tab. 12.5. KlimaArtenMatrix (KLAM) – Einstufung wichtiger Gehölzarten nach ihrer Eignung für eine Verwendung im Stadtbereich bei prognostiziertem Klimawandel (fett: heimische Arten, Nomenklatur nach Roloff & Bärtels 2018).

Kategorie 1.1 Bäume, die nach der Bewertung in beiden Kategorien (**Trockentoleranz, Winterhärte** [Frostempfindlichkeit, Frosthärte, Spätfrostgefährdung]) als **sehr geeignet** eingestuft werden

	Botanischer Name	Deutscher Name
Bäume über 10 m	***Acer campestre* L. subsp. *campestre***	**Feld-Ahorn**
	Acer negundo L. subsp. *negundo*	Eschen-Ahorn
	Acer × zoeschense Pax	Zoeschener Ahorn
	***Alnus incana* (L.) Moench**	**Grau-Erle**
	Fraxinus holotricha Koehne	Behaarte Esche
	Ginkgo biloba L.	Gingko, Fächerbaum
	Juniperus communis* L. subsp. *communis	**Gewöhnlicher Wacholder**
	Juniperus scopulorum Sarg.	Westliche Rotzeder
	Juniperus virginiana L.	Rotzeder
	Ostrya carpinifolia Scop.	Gemeine Hopfenbuche
	Phellodendron sachalinense (Fr. Schmidt) Sarg.	Sachalin-Korkbaum
	Pinus heldreichii H. Christ	Panzer-Kiefer
	Pinus nigra Arnold subsp. *nigra*	Schwarz-Kiefer
	Pinus sylvestris* L. var. *sylvestris	**Wald-Kiefer**
	***Populus tremula* L.**	**Zitter-Pappel**
	Quercus bicolor Willd.	Zweifarbige Eiche
	Robinia pseudoacacia L.	Gemeine Robinie

	Botanischer Name	Deutscher Name
	Robinia viscosa Vent.	Klebrige Robinie
	***Sorbus aria* (L.) Crantz**	**Echte Mehlbeere**
	***Sorbus badensis* Düll.**	**Badische Eberesche**
	***Sorbus × thuringiaca* (Ilse) Fritsch**	**Thüringer Mehlbeere**
	Tilia mongolica Maxim.	Mongolische Linde
	Ulmus pumila L. var. *pumila*	Sibirische Ulme
Bäume bis 10 m	*Acer tataricum* L. subsp. *tataricum*	Steppen-Ahorn
	***Buxus sempervirens* L.**	**Gewöhnlicher Buchsbaum**
	***Cornus mas* L.**	**Kornelkirsche**
	Crataegus × lavallei Hénricq. ex Lavallée 'Carrierei'	Lederblättriger Weißdorn, Apfeldorn
	Crataegus wattiana Hemsl. et Lace	Watts Weißdorn
	Pinus aristata Engelm.	Grannen-Kiefer
	***Prunus mahaleb* L.**	**Felsen-Kirsche**
	***Rhamnus cathartica* L.**	**Echter Kreuzdorn**
	Rhus typhina L.	Essigbaum
	Robinia luxurians (Dieck) C.K. Schneid.	Üppige Robinie
	Sorbus folgneri (C.K. Schneid.) Rehder	Folgners Eberesche

Kategorie 1.2 Bäume, die nach der Bewertung in der Kategorie **Trockentoleranz** als **sehr geeignet** eingestuft werden, und in der Kategorie **Winterhärte** mit **geeignet** bewertet werden

	Botanischer Name	Deutscher Name
Bäume über 10 m	***Acer opalus* Mill. subsp. *opalus***	**Schneeballblättriger Ahorn**
	Acer rubrum L.	Rot-Ahorn
	Ailanthus altissima (Mill.) Swingle	Drüsiger Götterbaum
	Carya tomentosa (Lam. ex Poir.) Nutt.	Spottnuss
	***Castanea sativa* Mill.**	**Essbare Kastanie**
	Cedrus brevifolia (Hook.f.) Henry	Zypern-Zeder
	Cedrus libani A.Rich. subsp. *stenocoma* P.H. Davis	Libanon-Zeder
	Celtis australis L.	Kahler Zürgelbaum
	Celtis caucasica Willd.	Kaukasische Zürgelbaum

Kategorie 1.4 Bäume, die nach der Bewertung in der Kategorie **Trockentoleranz** als **sehr geeignet** eingestuft werden, und in der Kategorie **Winterhärte** mit **nur deutlich eingeschränkter Eignung** bewertet werden

	Botanischer Name	Deutscher Name
Bäume über 10 m	*Cedrus atlantica* (Endl.) Manetti ex Carrière	Atlas-Zeder
	Cedrus libani A. Rich. subsp. *libani*	Libanon-Zeder
	Cupressus sempervirens L.	Zypresse, Mittelmeer-Zypresse
	Juniperus excelsa M. Bieb.	Kleinasiatischer Wacholder
	Pinus monophylla Torr. et Frém.	Einnadelige Kiefer
Bäume bis 10 m	*Albizia julibrissin* Durazz.	Seidenakazie
	Cercis siliquastrum L.	Gemeiner Judasbaum
	Fraxinus xanthoxyloides (G.Don) DC.	Afghanische Esche
	Juniperus foetidissima Willd.	Stinkender Baum-Wacholder
	Juniperus oxycedrus L. subsp. *oxycedrus*	Rotbeeriger Wacholder, Baum-W.
	Prunus dulcis (Mill.) D.A. Webb. var. *dulcis*	Kultur-Mandel

Kategorie 2.1 Bäume, die nach der Bewertung in der Kategorie **Trockentoleranz** als **geeignet** eingestuft werden, und in der Kategorie **Winterhärte** mit **sehr geeignet** bewertet werden

	Botanischer Name	Deutscher Name
Bäume über 10 m	*Acer buergerianum* Miq.	Dreispitziger Ahorn
	Acer pictum Thunb.	Japanischer Spitz-Ahorn
	***Acer platanoides* L.**	**Spitz-Ahorn**
	Aesculus × carnea Hayne	Rotblühende Kastanie
	Alnus × spaethii Callier	Spaeths Erle
	***Betula pendula* Roth**	**Sand-Birke**
	***Carpinus betulus* L.**	**Gem. Hainbuche**
	Cladrastis sinensis Hemsl.	Chinesisches Gelbholz
	Eucommia ulmoides Oliv.	Guttaperchabaum
	Fraxinus americana L.	Weiß-Esche
	Fraxinus pennsylvanica Marshall var. *pennsylvanica*	Grün-Esche, Rot-Esche
	Malus tschonoskii (Maxim.) C.K. Schneid.	Woll-Apfel

	Botanischer Name	Deutscher Name
	Metasequoia glyptostroboides Hu et W.C. Schenk.	Urweltmammutbaum
	Picea omorika (Pancic) Purk.	Serbische Fichte
	Populus × berolinensis (K. Koch) Dippel	Berliner Pappel
	Populus × canescens (Aiton) Sm.	**Grau- Pappel**
	Prunus avium* (L.) L. var. *avium	**Vogel-Kirsche**
	Quercus macrocarpa Michx. var. *macrocarpa*	Klettenfrüchtige Eiche
	Quercus mongolica Fish. Ex Ledeb.	Mongolische Eiche
	***Quercus robur* L.**	**Stiel-Eiche**
	Salix alba* L. var. *alba	**Silber-Weide**
	***Sorbus intermedia* (Ehrh.) Pers.**	**Schwedische Mehlbeere**
	***Tilia cordata* Mill.**	**Winter-Linde**
	Tilia × euchlora K. Koch	Krim-Linde
Bäume bis 10 m	*Acer mandshuricum* Maxim.	Mandschurischer Ahorn
	Crataegus crus-galli L.	Hahnensporn-Weißdorn
	Crataegus monogyna* Jacq. subsp. *monogyna	**Eingriffliger Weißdorn**
	Crataegus orientalis Pall. ex M. Bib.	Orientalischer Weißdorn
	Hippophaë rhamnoides* L. subsp. *rhamnoides	**Gewöhnliche Sanddorn**
	***Pinus mugo* Turra subsp. mugo**	**Berg-Kiefer**
	***Pinus uncinata* Ramond ex Mirb.**	**Berg-Spirke**
	Prunus padus* L. subsp. *padus	**Gewöhnliche Traubenkirsche**
	Prunus serotina Ehrh.	Späte Traubenkirsche
	***Salix caprea* L.**	**Sal-Weide**

Kategorie 2.2 Bäume, die nach der Bewertung in beiden Kategorien (**Trockentoleranz und Winterhärte)** als **geeignet** eingestuft werden

	Botanischer Name	Deutscher Name
Bäume über 10 m	*Acer × freemanii* E. Murray	Freemans Ahorn
	Acer heldreichii Orph. ex Boiss. subsp. *heldreichii*	Griechischer Berg-Ahorn
	Alnus cordata (Loisel.) Desf.	Herzblättrige Erle
	Betula schmidtii Regel	Schmidts Birke
	Carya illinoinensis (Wangenh.)	Pekannuss
	Carya ovata (Mill.) K.Koch	Schuppenrinden-Hickory
	Catalpa speciosa (Warder ex Barney) Engelm.	Prächtiger Trompetenbaum
	Celtis bungeana Blume	Bunges Zürgelbaum
	Cladrastis kentukea (Dum.-Cours) Rudd	Amerikanisches Gelbholz
	Corylus colurna L.	Baum-Hasel
	x *Cuprocyparis leylandii* (Dallim. et Jacks) Farjon	Leylandzypresse
	Diospyros virginiana L.	Persimone
	***Fraxinus excelsior* L.**	**Gemeine Esche**
	Fraxinus quadrangulata Michx.	Blau-Esche
	Gymnocladus dioicus (L.) K. Koch	Amerikanischer Geweihbaum
	Liquidambar styraciflua L.	Amerikanischer Amberbaum
	Maackia amurensis Rupr. et Maxim. var. *amurensis*	Asiatisches Gelbholz
	Nyssa sylvatica Marshall	Wald-Tupelobaum
	Phellodendron amurense Rupr.	Amur-Korkbaum
	Pinus peuce Griseb.	Rumelische Kiefer
	Pistacia chinensis Bunge	Chinesische Pistazie
	Platanus × hispanica Münchh. (*P. × acerifolia* Ait.)	Ahornblättrige Platane
	Platanus occidentalis L.	Amerikanische Platane
	***Populus alba* L.**	**Silber-Pappel**
	Populus simonii Carrière	Simons Pappel
	Pseudolarix amabilis (J. Nelson) Rehder	Goldlärche
	***Pyrus communis* L.**	**Kultur-Birne**
	Quercus dentata Thunb.	Kaiser-Eiche

	Botanischer Name	Deutscher Name
	Quercus imbricaria Michx.	Schindel-Eiche
	Quercus palustris **Münchh.**	Sumpf-Eiche
	Quercus rubra L.	Rot-Eiche
	***Tilia × europaea* L.**	**Holländische Linde**
	***Ulmus laevis* Pall.**	**Flatter-Ulme**
	Ulmus parvifolia Jacq.	Chinesische Ulme
	Zelkova serrata (Thunb. Ex Murray) Makino	Japanische Zelkove
Bäume bis 10 m	*Cercis canadensis* L.	Kanadischer Judasbaum
	Crataegus phaenopyrum (L. f.) Medik.	Washington-Weißdorn
	Ilex aquifolium L.	Gewöhnliche Stechpalme
	Laburnum anagyroides Medik.	Gewöhnlicher Goldregen
	Magnolia kobus DC.	Kobushi-Magnolie
	***Malus sylvestris* Mill.**	**Holz-Apfel**
	***Mespilus germanica* L.**	**Mispel**
	Parrotia persica C.A. Mey.	Parrotie
	Pterostyrax hispida Siebold et Zucc.	Borstiger Flügelstorax
	Pyrus elaeagrifolia Pall.	Ölweidenblättrige Birne

Kategorie 2.3 Bäume, die nach der Bewertung in der Kategorie **Trockentoleranz** als **geeignet** eingestuft werden, und in der Kategorie **Winterhärte** mit **problematisch** bewertet werden

	Botanischer Name	Deutscher Name
Bäume über 10 m	*Morus nigra* L	Schwarzer Maulbeerbaum
Bäume bis 10 m	*Catalpa bignonioides* Walt.	Gew. Trompetenbaum
	Fraxinus syriaca Boiss.	Syrische Esche
	Juglans regia* L. subsp. *regia	**Gemeine Walnuss**

Kategorie 2.4 Bäume, die nach der Bewertung in der Kategorie **Trockentoleranz** als **geeignet** eingestuft und in der Kategorie **Winterhärte** mit **nur deutlich eingeschränkter Eignung** bewertet werden

	Botanischer Name	Deutscher Name
Bäume über 10 m	*Paulownia tomentosa* (Thunb. Ex Murray) Steud.	Kaiser-Paulownie
	Pterocarya stenoptera C. DC.	Chinesische Flügelnuss
	Quercus falcata Michx.	Sumpf-Rot-Eiche
Bäume bis 10 m	*Broussonetia papyrifera* (L.) Vent.	Papiermaulbeerbaum
	Quercus marilandica Münchh.	Black-Jack-Eiche

Kategorie 3.1 Bäume, die nach der Bewertung in der Kategorie **Trockentoleranz** als **problematisch** eingestuft werden, und in der Kategorie **Winterhärte** mit **sehr geeignet** bewertet werden

	Botanischer Name	Deutscher Name
Bäume über 10 m	*Acer saccharinum* L.	Silber-Ahorn
	Acer velutinum Boiss. var. *velutinum*	Samt-Ahorn
	Betula papyrifera Marsh..	Papier-Birke
	Populus laurifolia Ledeb.	Lorbeerblättrige Pappel
	Sorbus aucuparia* L. subsp. *aucuparia	**Gewöhnliche Eberesche**
	Tilia americana L.	Amerikanische Linde
	***Ulmus glabra* Huds.**	**Berg-Ulme**
	***Ulmus × hollandica* Mill.**	**Holländische Ulme**
Bäume bis 10 m	*Acer glabrum* Torr. subsp. *glabrum*	Kahler Ahorn
	Amelanchier lamarckii F.G. Schroeder	Kupfer-Felsenbirne
	Carpinus caroliniana Walter subsp.	Amerikanische Hainbuche
	***Crataegus laevigata* (Poir.) DC.**	**Zweigriffliger Weißdorn**
	Prunus × schmittii Rehder	Schmitts Kirsche

Kategorie 3.2 Bäume, die nach der Bewertung in der Kategorie **Trockentoleranz** als **problematisch** eingestuft werden, und in der Kategorie **Winterhärte** mit **geeignet** bewertet werden

	Botanischer Name	Deutscher Name
Bäume über 10 m	*Aesculus hippocastanum* L.	Gemeine Rosskastanie
	Carya cordiformis (Wangenh.) K.Koch	Bitternuss
	Carya glabra (Mill.) Sweet	Ferkelnuss
	***Fagus sylvatica* L.**	**Rot-Buche**
	Liriodendron tulipifera L.	Amerikanischer Tulpenbaum
	Picea asperata Mast.	Raue Fichte
	Prunus sargentii Rehder	Berg-Kirsche
	Quercus phellos L.	Weiden-Eiche
	Taxodium distichum (L.) Rich. var. *distichum*	Zweizeilige Sumpfzypresse
	***Tilia platyphyllos* Scop.**	**Sommer-Linde**
	Zelkova carpinifolia K. Koch	Kaukasische Zelkove
Bäume bis 10 m	*Quercus ilicifolia* Wangenh.	Busch-Eiche

Kategorie 3.3 Bäume, die nach der Bewertung in beiden Kategorien (**Trockentoleranz und Winterhärte)** mit **problematisch** eingestuft werden

	Botanischer Name	Deutscher Name
Bäume über 10 m	*Pterocarya fraxinifolia* (Lam.) Spach	Kaukasische Flügelnuss
	Betula utilis var. *jacquemontii* (Spach) Winkl.	Weiße Himalaya-Birke

Kategorie 3.4 Bäume, die nach der Bewertung in der Kategorie **Trockentoleranz** als **problematisch** eingestuft werden, und in der Kategorie **Winterhärte** mit **nur deutlich eingeschränkter Eignung** bewertet werden

	Botanischer Name	Deutscher Name
Bäume über 10 m	*Cedrus deodora* (G.Don) G.Don	Himalaja-Zeder
	Pinus wallichiana A.B. Jacks.	Tränen-Kiefer
	Tetradium daniellii (Benn.) Hartl.	Samthaarige Duftesche

Kategorie 4.1 Bäume, die nach der Bewertung in der Kategorie **Trockentoleranz** als **nur deutlich eingeschränkte Eignung** eingestuft werden, und in der Kategorie Winterhärte mit **sehr geeignet** bewertet werden

	Botanischer Name	Deutscher Name
Bäume über 10 m	***Acer pseudoplatanus* L.**	**Berg-Ahorn**

Kategorie 4.2 Bäume, die nach der Bewertung in der Kategorie **Trockentoleranz** als **nur deutlich eingeschränkte Eignung** eingestuft werden, und in der Kategorie Winterhärte mit **geeignet** bewertet werden

	Botanischer Name	Deutscher Name
Bäume über 10 m	***Alnus glutinosa* (L.) Gaertn.**	**Schwarz-Erle**
	Picea schrenkiana Fisch. et C.A. Mey	Schrenks Fichte

Kategorie 4.3 Bäume, die nach der Bewertung in der Kategorie **Trockentoleranz** als **nur deutlich eingeschränkte Eignung** eingestuft werden, und in der Kategorie Winterhärte mit **problematisch** bewertet werden

	Botanischer Name	Deutscher Name
Bäume über 10 m	*Carya laciniosa* (F. Michx.) Loudon	Königsnuss

Kategorie 4.4 entfällt, da zu sehr eingeschränkte Eignung

12.6 Alphabetische Baumartenliste der KLAM mit Bewertungsziffern

In der nachfolgenden Tabelle 12.6 werden alle Baumarten nochmal in alphabetischer Reihenfolge mit der Bewertung-Notenpaar aufgelistet.

Tab. 12.6. Alphabetische Liste aller bewerteten Baumarten aus der KlimaArtenMatrix (KLAM) in Tabelle 12.5 mit Notenpaar ihrer Bewertung

Botanischer Name	Deutscher Name	Notenpaar
(nach Roloff & Bärtels 2018)		**Trocken-toleranz.**
grün: Favorit in Kapitel 13		**.Winter-härte**
fett: einheimische Baumart		
Acer buergerianum Miq.	Dreispitziger Ahorn	2.1
Acer campestre* L. subsp. *campestre	**Feld-Ahorn**	**1.1**
Acer × freemanii E. Murray	Freemans Ahorn	2.2
Acer glabrum Torr. subsp. *glabrum*	Kahler Ahorn	3.1
Acer heldreichii Orph. ex Boiss. subsp. *heldreichii*	Griechischer Berg-Ahorn	2.2
Acer mandshuricum Maxim.	Mandschurischer Ahorn	2.1
***Acer monspessulanum* L.**	**Französischer Ahorn**	**1.2**
Acer negundo L. subsp. *negundo*	Eschen-Ahorn	1.1
Acer opalus* Mill. subsp. *opalus	**Schneeballblättriger Ahorn**	**1.2**
Acer pictum Thunb.	Japanischer Spitz-Ahorn	2.1
***Acer platanoides* L.**	**Spitz-Ahorn**	**2.1**
***Acer pseudoplatanus* L.**	**Berg-Ahorn**	**4.1**
Acer rubrum L.	Rot-Ahorn	1.2
Acer saccharinum L.	Silber-Ahorn	3.1
Acer tataricum L. subsp. *tataricum*	Steppen-Ahorn	1.1
Acer velutinum Boiss. var. *velutinum*	Samt-Ahorn	3.1
Acer × zoeschense Pax	Zoeschener Ahorn	1.1
Aesculus × carnea Hayne	Rotblühende Kastanie	2.1
Aesculus hippocastanum L.	Gemeine Roßkastanie	3.2
Ailanthus altissima (Mill.) Swingle	Drüsiger Götterbaum	1.2
Albizia julibrissin Durazz.	Seidenakazie	1.4

Botanischer Name	Deutscher Name	Notenpaar
Alnus cordata (Loisel.) Desf.	Herzblättrige Erle	2.2
***Alnus glutinosa* (L.) Gaertn.**	**Schwarz-Erle**	**4.2**
***Alnus incana* (L.) Moench**	**Grau-Erle**	**1.1**
Alnus × spaethii Callier	Spaeths Erle	2.1
Amelanchier lamarckii F.G. Schroed	Kupfer-Felsenbirne	3.1
Betula papyrifera Marsh. var. *papyrifera*	Papier-Birke	3.1
***Betula pendula* Roth**	**Sand-Birke**	**2.1**
Betula schmidtii Regel	Schmidts Birke	2.2
Betula utilis var. *jacquemontii* (Spach) Winkl.	Weiße Himalaya-Birke	3.3
Broussonetia papyrifera (L.) Vent.	Papiermaulbeerbaum	2.4
***Buxus semperivrens* L.**	**Gewöhnlicher Buchsbaum**	**1.1**
***Carpinus betulus* L.**	**Hainbuche**	**2.1**
Carpinus caroliniana Walter	Amerikanische Hainbuche	3.1
Carpinus orientalis Mill.	Orientalische Hainbuche	1.2
Carya cordiformis (Wangenh.) K.Koch	Bitternuss	3.2
Carya glabra (Mill.) Sweet	Ferkelnuss	3.2
Carya illinoinensis (Wangenh.) K.Koch	Pekannuss	2.2
Carya laciniosa (F. Michx.) Loudon	Königsnuss	4.3
Carya ovata (Mill.) K.Koch	Schuppenrinden-Hickory	2.2
Carya tomentosa (Lam. ex Poir.) Nutt.	Spottnuss	1.2
***Castanea sativa* Mill.**	**Essbare Kastanie**	**1.2**
Catalpa bignonioides Walter	Gewöhnl. Trompetenbaum	2.3
Catalpa speciosa (Warder ex Barney) Engelm.	Prächtiger Trompetenbaum	2.2
Cedrus atlantica (Endl.) Manetti ex Carrière	Atlas-Zeder	1.4
Cedrus brevifolia (Hook.f.) Henry	Zypern-Zeder	1.2
Cedrus deodora (G.Don) G.Don	Himalaja-Zeder	3.4
Cedrus libani A. Rich. subsp. *libani*	Libanon-Zeder	1.4
Cedrus libani subsp. *stenocoma* (Schwarz) P.H. Davis	Libanon-Zürgelbaum	1.2
Celtis australis L.	Südlicher Zürgelbaum	1.2
Celtis bungeana Blume	Bunges Zürgelbaum	2.2
Celtis caucasica Willd.	Kaukasische Zürgelbaum	1.2
Celtis glabrata Planch.	Kahler Zürgelbaum	1.2

Botanischer Name	Deutscher Name	Notenpaar
Celtis occidentalis L. var. *occidentalis*	Amerikanischer Zürgelbaum	1.2
Celtis reticulata Torr.	Netznerviger Zürgelbaum	1.3
Cercis canadensis L.	Kanadischer Judasbaum	2.2
Cercis siliquastrum L.	Gemeiner Judasbaum	1.4
Cladrastis kentukea (Dum.-Cours.) Rudd	Amerikanisches Gelbholz	2.2
Cladrastis sinensis Hemsl.	Chinesisches Gelbholz	2.1
Colutea arborescens L.	Gewöhnlicher Blasenstrauch	1.2
***Cornus mas* L.**	**Kornelkirsche**	**1.1**
Corylus colurna L.	Baum-Hasel	2.2
Crataegus azarolus L. var. *azarolus*	Welsche Mispel	1.3
Crataegus crus-galli L.	Hahnensporn-Weißdorn	2.1
***Crataegus laevigata* (Poir.) DC.**	**Zweigriffliger Weißdorn**	**3.1**
Crataegus × *lavallei* Hénricq. ex Lavallée 'Carrierei'	Lederblättriger Weißdorn	1.1
Crataegus monogyna* Jacq. subsp. *monogyna	**Eingriffliger Weißdorn**	**2.1**
Crataegus orientalis Pall. Ex M. Bib.	Orientalischer Weißdorn	2.1
Crataegus phaenopyrum (L. f.) Medik.	Washington-Weißdorn	2.2
Crataegus wattiana Hemsl. et Lace	Watts Weißdorn	1.1
× *Cuprocyparis leylandii* (Dallim. et Jacks.) Farjon	Leylandzypresse	2.2
Cupressus arizonica Greene var. *arizonica*	Arizona-Zypresse	1.2
Cupressus sempervirens L.	Mittelmeer-Zypresse	1.4
Diospyros lotus L.	Lotuspflaume	1.2
Diospyros virginiana L.	Persimone	2.2
Elaeagnus angustifolia L. var. *angustifolia*	Schmalblättrige Ölweide	1.2
Elaeagnus commutata Bernh. ex Rydb.	Silber-Ölweide	1.2
Eucommia ulmoides Oliv.	Guttaperchabaum	2.1
***Fagus sylvatica* L.**	**Rot-Buche**	**3.2**
Fraxinus americana L.	Weiß-Esche	2.1
Fraxinus angustifolia Vahl subsp. *angustifolia*	Schmalblättrige Esche	1.2
***Fraxinus excelsior* L.**	**Gemeine Esche**	**2.2**
Fraxinus holotricha Koehne	Behaarte Esche	1.1
Fraxinus ornus L.	Blumen-Esche	1.2
Fraxinus pennsylvanica Marshall var. *pennsylvanica*	Grün-Esche, Rot-Esche	2.1

Botanischer Name	Deutscher Name	Notenpaar
Fraxinus quadrangulata Michx.	Blau-Esche	2.2
Fraxinus syriaca Boiss.	Syrische Esche	2.3
Fraxinus xanthoxyloides (G.Don) DC.	Afghanische Esche	1.4
Ginkgo biloba L.	Ginkgo, Fächerbaum	1.1
Gleditsia japonica Micq.	Japanische Gleditschie	1.2
Gleditsia sinensis Lam.	Chinesische Gleditschie	1.3
Gleditsia triacanthos L.	Amerikanische Gelditschie	1.2
Gymnocladus dioicus (L.) K. Koch	Amerikanischer Geweihbaum	2.2
Hippophaë rhamnoides* L. subsp. *rhamnoides	**Gewöhnliche Sanddorn**	**2.1**
Idesia polycarpa Maxim.	Orangenkirsche	1.3
***Ilex aquifolium* L.**	**Gewöhnliche Stechpalme**	**2.2**
Juglans regia* L. subsp. *regia	**Gemeine Walnuss**	**2.3**
Juniperus communis* L. subsp. *communis	**Gewöhnlicher Wacholder**	**1.1**
Juniperus excelsa M. Bieb.	Kleinasiatischer Wacholder	1.4
Juniperus foetidissima Willd.	Stinkender Baum-Wacholder	1.4
Juniperus oxycedrus L. subsp. oxycedrus	Baum-Wacholder	1.4
Juniperus rigida Siebold et Zucc.	Nadel-Wacholder	1.2
Juniperus scopulorum Sarg.	Westliche Rotzeder	1.1
Juniperus virginiana L.	Rotzeder	1.1
Koelreuteria panicuala Laxm. var. paniculata	Rispiger Blasenbaum	1.2
Laburnum anagyroides Medik.	Gewöhnlicher Goldregen	2.2
Liquidambar styraciflura L.	Amerikanischer Amberbaum	2.2
Liriodendron tulipifera L.	Amerikanischer Tulpenbaum	3.2
Maackia amurensis Rupr. et Maxim. var. *amurensis*	Asiatisches Gelbholz	2.2
Maclura pomifera (Raf.) C.K. Schneid.	Osagedorn	1.2
Magnolia kobus DC.	Kobushi-Magnolie	2.2
Malus spec. (Sorten)	Zierapfelformen	n.b.
***Malus sylvestris* Mill.**	**Holz-Apfel**	**2.2**
Malus tschonoskii (Maxim.) C.K. Scheid.	Woll-Apfel	2.1
***Mespilus germanica* L.**	**Mispel**	**2.2**
Metasequoia glyptostroboides Hu et W.C. Cheng	Urweltmammutbaum	2.1
Morus alba L. var. *alba*	Weißer Maulbeerbaum	1.2

Botanischer Name	Deutscher Name	Notenpaar
Morus nigra L.	Schwarzer Maulbeerbaum	2.3
Nyssa sylvatica Marshall	Wald-Tupelobaum	2.2
Ostrya carpinifolia Scop.	Gemeine Hopfenbuche	1.1
Ostrya virginiana (Mill.) K. Koch	Virginische Hopfenbuche	1.2
Parrotia persica (DC.) C.A. Mey.	Parrotie	2.2
Paulownia tomentosa (Thunb. Ex Murray) Steud.	Kaiser-Paulownie	2.4
Phellodendron amurense Rupr.	Amur-Korkbaum	2.2
Phellodendron sachalinense (Fr. Schmidt) Sarg.	Sachalin-Korkbaum	1.1
Picea asperata Mast.	Rauh Fichte	3.2
Picea omorika (Pancic) Purk.	Serbische Fichte	2.1
Picea schrenkiana Fisch. et C.A. Mey	Schrenks Fichte	4.2
Pinus aristata Engelm.	Grannen-Kiefer	1.1
Pinus armandii Franch.	Armands Kiefer	1.3
Pinus bungeana Zucc.ex Endl.	Bunges Kiefer	1.2
Pinus coulteri D. Don	Coulters Kiefer	1.3
Pinus heldreichii H. Christ	Panzer-Kiefer	1.1
Pinus monophylla Torr. et Frém.	Einnadelige Kiefer	1.4
Pinus mugo* Turra subsp. *mugo	**Berg-Kiefer**	**2.1**
Pinus nigra Arnold subsp. *nigra*	Schwarz-Kiefer	1.1
Pinus peuce Griseb.	Rumelische Kiefer	2.2
Pinus ponderosa Dougl. ex C.Laws. var. *ponderosa*	Gelb-Kiefer	1.2
Pinus rigida Mill.	Pech-Kiefer	1.2
Pinus sylvestris* L. var. *sylvestris	**Wald-Kiefer**	**1.1**
***Pinus unicinata* Ramond ex Mirb.**	**Berg-Spirke**	**2.1**
Pinus wallichiana A.B. Jacks.	Tränen-Kiefer	3.4
Pistacia chinensis Bge.	Chinesische Pistazie	2.2
Platanus × hispanica Münchh.	Ahornblättrige Platane	2.2
Platanus occidentalis L.	Amerikanische Platane	2.2
Platanus orientalis L.	Morgenländische Platane	1.3
Platycladus orientalis (L.) Franco	Morgenländischer Lebensbaum	1.2
***Populus alba* L.**	**Silber-Pappel**	**2.2**
Populus × berolinensis (K. Koch) Dippel	Berliner Pappel	2.1
***Populus × canescens* (Aiton) Sm.**	**Grau-Pappel**	**2.1**

Botanischer Name	Deutscher Name	Notenpaar
Populus laurifolia Ledeb.	Lorbeerblättrige Pappel	3.1
Populus simonii Carrière	Simons Pappel	2.2
***Populus tremula* L.**	**Zitter-Pappel**	**1.1**
Prunus armeniaca L.	Kultur-Aprikose	1.2
Prunus avium* (L.) L. var. *avium	**Vogel-Kirsche**	**2.1**
Prunus cerasifera Ehrh. subsp. *cerasifera*	Kirsch-Pflaume	1.2
Prunus dulcis (Mill.) D.A. Webb. Var. *dulcis*	Kultur-Mandel	1.4
***Prunus mahaleb* L.**	**Felsen-Kirsche**	**1.1**
Prunus padus* L. subsp. *padus	**Gewöhnliche Traubenkirsche**	**2.1**
Prunus sargentii Rehder	Berg-Kirsche	3.2
Prunus × schmittii Rehder	Schmitts Kirsche	3.1
Prunus serotina Ehrh.	Späte Traubenkirsche	2.1
Prunus sibirica L.	Sibirische Aprikose	1.3
Pseudolarix amabilis (J. Nelson) Rehd.	Goldlärche	2.2
Pterocarya fraxinifolia (Lam.) Spach	Kaukasische Flügelnuß	3.3
Pterocarya stenoptera C. DC.	Chinesische Flügelnuss	2.4
Pterostyrax hispida Siebold et Zucc.	Borstiger Flügelstorax	2.2
Pyrus calleryana Decne. Var. *calleryana*	Chinesische Birne	1.2
***Pyrus communis* L.**	**Gewöhnliche Birne**	**2.2**
Pyrus elaeagrifolia Pall.	Ölweidenblättrige Birne	2.2
***Pyrus pyraster* Burgsd.**	**Wild-Birne**	**1.2**
Pyrus salicifolia Pall.	Weidenblättrige Birne	1.2
Pyrus spinosa Forssk.	Dornige Birne	1.2
Quercus bicolor Willd.	Zweifarbige Eiche	1.1
Quercus cerris L.	Zerr-Eiche	1.2
Quercus coccinea Münchh.	Scharlach-Eiche	1.2
Quercus dentata Thunb.	Jap. Kaiser-Eiche	2.2
Quercus falcata Michx.	Sumpf-Rot-Eiche	2.4
Quercus frainetto Ten.	Ungarische Eiche	1.2
Quercus ilicifolia Wangenh.	Busch-Eiche	3.2
Quercus imbricaria Michx.	Schindel-Eiche	2.2
Quercus libani Olivier	Libanon-Eiche	1.2

Botanischer Name	Deutscher Name	Notenpaar
Quercus macranthera Fisch. Et C.A. Mey. Ex Hohen.	Persische Eiche	1.2
Quercus macrocarpa Michx. var. *macrocarpa*	Klettenfrüchtige Eiche	2.1
Quercus marilandica Münchh.	Black-Jack-Eiche	2.4
Quercus mongolica Fisch ex Ledeb.	Mongolische Eiche	2.1
Quercus muehlenbergii Engelm.	Gelb-Eiche	1.2
Quercus palustris Münchh.	Sumpf-Eiche	2.2
***Quercus petraea* (Matt.) Liebl.**	**Trauben-Eiche**	**1.2**
Quercus phellos L.	Weiden-Eiche	3.2
Quercus prinus L. (*Quercus montana* Willd.)	Kastanien-Eiche	1.2
Quercus pubescens Willd. subsp. *pubescens*	**Flaum-Eiche**	**1.2**
***Quercus robur* L.**	**Stiel-Eiche**	**2.1**
Quercus rubra L.	Rot-Eiche	2.2
***Rhamnus cathartica* L.**	**Echter Kreuzdorn**	**1.1**
Rhus chinensis Mill.	Gallen-Sumach	1.2
Rhus sylvestris Siebold et Zucc.	Wald-Sumach	1.2
Rhus typhina L.	Essigbaum	1.1
Robinia luxurians (Dieck) C.K. Schneid.	Üppige Robinie	1.1
Robinia pseudoacacia L.	Gemeine Robinie	1.1
Robinia viscosa Vent.	Klebrige Robinie	1.1
Salix alba* L. var. *alba	**Silberweide**	**2.1**
***Salix caprea* L.**	**Sal-Weide**	**2.1**
Sassafras albidum (Nutt.) Nees var. *albidum*	Seidiger Fenchelholzbaum	1.3
***Sorbus aria* (L.) Crantz**	**Echte Mehlbeere**	**1.1**
Sorbus aucuparia* L. subsp. *aucuparia	**Gewöhnliche Eberesche**	**3.1**
***Sorbus badensis* Düll.**	**Badische Eberesche**	**1.1**
***Sorbus domestica* L.**	**Speierling**	**1.2**
Sorbus folgneri (C.K. Schneid.) Rehder	Folgners Eberesche	1.1
***Sorbus intermedia* (Ehrh.) Pers.**	**Schwedische Mehlbeere**	**2.1**
***Sorbus latifolia* (Lam.) Pers.**	**Breitblättrige Mehlbeere**	**1.2**
***Sorbus × thuringiaca* (Ilse) Fritsch**	**Thüringer Mehlbeere**	**1.1**
***Sorbus torminalis* (L.) Crantz**	**Elsbeere**	**1.2**
Styphnolobium japonicum Schott	Japanischer Schnurbaum	1.2

Botanischer Name	Deutscher Name	Notenpaar
Tamarix tetrandra Pall. ex M. Bieb.	Viermännige Tamariske	1.2
Taxodium distichum Ledeb. (l.) Rich.	Zweizeilige Sumpfzypresse	3.2
Tetradium daniellii (Benn.) Hartl.)	Samthaarige Duftesche	3.4
Tilia americana L.	Amerikanische Linde	3.1
***Tilia cordata* Mill.**	**Winter-Linde**	**2.1**
Tilia × euchlora K. Koch	Krim-Linde	2.1
***Tilia × europaea* L.**	**Holländische Linde**	**2.2**
Tilia mongolica Maxim.	Mongolische Linde	1.1
***Tilia platyphyllos* Scop.**	**Sommer-Linde**	**3.2**
Tilia tomentosa Moench	Silber-Linde	1.2
***Ulmus glabra* Huds.**	**Berg-Ulme**	**3.1**
***Ulmus × hollandica* Mill.**	**Holländische Ulme**	**3.1**
***Ulmus laevis* Pall.**	**Flatter-Ulme**	**2.2**
Ulmus parvifolia Jacq.	Japanische Ulme	2.2
Ulmus pumila L. var. *pumila*	Sibirische Ulme	1.1
Zelkova carpinifolia (Pall.) K.Koch	Kaukasische Zelkove	3.2
Zeklova serrata (Thunb. Ex Murray) Makino	Japanische Zelkove	2.2

12.7 Schlussbemerkung

Die vorgenommene Benotung der KLAM orientiert sich vorrangig an den Kriterien Trockentoleranz einschließlich der Ansprüche an die Bodenfeuchte und an der geforderten Winterhärte incl. Spätfrosttoleranz. Weitere Faktoren, die für eine optimal geeignete Baumart im urbanen Bereich von Bedeutung sind, aber in die Bewertung bisher noch nicht ausreichend mit einbezogen wurden, sind z.B. eine geringe Empfindlichkeit gegenüber Luftschadstoffen und Pathogenen, geringe Ansprüche an die Bodenfaktoren, Toleranz gegenüber einem alkalischen pH-Wert im Boden, Salztoleranz, Unempfindlichkeit gegenüber Bodenverdichtung und Strahlungsresistenz, ästhetische und allergene Kriterien. Diese Eigenschaften können ggf. zusätzliche Ausschlussgründe sein, lassen sich jedoch nur in einer mehrdimensionalen Datenbank CITREE berücksichtigen, wie sie am Institut des Autors erarbeitet wurde und seit 2015 verfügbar ist (www.citree.de). Damit dürften wohl alle individuellen Wünsche und Anforderungen erfüllt werden.

Literatur

BERNHOFER, C.; FRANKE, J.; GOLDBERG, V.; KÜCHLER, W., 2007: Stadtklima-Klimaänderung: Was ist zu erwarten? In: ROLOFF, A., THIEL, D., WEISS, H. (Hrsg.): Urbane Gehölzverwendung im Klimawandel und aktuelle Fragen der Baumpflege. Forstwissenschaftliche Beiträge Tharandt Beiheft 6, 10–14

BÖLL, S.; KÖRBER, K.; SCHÖNFELD, P., 2010: Zur Auswahl von Baumarten unter dem Aspekt des Klimawandels: Das Projekt „Stadtgrün 2021“. In: DUJESIEFKEN, A. (Hrsg.): Jahrbuch der Baumpflege 2010, Haymarket Media, Braunschweig, 300–305

BÖLL, S., 2017: Das Forschungsprojekt „Stadtgrün 2021“ – ein Überblick. Jahrbuch f. Baumpflege 2017, Haymarket Media, Braunschweig, 23–28

CITREE 2020: Planungsdatenbank für urbane Gehölze. Professur für Forstbotanik, TU Dresden. www.citree.de [Zugriff 1.10.2020]

GALK (GARTENAMTSLEITERKONFERENZ), 2020: GALK-Straßenbaumliste – AK Straßenbäume. www.galk.de [1.10.2020].

HEINZE, W.; SCHREIBER, D., 1984: Eine neue Kartierung der Winterhärtezonen für Gehölze in Mitteleuropa. Mitt. Dt. Dendrol. Ges. 75, 11–56

KIERMEYER, P., 1995: Die Lebensbereiche der Gehölze. Grün ist Leben, Pinneberg

KRABEL, D., 2017: Bedeutung genetischer Variabilität für den Erhalt von Baumpopulationen in unseren Städten. ProBaum 01, 8–11

KRABEL, D., 2018: Genetische Variabilität als „Strategie“ für ein nachhaltiges Grünflächenmanagement. In DUJESIEFKEN, D. (Hrsg.): Jahrbuch der Baumpflege 2018, Haymarket Media, Baumschweig, 237–241.

ROLOFF, A., 2006: Bäume in der Stadt – was können sie fernab des Naturstandortes ertragen? Forst u. Holz 61, 350–355

ROLOFF, A., 2013: Bäume in der Stadt – Besonderheiten, Funktion, Nutzen, Arten, Risiken. Ulmer, Stuttgart

ROLOFF, A.; BÄRTELS, A., 2018: Flora der Gehölze – Bestimmung, Eigenschaften, Verwendung. 5. Aufl. Ulmer, Stuttgart

ROLOFF, A.; BONN, S. ; GILLNER, S., 2008: Konsequenzen des Klimawandels – Vorstellung der Klima-Arten-Matrix (KLAM) zur Auswahl geeigneter Baumarten. Stadt + Grün 57 (5), 53–61

ROLOFF, A.; GRUNDMANN, B., 2008A: Waldbaumarten und ihre Verwendung im Klimawandel. Archiv f. Forstw. u. Ldsch.ökol. 42, 97–109

ROLOFF, A.; GRUNDMANN, B., 2008B: Baumartenwahl im Klimawandel – Bewertung von Waldbaumarten anhand der KLimaArtenMatrix (KLAM). Allg. Forstztschr. /Der Wald 63, 1086–1088

ROLOFF, A.; KORN, S. ; GILLNER,, S., 2009: The Climate Species-Matrix to select tree species for urban habitats considering climate change. Urb. For. & Urb. Greening 8, 295–308

ROLOFF, A.; RUST, S., 2007: Reaktionen von Bäumen auf die Klimaänderung und Konsequenzen für die Verwendung. In: ROLOFF, A.; THIEL, D.; WEISS, H. (Hrsg.): Urbane

Gehölzverwendung im Klimawandel und aktuelle Fragen der Baumpflege. Forstw. Beitr. Tharandt Beiheft 6, 16–28.

Roloff, A.; Rust, S., 2019: Der Einfluss des Klimawandels auf die Baumbiologie und Konsequenzen für die Baumpflege. In: Roloff, A. (Hrsg.): Baumpflege. 3. Aufl. Ulmer, Stuttgart, 90–99.

Roloff, A.; Weisgerber, H.; Lang, U.M.; Stimm, B. (Hrsg.), 2020: Enzyklopädie der Holzgewächse. Wiley-VCH, Weinheim.

Universität Wageningen, 2016: Het gebruikswaardeonderzoek Straat- en Laanbomen. https://www.wur.nl/nl/Onderzoek-Resultaten/Projecten/straatbomen.htm [1.10.2020].

USDA (United States Department of Agriculture), 1972: Plant Hardiness Zone Map. Miscell. Publ. 184, Washington (USA)

Warda, H.-D., 2001: Das große Buch der Garten- und Landschaftsgehölze. Bruns Pflanzen, Bad Zwischenahn.

Weeks, S. S.; Weeks, H. P.; Parker, G. R., 2005: Native Trees of the Midwest – Identification, Wildlife Values, and Landscaping Use. Purdue University Press, West Lafayette.

Wittig, R., 1991: Ökologie der Großstadtflora – Flora und Vegetation der Städte des nordwestlichen Mitteleuropas. Fischer, Stuttgart.

ZALF (Leibniz-Zentrum für Agrarlandschaftsforschung), 2015: Alleen der Zukunft. Projekt TP-09 INKA-BB (Innovationsnetzwerk Klimaanpassung Brandenburg Berlin). www.inka-bb.de [Zugriff 1.10.2020]

13 Vorstellung von 33 Favoriten: Trockenstresstolerante Stadt-Straßenbaumarten mit ihren Eigenschaften

Ulrich Pietzarka

In diesem Kapitel sollen 33 Baumarten und ihre speziellen Eigenschaften kurz vorgestellt werden, die sie als besonders gut geeignet für eine Verwendung unter Bedingungen mit häufigem oder zu erwartendem Trockenstress erscheinen lassen. Das besondere Augenmerk liegt dabei auf dem städtischen Straßenstandort mit seinen häufig weiteren Stressoren. Die Bezeichnung Favoriten ist nicht so zu verstehen, dass nur diese Baumarten geeignet erscheinen. Vielmehr hängt die weitere Bewertung und Entscheidung von den lokalen Gegebenheiten und weiteren speziellen Anforderungen ab. Die hier vorgestellten 33 Baumarten sind daher als fundierte Vorschläge und Anregung nach detaillierter Recherche zu verstehen. Es handelt sich bei allen diesen Baumarten um solche der KLAM-Notenpaare 1.1, 1.2, 2.1 oder 2.2 (s. Kap. 12), welche also mindestens mit ‚gut geeignet' bewertet werden. In größeren Park- oder Friedhofsanlagen oder gar dem Wald und der Landschaft herrschen andere Standorte vor oder sind noch andere rechtliche Rahmenbedingungen zu beachten. Die Nennung der Arten erfolgt alphabetisch nach ihrem botanischen Gattungsnamen und ist keine Rangliste.
9 der vorgestellten Baumarten sind in der Bundesrepublik Deutschland natürlich vorkommend, in einigen Fällen aber sehr selten und nur sehr regional. Die Verwendung einheimischer Arten wird immer wieder in Bebauungsplänen gefordert, obwohl dort keine solchen gesetzlichen Vorgaben zutreffen und man sich im Innenbereich der Städte befindet. In diesen sollen die zum Teil sehr extremen Standorte, aber auch unsere Gartenkultur Raum für noch mehr Vielfalt der Baumarten lassen oder sogar erfordern. Die genannten Baumarten können zum Teil bereits als anerkannt für eine Verwendung im urbanen Raum angesehen werden. Diese werden daher auch heute schon in Baumschulen in größerem Umfang produziert. Andere sind bisher noch eher seltener in unseren Städten anzutreffen – dies soll als Anregung verstanden werden, sich auch zukünftig mit der Erprobung und der Anzucht weiterer geeigneter Baumarten auseinanderzusetzen. Ziel sollte es dabei sein, eine größere Vielfalt des Angebotes und damit der genutzten Eigenschaften zu erreichen.
Diese Vielfalt der Arten und damit ihrer Eigenschaften als Ausdruck ihrer genetischen Vielfalt (vergl. Kap. 8) wird als Schlüssel für eine Klimaanpassung für Stadt- und Straßenbaumpflanzungen verstanden. Aus diesem Grund werden hier auch ausdrücklich keine gärtnerischen Sorten beschrieben, da diese vegetativ vermehrten Gehölze eine deutlich verminderte genetische Vielfalt aufweisen.
Die wichtigste Literatur zu jeder Baumart wird immer am Ende jeder Artbeschreibung genannt.

Der Dreizähnige Ahorn (*Acer buergerianum* Miq.)

Diese kleine (–12 m), aufrecht wachsende Ahorn-Art zählt schon heute in einigen Ländern, vor allem Japan und Korea, zu den beliebten Straßenbäumen. Die Krone ist zunächst eher säulenförmig, verbreitert sich dann zu einer ausgeprägten, eher offenen Kugelform. In der Jugend wächst die Art recht zügig heran, lässt dann aber bald im Zuwachs nach. Die Rinde entwickelt sich zu einer interessanten Schuppenborke, die der des Berg-Ahorns ähnelt.

(Foto: H. Pirc)

Die Art ist in Ost-China, Taiwan und Japan verbreitet und recht variabel, was seinen Ausdruck in mehreren Varietäten und zahlreichen Sorten findet.

Die typischen Blätter des Dreizähnigen Ahorns sind im Vergleich zu anderen Ahorn-Arten sehr klein, nur maximal 8 cm lang wie breit; vor allem bei älteren Exemplaren sind deutlich mehr, aber kleinere Blätter entwickelt. Natürlich sind die Blätter ausgeprägt dreilappig, wie der Name schon sagt. Die Ausprägung der Lappen ist aber, je nach Herkunft oder Individuum, sehr vielgestaltig, von fast ungelappt bis sehr tief eingeschnitten. Meist sind die Lappen zugespitzt mit einer auffälligen Mittelrippe, die auf der Unterseite hervortritt. Oberseits sind sie glänzend grün, unterseits aufgrund einer Wachsschicht bläulich und insgesamt recht derb. Nur ganz zu Beginn sind die Blätter unterseits dünn flaumig behaart, verkahlen dann aber sehr schnell. Aufgrund des langen Blattstiels (bis 6 cm) hängen sie häufig etwas herunter. So werden sie nicht senkrecht von der Mittagssonne getroffen und zu stark erwärmt. Besonders im Herbst, wenn sich zunächst scharlachrote Flecken auf den grünen Blättern zeigen und sich diese dann orange-gelb verfärben, ist der Dreizähnige Ahorn ein echter Hingucker!

Dieser Ahorn gilt als winterhart, wenn man die richtige Herkunft beachtet, und erträgt Dürre, Luftverschmutzung, Streusalz und kalkhaltige Standorte. Er benötigt lediglich volle Sonne und gut drainierte Standorte. Der Dreizähnige Ahorn ist auch recht gut schnittverträglich, was ihn zu einem sehr beliebten Bonsai macht. Man muss aber die Übertragung der Verticillium-Welke durch Schnittinstrumente vermeiden. (Le Hardy de Beaulieu 2003, Pirc 1994, van Gelderen et al. 1994, Vertrees 1993).

Der Feld-Ahorn (*Acer campestre* L.)

Der Feld-Ahorn zählt zu den mittelgroßen einheimischen Ahorn-Arten und erreicht nur eine Höhe von meist 10–15 m, maximal 25 m. Seine Blätter sind im Vergleich zu Spitz- und Berg-Ahorn deutlich kleiner, klassisch 5-lappig, abgerundet und oberseits glänzend dunkelgrün. Mit einer goldgelben Herbstfärbung wird er dann noch mehr zum Hingucker. Auffällig sind auch die häufigen Korkleisten an seinen jungen Trieben, die für zusätzlichen Verdunstungsschutz sorgen. Er zeigt eine breite ökologische Amplitude, die von Trockenstandorten bis zu Auenwäldern (Hartholzaue) reicht. Diese Anpassungsfähigkeit wird auch deutlich, wenn man sein sehr großes Verbreitungsgebiet von den Pyrenäen bis ans Kaspische Meer betrachtet. Meist kommt die lichtbedürftige Art (nur in der Jugend ist er schattenertragend) aber in wärmeren Lagen in lichteren, trockenen Laubwäldern vor, gern auch auf Kalkstandorten.

Das Wurzelsystem des Feld-Ahorns ist ein sehr intensives Herz-Senkerwurzelsystem, aber zugleich recht variabel und passt sich optimal dem Standort an. Da er oft mehrstämmig wächst, werden an Straßen baumförmige Exemplare ausgewählt. Sein Höchstalter liegt bei 150 bis 200 Jahren, und er gilt als Übergangsbaumart.

Bemerkenswert ist auch sein Holzaufbau. Es hat eine mittlere Dichte. Die wasserleitenden Gefäße werden von Parenchymgewebe umgeben. Dadurch sind sie weniger anfällig für Embolien und diese, sollten sie auftreten, können leichter regeneriert werden. Dies führt auch zu einer guten Regenerierbarkeit nach Beschädigungen (z. B. Schnitt). Auch verschiedene physiologische Parameter verleihen dem Feld-Ahorn eine erhöhte Dürreresistenz. So ist sein Wasserverbrauch geringer als bei anderen Ahorn-Arten, was Untersuchungen zur Transpiration zeigten, und die Wassernutzungseffizienz höher. Als absolut frosthart und zugleich dürreresistent wird der Feld-Ahorn sogar für Dachgärten und ähnliches empfohlen. Er ist ebenfalls weniger ozonanfällig, aber auch eher wenig streusalztolerant. (Häberle 2011, Pirc 1994, Roloff 2017)

Der Burgen-Ahorn (*Acer monspessulanum* L.)

Der Französische oder Burgen-Ahorn ist die kleinste der in Deutschland einheimischen Ahorn-Arten. Er erreicht eine Höhe von maximal 10–12 m mit einer rundlichen, etwas sparrigen, locker aufgebauten Krone. Seine natürlichen Vorkommen in Deutschland finden sich in wärmebegünstigten Hanglagen entlang von Mosel, Nahe und Fränkischer Saale. Ansonsten ist er im Mittelmeerraum und ostwärts bis in den Iran verbreitet. In diesem sehr ausgedehnten Gebiet werden zahlreiche Unterarten unterschieden. In der Jugend wächst dieser Ahorn noch etwa 30 bis 40 cm pro Jahr in die Höhe und bildet einen durchgehenden Stamm aus. Nach 15 bis 20 Jahren lässt das Höhenwachstum aber deutlich nach. In der Krone werden dann vermehrt nur noch Kurztriebe ausgebildet. Sein „Markenzeichen“ sind die sehr kleinen, nur dreilappigen Blätter, die denen des Dreizähnigen Ahorns ähneln. Auch sie sind ledrig und oberseits glänzend grün, meist beiderseits kahl, nur bei einigen Unterarten bleibend behaart. Die Art ist laubabwerfend, kann unter günstigen Bedingungen die Blätter aber sehr lange, bis in den Dezember hinein, behalten. Die schöne gelbe Herbstfärbung kommt besonders lange zur Geltung.

(Foto: A. Roloff)

Der Burgen-Ahorn bildet zunächst eine Pfahlwurzel aus, die bald aber durch kräftige Seitenwurzeln ersetzt wird und so ein sehr stabiles, tiefgehendes Wurzelsystem entstehen lässt, das auch kompakte und felsige Standorte tief erschließt. So kam er zu seinem Namen Burgen-Ahorn, weil er es vermag, auch noch auf offenen, trockenen Felskuppen, auf denen bisweilen Burgen stehen, Fuß zu fassen.

Acer monspessulanum ist eine xerophile Lichtbaumart, die selbst unter schwierigen Bedingungen auf trockenen Böden gedeiht. Er bevorzugt kalkhaltige Substrate, kümmert aber in sehr saurem Milieu. Er ist die am meisten wärmeliebende europäische Ahornart, obwohl er natürlich in Deutschland überall als winterhart anzusehen ist, mit Ausnahme der exponierten Hochlagen. Er erträgt Verbiss und Beweidung, ist also als sehr regenerationsfreudig anzusehen. (Bottaci & Schiff 1999, Pirc 1994)

Der Schneeballblättrige Ahorn (*Acer opalus* Mill.)

Die Art wird häufig auch Italienischer Ahorn genannt, was auf sein natürliches Verbreitungsgebiet im gesamten nördlichen Mittelmeerraum und der nördlichen Türkei bis in den Kaukasus hinweist. Die Nordgrenze des Verbreitungsgebietes bilden die Alpen, mit einer Ausnahme: Einem inselartigen Vorkommen nördlich des Rheins bei Basel, also auch in der Bundesrepublik Deutschland. Es gibt zwar nur sehr wenige Bäume, dennoch gilt die Art damit als einheimisch und steht auf der Roten Liste der Gefäßpflanzen der Bundesrepublik Deutschland. Der Ahorn kommt meist in lichten Laubmischwäldern oder auf trockenwarmen Felshängen zusammen mit Flaum-Eiche (*Quercus pubescens*), Blumen-Esche (*Fraxinus ornus*) oder Gemeiner Hopfenbuche (*Ostrya carpinifolia*) vor. Er ist relativ nah mit dem Burgen-Ahorn verwandt, kommt natürlich mit diesem vor und hybridisiert auch mit ihm. In der Jugend erträgt er etwas Schatten und ist relativ raschwüchsig. Eine Differenzierung in mindestens drei Unterarten ist Ausdruck der Variabilität dieser Art.

Es handelt sich um eine etwas kleinere Baumart von meist bis zu 10, maximal 20 m Höhe. Auf den ersten Blick ähnelt der Schneeballblättrige Ahorn etwas dem Berg-Ahorn, seine runzeligen, derben Blätter sind aber meist runder und deutlich schwächer und kürzer gelappt. Die 3 bis 5 Blattlappen sind sehr breit, wenig eingeschnitten und stumpf gezähnt. Die Blattunterseiten sind gräulich und anfangs weichfilzig behaart. Seine gelborange bis rote Herbstfärbung ist ein weiteres „Aushängeschild“ dieser Ahornart, das sie dem Zucker-Ahorn ebenbürtig macht. Auch deshalb sollte man ihm als Stadt-Straßenbaum deutlich mehr Aufmerksamkeit widmen.

Acer opalus kann man als eine wärmeliebende Lichtbaumart bezeichnen, welche selbst auf flachgründigen Kalkstandorten Hitze und Trockenheit des mediterranen Sommers, aber auch Winterkälte und Spätfröste ohne Schaden erträgt. Selbst bei sehr niedrigem Wasserpotenzial vermag er die durchschnittlichen Photosynthese- und Transpirationsraten beizubehalten. (Minotta 2000, Pirc 1994, Schmidt & Hecker 2020)

Die Gewöhnliche Hainbuche (*Carpinus betulus* L.)

Die Hainbuche ist ein mittelgroßer Baum (meist bis 20 m, selten bis 25 m) mit zunächst kegelförmiger, geschlossener Krone, der in ganz Mitteleuropa beheimatet ist. Es gibt aber auch recht schmalkronige, aufrechte Exemplare.

Im Südosten erstreckt sich das Verbreitungsgebiet bis an das Kaspische Meer. Das ausgedehnte Areal weist schon auf die Standorttoleranz hin. Sie gedeiht auf vielen verschiedenen Böden mit pH-Bereichen zwischen 4,0 und 8,0, auch auf austrocknenden Flussablagerungen und bei Temperaturen bis −30 °C. In der Jugend ist sie recht schattentolerant, zeigt auch freies Wachstum, ist aber häufig eher langsamwüchsig. Sie gilt als Übergangsbaumart, wird meist aber nur 150, in seltenen Fällen bis zu 300 Jahre alt.

Der Stamm der Hainbuche zeigt eine glatte graue Rinde und wirkt auch aufgrund der meist deutlich ausgeprägten Spannrückigkeit attraktiv. Ihre Blätter sind scharf doppelt gesägt, mit deutlich hervortretenden Seitennerven, die sie recht derb und „als seien sie noch gar nicht richtig entfaltet" erscheinen lassen. Ihre Herbstfärbung ist leuchtend gelb, ansonsten ist der Baum aber nicht besonders auffällig. Das sehr schwere Holz der Hainbuche kann eine Dichte bis zu 0,95 g/cm³ erreichen. Die Gefäße sind sehr klein und bei Spätholzgefäßen sind die Zellwände spiralig verdickt. Dies schützt vor Embolien. Auf tiefgründigen Böden entwickelt die Hainbuche ein tiefgehendes, intensives Herzwurzelsystem, dessen Effektivität mit Hilfe verschiedener Mykorrhizapartner noch gesteigert wird. Die Hainbuche gilt als sehr gut schnittverträglich und regenerationsfähig. Wunden kann sie zwar recht gut kompartimentieren, diese sollten dennoch nicht zu groß sein (max. 5 cm), da es sonst zum Eintrocknen des Parenchyms kommt, von dem die Wundreaktion ausgeht. Die Hainbuche gilt als trockentolerant und tolerant gegenüber Immissionen und Ozon, erträgt aber nicht besonders gut Hitze und Streusalz. (Boratynsky 1996, Roloff 2013).

Der Amerikanische Zürgelbaum (*Celtis occidentalis* L.)

Celtis occidentalis gehört zu den Hanfgewächsen (Cannabaceae) und wird ein bis zu 35 m hoher Baum mit breiter, unregelmäßiger Krone. Im Alter entwickelt sich am Stamm eine dicke, tief gefurchte und unregelmäßig wulstige Borke, die sehr attraktiv wirkt. Die Art ist im östlichen Nordamerika beheimatet, gehört aber zu den wenigen Baumarten, die auch im Gebiet der Great Plains vorkommen. In diesen Steppengebieten ist die Art extremen Dürren, Sturmereignissen und Wintertemperaturen ausgesetzt. Der Amerikanische Zürgelbaum ist damit deutlich frosthärter als der gelegentlich angepflanzte Südliche Zürgelbaum (*Celtis australis*). Auch gegenüber anderen, schwierigen Standorten ist er erstaunlich tolerant, wenn dann auch das Wachstum nachlässt. Er wächst auf felsigen Standorten und erträgt hohe pH-Werte, Bodenverdichtung, Luftverschmutzung und sogar Salz-Spray und kurzfristige Überflutungen.

Die derben Blätter sind zweizeilig angeordnet, sehr variabel, meist aber schmal-eiförmig und lang zugespitzt und werden bis maximal 10 cm lang. Sie ähneln etwas denen der Brennnessel. Auffällig sind die drei gleichstarken Nerven, die vom leicht asymmetrischen Blattgrund ausgehen. Die Blattoberseite ist glatter als bei anderen *Celtis*-Arten und auffällig glänzend. In der Lichtkrone sind die Blätter deutlich kleiner und länger zugespitzt als in der Schattenkrone. Die Herbstfärbung ist blass- bis goldgelb. Die max. 1 cm großen Steinfrüchte von *Celtis occidentalis* sind zunächst orangerot, später dunkelviolett gefärbt und stellen somit auch noch einen Farbtupfer dar. Sie sind essbar, wenn auch das meiste Volumen von dem recht großen Steinkern eingenommen wird. Das Wurzelsystem ist herzförmig ausgebildet und kann auf geeigneten Standorten mühelos Tiefen von 6 m erreichen. Die Art gilt als wenig krankheitsanfällig und weist eine gute Regenerationsfähigkeit auf. Die GALK-Liste führt den Amerikanischen Zürgelbaum zwar als nicht geeignet auf, da das Lichtraumprofil schwierig zu erreichen sei, in Nordamerika ist er dennoch als Straßenbaum geschätzt, besonders auf schwierigen Standorten. (Mackenthun 2011, Sternberg 2004)

Die Baum-Hasel (*Corylus colurna* L.)

Das Bemerkenswerteste an dieser Hasel ist zunächst sicher, dass sie ein bis zu 20 m hoher Baum ist, der durch einen sehr geraden und bis in die Spitze der Krone durchgehenden Stamm auffällt. In der Jugend ist die Krone sehr schön symmetrisch und kegelförmig, erst in höherem Alter rundet sie sich ab. Sie gilt als eher langsamwüchsig und erreicht ein maximales Alter von ca. 200 Jahren. Auffällig ist auch die dicke korkige Borke, die mit zunehmender Trockenheit des Standortes stärker ausgebildet ist. Relativ weiche und dicke Korkschichten, die sehr gut isolieren, sind auch schon auf mehrjährigen Zweigen deutlich fühlbar. Die Blätter sind im Unterschied zur Gemeinen Hasel (*Corylus avellana*) grob doppelt gesägt bis schwach gelappt. Unterseits sind sie drüsig behaart, wie auch die Blattstiele und jungen Triebe. Die Baum-Hasel entwickelt ein intensives Wurzelsystem mit einer tiefreichenden Pfahlwurzel (3 bis 4 m tief) und Seitenwurzeln, die eine Länge von 18 m erreichen können, also deutlich über die Krone hinausgehen. Die Nussfrüchte stehen zu mehreren in Büscheln und sind von einer deutlich längeren Fruchthülle aus drüsig-borstig behaarten Blättern umgeben.

Das ursprüngliche Verbreitungsgebiet der Baum-Hasel erstreckt sich vom Balkan ostwärts durch die Nord-Türkei, den Kaukasus und Nord-Iran bis nach Afghanistan. Hier ist sie zuweilen heißen und trockenen Sommern ausgesetzt und erträgt kurzzeitige Temperaturmaxima von 40 °C, aber auch -minima von – 38 °C, ist also zuverlässig winterhart und auch nicht spätfrostgefährdet. Die Übergangsbaumart ist relativ schattentolerant, wächst aber auch auf vollsonnigen, südexponierten Standorten, wo sie frei von Konkurrenz ist. Ihre Variabilität zeigt sich auch in den besiedelten Standorten, die von fast nass bis ausgesprochen trocken, von tiefgründigen Alluvialböden bis zu Geröllfeldern reichen, auch auf Kalk. Im urbanen Raum hat sie sich als immissionstolerant erwiesen, filtert mit ihrer dichten Krone und drüsigen Trieben erhebliche Staubmengen und dient dem Lärmschutz. Gegen Krankheiten ist sie erstaunlich widerstandsfähig, aber empfindlich gegenüber Streusalz. (Alexandrov 1995, Roloff 2013)

Der Guttaperchabaum (*Eucommia ulmoides* OLIV.)

Dieser bis 20 m hohe, sommergrüne Baum stammt aus Mittel- und West-China und ist in Mitteleuropa noch selten in Kultur. *Eucommia ulmoides* ist der einzige Vertreter dieser Gattung sowie der Familie der Eucommiaceae. Den Beinamen „ulmenähnlich" (*ulmoides*) trägt die Art wegen der flachen geflügelten Nussfrüchte. Diese sind länglich-oval, ca. 3 cm lang und tragen in der Mitte einen einzelnen Samen.

(Foto: A. Roloff)

Die offene Krone des Guttaperchabaumes ist meist recht schmal, was ein Vorteil an engen Straßen ist. Junge Triebe sind grün und gelbbraun behaart. Sie weisen ein gekammertes Mark auf. Die einfachen, elliptischen, lang zugespitzten Blätter können recht groß werden (bis 20 cm). Sie sind durch die deutlich eingesenkten Seitennerven oberseits auffällig runzelig, dunkelgrün und glänzend und unterseits schwach behaart. Beim Zerreißen der Blätter tritt eine gummiartige, weiße Substanz aus, die Fäden zieht. Sie ist auch in der Rinde und den Früchten enthalten und für den deutschen Artnamen verantwortlich: Die Substanz ähnelt der Guttapercha, einer gummiähnlichen Substanz, die für verschiedenste Verwendungen eigentlich aus Vertretern der Breiapfelgewächse (Sapotaceae) gewonnen wird. *Eucommia* wurde in China für denselben Zweck genutzt. Der Guttaperchabaum wird dort in einer ganzen Reihe unterschiedlicher Waldtypen und auf sehr verschiedenen Standorten kultiviert, in Mischwäldern, artenarmen Wäldern, Bergrücken, trockenen Schluchten und auf Feldern. Am Naturstandort ist der Guttaperchabaum aber wohl verschollen. Die Art ist zweihäusig, die Blüten sind aber denkbar unscheinbar.

Die Art gilt als sehr wenig anfällig gegenüber Krankheiten und toleriert eine weite Spannbreite an Standorten, inklusive hohen pH-Werten. Zudem ist sie ausreichend winterhart und immissionstolerant, erträgt Hitze und Streusalz, benötigt aber einen sonnigen Standort. (DIRR & WARREN 2019, SCHMIDT & HECKER 2020, VAN DEN BERK 2015)

Die Blumen-Esche (*Fraxinus ornus* L.)

Die Blumen-Esche stammt aus dem östlichen Mittelmeerraum. Ihre nördliche Verbreitungsgrenze bilden die Alpen und ungarischen Mittelgebirge. Sie findet sich dort in Mischbeständen mit der Ungarischen Eiche, der Flaum-Eiche oder Gewöhnlicher Hopfenbuche.

Fraxinus ornus wird nicht sehr hoch, meist nur bis 15 m, mit lockerer Krone. Die unpaarig gefiederten, kreuzgegenständigen Blätter werden bis 20 cm lang. Die bis zu 9 ledrigen Blättchen sind bis 10 cm lang, am Rand gesägt, oberseits glänzend und unterseits hellgrün. Besonders auffällig und sehenswert sind ihre Blüten. Sie erscheinen mit dem Laub und stehen in großen endständigen Rispen, haben längliche weiße Kronblätter und duften angenehm (Blumen-Esche). Im Unterschied zu vielen anderen Eschen-Arten sind sie insektenbestäubt. Das Holz ist zwar ringporig, aber mit sehr kleinen Gefäßen versehen. Die Blumen-Esche besitzt Eigenschaften einer Pionierbaumart. In den ersten Lebensjahren wird vornehmlich das Wurzelsystem entwickelt, dann setzt ein kräftiges Höhenwachstum ein, das bis zum Alter von 15 Jahren erhalten bleibt. Sie bildet reichlich Wurzelbrut, hat sonst aber ein eher geringes Reiterationsvermögen. Die Variabilität der Art im ausgedehnten Verbreitungsgebiet findet auch Ausdruck in der Unterscheidung mehrerer Varietäten.

(Foto: A. Roloff)

Sie gilt als trockenheits-, immissions- und kalktolerant sowie hitzeverträglich. Ihre Dürreresistenz beruht auf einer spezifischen Strategie des Wasserhaushalts. Niederschläge im Frühjahr oder Frühsommer werden dank des sehr dicht verzweigten Wurzelsystems intensiv genutzt. Währen einer Trockenperiode wird die Transpiration auf ein Minimum reduziert, ohne Blattverluste hinnehmen zu müssen. Im Gegenzug hat sie etwas höhere Wärmeansprüche.

Der weitere Artname Manna-Esche hat nichts mit einem biblischen Himmelsbrot zu tun, sondern bezeichnet vielmehr ein altes Heilmittel. Als Manna wird der getrocknete Saft aus der eingeschnittenen Rinde junger Pflanzen bezeichnet, der als leichtes Abführmittel Anwendung findet. (Bartha 1996)

Der Ginkgo (*Ginkgo biloba* L.)

Der Ginkgo ist so einzigartig, „exotisch“ und charaktervoll, dass er eigentlich in keiner Stadt fehlen sollte. In der botanischen Systematik steht er gänzlich allein da. Seit 200 Millionen Jahren kommt er nahezu unverändert vor. Ein nacktsamiges Gehölz mit Blättern. Sein Habitus, vor allem in der Jugend ist unverkennbar. An den sparrig vom Stamm abstehenden Langtrieben finden sich zahlreiche blättertragende Kurztriebe, die also wie Blattbüschel aussehen. Im Alter entwickelt sich dann eine recht filigrane, lockere Krone. Die Blätter sind gabelnervig, was sehr ungewöhnlich ist, schon Goethe inspirierte und zu der charakteristischen zweilappigen Blattform beiträgt. Ihre goldgelbe Herbstfärbung ist einfach brillant.

Weibliche Exemplare dieser zweihäusigen Baumart können ab einem Alter von 30 Jahren die relativ großen Samen mit fleischigem Samenmantel produzieren (sie erinnern an Mirabellen). Diese können in der Stadt unangenehm werden, wenn sie zu Boden fallen und dann einen ranzigen Geruch nach Buttersäure verströmen. Vielleicht muss sich aber auch erst herumsprechen, wie delikat die Ginkgo-Samen schmecken, bis sich dieses Problem von selbst wegsammelt.

In der Jugend ist der Ginkgo noch etwas schattenertragend und gilt als Übergangsbaumart, braucht aber sehr bald mehr Licht und weist mit seinem Vorkommen auf erodierten Hängen auch auf weitere Pioniereigenschaften hin. Er bildet zunächst eine Pfahlwurzel aus, später ein Herzwurzelsystem.

Wegen seiner Anspruchslosigkeit und auch seiner Leidensfähigkeit ist der Ginkgo ein beliebter Straßenbaum in Ostasien, noch mehr aber wegen seiner begehrten Samen. Er hält den Immissionsbelastungen in den Hitzeinseln der Megacities stand und ist nahezu vollständig resistent gegen Krankheiten. Hinzu kommen noch die Toleranz von Streusalz und hohen pH-Werten. Mit dem „Wunder von Hiroshima“, dem baldigen Wiederaustrieb nach dem Atombombenabwurf, bewies er seine Überlebensfähigkeit. (Roloff 2013)

Die Amerikanische Gleditschie (*Gleditsia triacanthos* L.)

Die Gleditschie gilt als eine der anpassungsfähigsten Baumarten und ist in Nordamerika einer der häufigsten Straßenbäume. Allerdings greift man dabei bevorzugt auf Formen zurück, die keine Dornen und Früchte entwickeln, aber auch nicht unbedingt vegetativ vermehrt werden müssen. Bis zu 50 % der Sämlinge von dornenlosen Exemplaren bleiben ebenfalls dornenlos. Die bis 40 cm langen lederartigen Hülsen (daher auch der deutsche Name „Lederhülsenbaum") werden als Verunreinigung angesehen, wenn sie zu Boden fallen. Die Dornen stellen ein Sicherheitsproblem dar, da sie Auto- und Fahrradreifen oder sogar Fußgänger gefährden können, und selbst wenn man sie vom Stamm entfernt, werden regelmäßig neue gebildet.

Wegen ihrer fein gefiederten, in der Jugend sogar doppelt gefiederten Blätter mit schmalen, glänzend-dunkelgrünen Blättchen wird sie dennoch geschätzt. Im Herbst verfärben sich diese leuchtend goldgelb. Dann entsteht ein attraktiver Kontrast zu den dunkelbraunen, großen Hülsenfrüchten und der sehr dunklen grauen Netzborke. In der lichten, meist ausladenden Krone verleihen die Fiederblätter ihr ein Aussehen wie Akazien in der Savanne. Bei einer maximalen Baumhöhe von bis zu 25 m stellt sie dann einen prächtigen Schattenspender dar. Das Wurzelsystem ist eher flach-herzförmig und erreicht Tiefen von bis zu 1,5 m. Das Jugendwachstum der Gleditschie ist sehr schnell und frei. Damit und mit ihrem hohen Lichtbedarf gilt sie als Pionierbaumart.

In der Natur kommt die Gleditschie sowohl in Auenwäldern als auch in Steppengehölzen vor, was schon ihre ausgeprägte Toleranz und Anpassungsfähigkeit deutlich macht. Sie ist tolerant gegenüber Salz, Dürre, hohen pH-Werten, Hitze, verdichteten Böden oder Überflutungen. Herkünfte der Gleditschie aus den nordöstlichen USA sind vollkommen winterhart bis – 30 °C. (Dirr & Warren 2019, Sternberg 2004).

Der Rispige Blasenbaum (*Koelreuteria paniculata* LAXM.)

Diese Baumart aus der Familie der Seifenbaumgewächse (Sapindaceae) stammt aus Zentral-China, wo sie in lichten, eher trockenen Wäldern vorkommt. Sie wird aber schon jetzt wegen ihrer Reize in vielen anderen Staaten weltweit angepflanzt und ist in Japan und Korea eingebürgert. Ihren botanischen Namen hat sie zu Ehren von Joseph Gottlieb Kölreuter erhalten, einem Naturforscher und sehr frühen Blütenökologen.

Die Kölreuterie besticht mit ihrer Erscheinung zweimal im Jahr: Zunächst, wenn sie blüht, sehr spät erst im Juli-August. Die leuchtend gelben, rispigen Blütenstände werden bis zu 35 cm lang und ebenso breit. Dann entwickeln sich im Herbst noch die interessanten blasenartigen, bis 4 cm langen Fruchtkapseln, die zu mehreren in Rispen zusammenstehen. Zur Reife sind sie meist rötlich überlaufen und wirken so sehr auffällig. Zudem bleiben sie häufig sehr lange, den Winter über, am Baum und ziehen so die Aufmerksamkeit auf sich.

Der Baum wird meist nicht höher als 10, sehr selten 20 m, mit einer ausgesprochen breiten, offenen Krone, die einen lichten Schatten spendet. Junge Triebe sind olivgrün und leicht flaumig behaart. Auffällig sind auch die großen, über 30 cm langen, wechselständigen Blätter. Sie sind gefiedert, selten doppelt gefiedert. Die Blättchen wiederum sind unregelmäßig grob gesägt bis gelappt. Sie sind bekannt dafür, dass sie selbst bei größter Sommerhitze keinerlei Zeichen von Verfärbung zeigen und ihr Dunkelgrün beibehalten. Die Herbstfärbung ist gelb bis gelblich-orange.

Die Art wird als sehr anpassungsfähig beschrieben. Sie benötigt volles Licht und liebt einen frischen, lehmigen Standort, ist aber auch hitzebeständig sowie dürre- und pH-tolerant. Staunässe mag sie gar nicht, kann aber etwas Streusalz und vor allem Lufttrockenheit ertragen. Sie findet schon heute gelegentlich als Straßenbaum Verwendung.

(BEAN 1973, DIRR & WARREN 2019, SCHMIDT & HECKER 2020)

Die Maackie (*Maackia amurensis* Rupr. et Maxim.)

Die Maackie ist ein noch eher selten angepflanzter Schmetterlingsblütler (Fabaceae) aus Ostasien, benannt nach dem Naturforscher Richard Karlowitsch Maack aus dem heutigen Estland, der Mitte des 19. Jahrhunderts das Amur- und Ussuri-Gebiet erforschte. Die Art stammt aus dem Nordosten Chinas, Korea und dem Fernen Osten Russlands. Der bis 15 m hohe Baum mit offener, rundlicher Krone ist sehr schattenertragend und wächst meist im Unterstand sehr artenreicher Koniferen-Laubmischwälder, die von der Koreanischen Zirbe (*Pinus koraiensis*) dominiert werden. In Russland kommt die Maackie aber auch auf deutlich extremeren Standorten, so z.B. auf der felsigen Steilküste am Pazifik vor, wo sie auch der Salzwassergischt ausgesetzt ist. Gerade aus dem nördlichen Verbreitungsgebiet, wo die Art regelmäßig Frost von –30 °C und mehr ausgesetzt ist, ist sie vollkommen winterhart.

Die 30 cm langen Fiederblätter bestehen aus bis zu 11 Blättchen. Sie sind beim Austrieb sehr schön silbrig-grau behaart, bleiben aber nur unterseits fein behaart und werden bis zu 7 cm lang, also deutlich größer als beim Japanischen Schnurbaum (*Styphnolobium japonicum*). Auch junge Triebe sind behaart. Die duftenden weißen Schmetterlingsblüten sind in 10 cm langen, aufrechten Trauben angeordnet und erscheinen im Juli/August.

Als Schmetterlingsblütler bindet auch diese Art mit Hilfe von symbiontischen Knöllchenbakterien Luftstickstoff und macht sich so unabhängiger von der Nährstoffversorgung. Ähnlich wie bei der Robinie ist das ringporige Holz sehr schwer und der Kern von sehr dunkler Färbung. Obwohl die Stämme meist keine sehr große Dimension erreichen, wird die Art in Russland als „Black Oak“ gehandelt und erzielt vor allem in China recht hohe Preise.

Die Maackie wird als stadtklimafest und pH-unempfindlich beschrieben. Sie gedeiht auch auf ärmsten Standorten und ist dürreresistent. (Dirr & Warren 2019)

Der Urweltmammutbaum (*Metasequoia glyptostroboides* HU & W.C. CHENG)

Dieser sommergrüne Nadelbaum verdient allein schon wegen seiner „Exotik" Beachtung: Er wird als „Lebendes Fossil" angesehen, da er vor seiner späten Entdeckung als lebender Baum schon in fossiler Form länger bekannt war. Auch seine sehr späte Erstbeschreibung in den 1940er-Jahren trägt zu seiner Berühmtheit bei.

Die weichen Nadeln des Urweltmammutbaumes stehen zumeist zweizeilig und fast gegenständig an Kurztrieben. Sie haben eine hell- bis frischgrüne Färbung, was dem Baum auch im Sommer ein frühlingshaftes, frisches Aussehen verleiht. Im Herbst wirft er seine Nadeln inclusive der Kurztriebe ab, nachdem er sich wundervoll kupferfarben verfärbt hat. Damit erreicht er eine gewisse Unempfindlichkeit gegen Streusalze, die immergrünen Koniferen sonst mehr zusetzen, wenn das Salz im Winter die Nadeln erreicht. Die Art wächst in der Jugend recht rasch zu einem geradschäftigen Baum mit pyramidaler Krone heran. Dieser Habitus ist auch bei Sämlingen meist sehr uniform, was es unnötig erscheinen lässt, für die Straßenrandbepflanzung verklonte Sorten zu wählen.

(Foto: A. Roloff)

Metasequoia glyptostroboides wird bis zu 35 m hoch, selten auch bis zu 50 m. Der Stamm ist spannrückig mit oft tiefen Kehlungen. Obwohl der Urweltmammutbaum nur noch in einer recht kleinen Region in Zentral-China natürlich vorkommt, besitzt er eine bemerkenswerte Anpassungsfähigkeit und wird auch in großen Teilen Chinas gern als Stadt- und Straßenbaum angepflanzt. In Kulturversuchen konnte er extreme Temperaturen ertragen, die zwischen −32 °C und +39 °C lagen, bei Jahresniederschlägen um 425 mm. Mit seinem schnellen Wachstum und dem hohen Lichtbedürfnis ist der Urweltmammutbaum eine Pionierbaumart. Das Wurzelsystem wird im Allgemeinen als tiefreichend beschrieben, ist aber eher extensiv und natürlich stark vom Standort abhängig. (FARJON 2005, ZHANG 1994)

Der Tupelobaum (*Nyssa sylvatica* MARSHALL)

Der Tupelobaum gilt als eine der anpassungsfähigsten und variabelsten Baumarten Nordamerikas. Sein Verbreitungsgebiet reicht von Ontario, Kanada, durch den ganzen Osten der USA bis ins tropische Florida oder Süd-Mexiko. Er kommt somit in den Winterhärtezonen 3 bis 10 natürlich vor. Bereits dies macht deutlich, wie wichtig die Beachtung der Herkunft bei der Verwendung in Mitteleuropa ist. Er gedeiht auf sehr nassen Sumpfstandorten, aber auch sehr trockenen Felsstandorten. Sein Trivialname „Tupelo" spiegelt dies wieder, da er aus der Sprache der nordamerikanischen Ureinwohner stammt und die Bezeichnungen für „Baum" und „Sumpf" enthält.

Einmal etabliert erträgt der Tupelo sowohl Überflutung als auch Dürre, und sogar Salz-Spray. Nicht nur seine Toleranz und Anpassungsfähigkeit sollten aber Gründe für seinen Anbau sein, sondern auch seine Schönheit: Die verkehrt-eiförmigen Blätter sind im Sommer dunkelgrün und glänzen aufgrund eine dicken Wachsschicht auf der Oberseite. Dies verleiht dem Baum nicht nur einen Schimmer, sondern schützt die robusten Blätter vor Beschädigungen, Überhitzung und übermäßiger Verdunstung. Im Herbst schließlich entfaltet er sein ganzes Potenzial, wenn sich das Laub leuchtend scharlachrot verfärbt und immer noch glänzt. Sein Aussehen wird dann als schön bis atemberaubend beschrieben.
Der Tupelo wird ein 25 bis 30 m hoher Baum mit durchgehendem Stamm und pyramidaler Krone mit waagerechten Ästen. Es gibt aber auch mehr aufrechte Formen. Die Netzborke ist sehr dunkel, fast schwarz, und bildet einen schönen Kontrast zum glänzendgrünen oder spektakulär gefärbten Herbstlaub. Junge Triebe sind anfangs dicht behaart und rötlich. Das Wurzelsystem wird als ausgesprochen tiefgehend beschrieben.
In der Stadt stellt sich der Tupelobaum als hitze- und einigermaßen salzverträglich sowie immissionstolerant dar, bevorzugt aber saure Standorte. (DIRR & WARREN 2019, STERNBERG 2004, WILLIAMS 2001)

Die Virginische Hopfenbuche (*Ostrya virginiana* (MILL) K. KOCH)

Die Virginische Hopfenbuche bringt im Vergleich zu der aus Südeuropa stammenden Gewöhnlichen Hopfenbuche (*Ostrya carpinifolia*) eine deutlich ausgeprägtere Winterhärte mit. Da sich ihr Verbreitungsgebiet über den gesamten Osten Nordamerikas von Kanada bis Guatemala erstreckt, ist dabei die natürliche Herkunft zu beachten.

Im Habitus und Blatt ähnelt sie auffällig der Hainbuche, mit der die Gattung auch nah verwandt ist. Beiden gemein ist das außerordentlich dichte, zerstreutporige Holz mit sehr dünnen Leitgefäßen, die einen relativen Schutz vor Embolien darstellen. Daher wird die Hopfenbuche in den USA auch „Ironwood“ genannt.

Der Baum wird maximal 20 m hoch und hat in der Jugend eine recht schmale Krone, die erst im Alter rundlich wird. Die Seitenäste streben aufwärts. Das Wachstum ist eher langsam bis mäßig. Die dünne graubraune Rinde blättert im Alter in auffällig gerollten Längsstreifen ab. Die Blätter sind eiförmig-lanzettlich, zugespitzt und am Rand scharf gesägt, fühlen sich aber aufgrund ihrer Behaarung filzig an. Sie verfärben sich im Herbst leuchtend gelb und bleiben, später braun, zum Teil bis weit in den Winter am Baum. Ihren Namen trägt die Hopfenbuche wegen der Fruchtstände, die auf den ersten Blick denen des Hopfens ähneln. Die Nussfrüchte stehen in 3 bis 4 cm langen ährigen Fruchtständen und sind von verwachsenen Vorblättern umhüllt, die ihnen einen blasenartigen Charakter verleihen.

Besondere Standortansprüche hat die Hopfenbuche nicht. Sie erträgt fast alles: Dürre, Hitze, volles Sonnenlicht, Schatten, Eisstürme, alkalische Böden. Sie kommt auch auf ausgesprochen trockenen, felsigen Standorten vor. Im Nordwesten ihres natürlichen Verbreitungsgebietes fallen durchschnittlich 460 mm Jahresniederschlag und die Durchschnittstemperatur im Januar beträgt –18 °C. Lediglich gegenüber Salz ist sie etwas empfindlich. In den USA wird sie in letzter Zeit immer häufiger als Straßenbaum eingesetzt, wobei gezielt schmalkronige Exemplare ausgewählt werden. (DIRR & WARREN 2019, METZGER 1990, STERNBERG 2004)

Der Sachalin-Korkbaum (*Phellodendron sachalinense* (Fr. Schmidt) Sarg.)

Im Gegensatz zu dem nah verwandten Amur-Korkbaum (*Phellodendron amurense*), der allmählich als Stadt- und Straßenbaum Reputation genießt, ist diese allgemein weiter nördlich verbreitete Art meist wenig bekannt. Gelegentlich wird er auch noch als Varietät der Art vom Amur oder gänzlich als Synonym geführt. Namensgebend ist natürlich die Insel Sachalin zwischen dem russischen Festland und Japan, wo das Hauptverbreitungsgebiet liegt, zu dem auch der Norden Japans und Korea zählen. Er ist damit der Korkbaum, der die ausgeprägteste Winterhärte besitzt und –30 °C problemlos verkraftet. Der Sachalin-Korkbaum ist ein Element der Nadel-/Laub-Mischwälder und kommt ebenfalls in der Hartholzaue vor.

Der Baum wird bis 15 m hoch und zeigt eine lockere, breite Krone, die schirmartig wirkt. Sein Wachstum ist etwas schneller als das des Amur-Korkbaumes. Die gegenständigen Fiederblätter werden bis 30 cm lang und haben bis zu 11 Blättchen, die wiederum 6 bis 10 cm lang werden. Sie sind länglich oval und zugespitzt, wobei die Spitze weniger lang ausgezogen ist als bei *P. amurense*, und an der Basis keilförmig. Unterseits sind die Blättchen auf der Mittelrippe behaart. Sie verfärben sich im Herbst goldgelb. Zerriebene Blätter und auch die ca. 1 cm großen schwarzen Steinfrüchte dieses zweihäusigen Rautengewächses (Rutaceae) riechen aromatisch terpentinartig. Aufgrund der Inhaltsstoffe, die zum Teil insektizide Wirkung haben, gilt *Phellodendron sachalinense* auch in der Heimat als besonders krankheitsresistent. Junge Triebe sind kahl und rötlichbraun. Die korkige Borke bleibt beim Sachalin-Korkbaum deutlich dünner und weniger gefurcht, als bei der Schwesterart.

Der Sachalin-Korkbaum bedarf bald voller Sonne, ist nicht spätfrostgefährdet und verträgt alkalische Standorte, Immissionen und Dürreperioden. Insgesamt ist er als besonders anspruchslos und sehr gut stadttauglich anzusehen. (Bean 1973, Korznikov 2019)

Die Zweifarbige Eiche (*Quercus bicolor* Willd.)

Die Zweifarbige Eiche wird als besonders standorttolerant angesehen. Vordringlich kommt sie in Sumpf-Wäldern vor, besiedelt jedoch auch erfolgreich trockene, terrestrische Standorte und erträgt Bodenverdichtung sehr gut. Sie ist zudem so stadtklimatolerant, dass sie in den USA 1998 zum Stadtbaum des Jahres gewählt wurde und auch ausdrücklich als Straßenbaum empfohlen wird.

Die Zweifarbige Eiche ist ein bis 25 m hoher Baum mit breiter, rundlicher, offener Krone. Ihr Jugendwachstum ist im Vergleich zu anderen Eichen etwas verhaltener. Junge Triebe sind zunächst flaumig behaart, verkahlen dann aber. Die Borke ist anfangs schuppenförmig ausgebildet und ähnelt eher der Platane, im Alter entwickelt sich dann die typische Netzborke. Namensgebend sind die Blätter: Sie werden 10 bis 18 cm groß. In der Form ähneln sie etwas der Trauben-Eiche mit dem ausgeprägt keilförmigen Blattgrund, sind aber meist nicht ganz so tief gelappt und haben eine dicht weißlich behaarte Unterseite. Die Oberseite ist dunkelgrün und glänzend, daraus ergibt sich ein hübsches Farbspiel, insbesondere wenn eine Brise durch die belaubte Krone fährt. Im Herbst verfärbt sich das Laub gelb bis rostrot. Die Früchte sind besonders lang gestielt, was ein gutes Erkennungsmerkmal ist, und enthalten deutlich weniger Gerbstoffe als viele andere Arten, sodass sie zuweilen wie Nüsse gegessen werden können. Das tiefe Wurzelsystem kann auch schwierige Standorte erschließen. Dennoch ist diese Eiche besonders leicht zu verpflanzen.

In ihrem natürlichen Verbreitungsgebiet, SO-Kanada und NO-USA, variiert die Jahresmitteltemperatur zwischen 4 und 16 °C, bei Extremen von +41 °C und −34 °C. Sie gilt als hitze- und frosthart. Bezüglich weiterer Informationen sind diese in der Literatur zuweilen etwas widersprüchlich: Während einige Autoren sie salz- und immissionstolerant sowie geeignet für kalkhaltige Standorte bezeichnen, warnen andere vor zu hohen pH-Werten. In jedem Fall benötigt sie aber einen lichteren Standort. (Dirr & Warren 2019, Sternberg 2004, van den Berk 2015)

Die Zerr-Eiche (*Quercus cerris* L.)

Die Zerr-Eiche hat ihren Verbreitungsschwerpunkt in Südost-Europa und trifft in den submediterranen Trockenwäldern mit anderen trockenheitstoleranten Baumarten zusammen, darunter auch die Flaum-Eiche (*Quercus pubescens*). In Deutschland ist sie nicht beheimatet. Im gesamten Verbreitungsgebiet hat sie Anschluss an sehr unterschiedliche Waldgesellschaften, die von Bergmischwäldern bis zu trockenen immergrünen Eichenwäldern reichen.

Bis zu 35 m hoch wird diese Eiche und kann sehr raschwüchsig sein. Die Blätter sind wie bei der Flaum-Eiche auch sehr variabel, länglich-eiförmig und tief buchtig gelappt. Sie werden bis zu 14 cm groß, bleiben an trockenen Standorten aber deutlich kleiner. Die Lappen enden in einer charakteristischen Stachelspitze. Die Blätter sind zunächst beiderseits behaart, oberseits dann aber verkahlend und glänzend. Auf der Unterseite treten die Blattnerven deutlich hervor. Besonders gute Erkennungsmerkmale sind die Knospen mit ihren sehr langen, fädigen Nebenblattschuppen und auch die Fruchtbecher mit lang ausgezogenen, umgebogenen Schuppen.

Die Zerr-Eiche kommt häufig auf sandigen Böden vor, aber auch auf felsigem Untergrund und tonigen Substraten. Dort vermag sie dann nicht das typische Pfahlwurzelsystem auszubilden und bleibt deutlich flacher. Zuweilen ist das Wurzelsystem im Vergleich zur schnellwachsenden oberirdischen Biomasse recht klein.

Die Zerr-Eiche gilt schon länger für den Stadtstandort als gut geeignet, da sie auch in Mitteleuropa absolut winterhart ist, anspruchslos und tolerant gegen Dürre, Immissionen, Streusalz und hohe pH-Werte. Sie benötigt einen sonnigen Standort und bringt aus ihrer südeuropäischen Heimat eine gewisse Hitzeverträglichkeit mit. (Bussotti 1997)

Die Ungarische Eiche (*Quercus frainetto* Ten.)

Obwohl es der deutsche Artname suggeriert, stammt diese Eiche nicht aus dem heutigen Ungarn. Von Natur aus kommt sie in trockenen Eichenwäldern Mittel- und Süditaliens, des Balkans und West-Anatoliens vor. Hier gedeiht sie auf nahezu allen Standorten, von sauer bis alkalisch. Diese sind meist trocken, es werden aber auch Auenböden besiedelt.

Die in der Jugend raschwüchsige Baumart erreicht eine Höhe von maximal 30 m (40 m), aber nur ein Alter von ca. 200 Jahren. Sie hat damit gewisse Pioniereigenschaften, obwohl sie in der Jugend auch etwas Schatten verträgt. Sie gilt als sehr hitzeverträglich und trockentolerant, trotz ihrer südlichen Herkunft aber zugleich als winterhart. Einige Quellen bezeichnen sie als spätfrostgefährdet, obwohl sie später austreibt als Stiel- und Trauben-Eiche.

Das Markenzeichen der Ungarischen Eiche sind die relativ großen, bis 18 cm langen, und besonders in der Jugend tief-gelappten Blätter. An besonders sonnigen und trockenen Standorten sind diese aber auch deutlich kleiner. Sie sind zunächst beidseitig behaart, auch mit Sternhaaren, später verkahlend und oberseits auffällig glänzend, unterseits deutlich heller gräulich. Die Größe der Blätter und ihre Derbheit variieren individuell und standortabhängig. Auch junge Triebe und Knospen sind zunächst filzig behaart mit verschiedenen Typen von Haaren.

Wenn der Standort es zulässt, wird ein tiefgehendes Pfahlwurzelsystem entwickelt. Das Holz hat eine im Vergleich zu anderen Eichen recht hohe Dichte, was an den deutlich geringeren Durchmessern der Holzgefäße liegt. Dies bedeutet eine geringere Anfälligkeit gegenüber Embolien.

Die Ungarische Eiche ist sehr reiterationsfreudig, was auch ihr außergewöhnlich hohes Ausschlagvermögen bis ins hohe Alter belegt. Wie andere Weiß-Eichen ist sie als effektiver Kompartimentierer anzusehen. (Bartha 1998, Schwarz 1937)

Die Persische Eiche (*Quercus macranthera* Fisch. et G. A. Mey. ex Hohen.)

Das natürliche Verbreitungsgebiet der Persischen Eiche erstreckt sich über den Kaukasus bis in den Nord-Iran. Sie prägt dort insbesondere in südexponierten Hanglagen trockene und wärmebedürftige, lockere Eichenwälder. Sie ist ebenfalls ein Element noch trockenerer, sommergrüner Gebüschgesellschaften.

Unter günstigen Bedingungen kann sie recht zügig zu einem bis zu 20 m (selten auch bis 30 m) hohen Baum mit breit ausladender, geschlossener Krone heranwachsen. Aufgrund der Standortbedingungen bleibt das Wachstum aber fast immer hinter den Möglichkeiten zurück. Junge Triebe sind auffällig dick, kantig und dicht flaumig behaart. Die Behaarung bleibt zwei Jahre erhalten. Die Knospen weisen fadenförmige Nebenblattschuppen auf und ähneln so der Zerr-Eiche (*Quercus cerris*). Besonders attraktiv sind die großen, derben und regelmäßig aber nicht besonders tief gelappten Blätter. Sie sind auch oberseits zunächst dicht behaart, verkahlen dann und werden glänzend dunkelgrün. Die Unterseite trägt einen dichten gelbbraunen bis rostfarbenen Haarfilz, der sowohl von einfachen als auch verzweigten und gestielten Büschelhaaren gebildet wird und vor übermäßiger Verdunstung schützt. Die Seitenadern treten hier auffällig hervor. Mit dieser bleibenden, dichten Behaarung der Triebe und unterseits der Blätter unterscheidet sich die Persische Eiche deutlich von der Ungarischen Eiche (*Quercus frainetto*). Charakteristisch ist auch die stark gefurchte dunkel braun-graue Borke, die in unregelmäßigen Schuppen abblättert.

Am urbanen Standort gilt die Persische Eiche als ausgesprochen trockenheitstolerant und hitzeverträglich. Sie verkraftet ebenfalls für längere Zeit eine sehr geringe Luftfeuchtigkeit. Auch für streusalzbeeinflusste wie auch alkalische Standorte ist sie geeignet und erträgt Immissionen. (Le Hardy de Beaulieu 2010, Schwarz 1937)

Die Trauben-Eiche (*Quercus petraea* (MATT.) LIEBL.)

Zu den häufigen mitteleuropäischen Baumarten und zu den Favoriten als Stadt- und Straßenbaum muss auch weiterhin die Trauben-Eiche gezählt werden. Sie ist nicht nur ein nationales Symbol für Standhaftigkeit, sie kann dies auch belegen. Schon natürlicherweise kommt sie auf trockeneren Standorten vor als die sehr nah verwandte Stiel-Eiche (*Quercus robur*), mit der auch zahlreiche natürliche Hybriden entstehen (*Quercus × rosacea*).

Es würde zu weit führen, all ihre Vorzüge hier noch einmal zusammenzustellen, zumal die Art in ganz Europa gut bekannt ist und geschätzt wird. Sie ist eine Übergangsbaumart, die zunächst etwas schattenverträglich ist, aber bald mehr Licht benötigt, um das typische rasche Wachstum zu zeigen. Auch in der Stadt wird sie problemlos über 30 m hoch. Hervorzuheben ist ihre morphologische Plastizität: Sie bildet Johannistriebe, Triebe aus schlafenden Knospen und Zweigabsprünge (aktiv abgetrennte schwächere Seitentriebe). Dies zusammen ermöglicht ihr, sehr flexibel auf unterschiedliche Perioden zu reagieren, die Blattmasse bei Dürre zu reduzieren, sie aber in günstigeren Perioden durch Sprossneubildung wieder zu regenerieren. Die gelappten Blätter, die an Kurz- und Langtrieben schraubig stehen, sind ledrig derb, oberseits glänzend dunkelgrün und unterseits auf den Nerven einfach behaart. Etwas schwerer zu erkennen ist eine feine flächige Behaarung aus Sternhaaren, die aber viel lockerer ist als bei der Flaum-Eiche. Das anfänglich typische Pfahlwurzelsystem verändert sich in Anpassung an den Standort im Alter zu einem Herzwurzelsystem oder Herz-Senkerwurzelsystem.

Neben diesen günstigen morphologischen Eigenschaften, die für ihre Trockentoleranz sprechen, bringt die Trauben-Eiche auch weitere Vorzüge mit, die am Stadtstandort gefordert sind: Sie hat geringe Nährstoffansprüche, toleriert hohe pH-Werte und Bodenverdichtung und ist immissions- und salztolerant. (AAS 2000, ROLOFF 2013, 2017)

Die Flaum-Eiche (*Quercus pubescens* WILLD.)

Dies ist mit Sicherheit die trockenheitsertragendste unter den einheimischen Eichenarten Deutschlands. Daher ist sie meist auch etwas kleiner als Stiel- oder Trauben-Eiche (*Quercus robur, Q. petraea*) und erreicht nur eine maximale Höhe von 25 m. Häufig genug bleibt sie auch nur ein reich verzweigter Strauch. Dies ist dann Ausdruck des extremen Standorts, an dem sie eben doch noch überleben kann.

Genauso variabel wie ihr Habitus sind die ledrigen Blätter der Flaum-Eiche. Sie sind unregelmäßig und unterschiedlich tief gelappt, die Lappen meist abgerundet, gelegentlich auch spitz. Die Größe variiert standortspezifisch. Auf der Unterseite sind sie dicht graufilzig behaart, wie auch die jungen Triebe. Die Haare zeigen verschiedene Formen, einige sind vielzellig und haben 5 bis 7 Strahlen. Die Stomata der Blattunterseite sind fast vollständig von einer Schicht aus Wachsplättchen bedeckt. Die Blattoberseite ist dunkelgrün und glänzend. Die Blattnerven sind unterseits, bei besonders starren Blättern auch oberseits, deutlich hervortretend. Das ringporige Holz weist aufgrund des häufig eher langsamen Wachstums eine recht hohe Dichte auf. Das Wurzelsystem besteht aus einer tiefgehenden Pfahlwurzel und einem sehr intensiven Seitenwurzelsystem.
Quercus pubescens ist in ganz Süd-Europa verbreitet, vom Norden der iberischen Halbinsel bis zum mittleren Anatolien. Im Norden gibt es Reliktbestände in Südbaden und Thüringen. In Südeuropa wird sie zuweilen als dominierende Art des sommergrünen, submediterranen Trockenwaldes angegeben. Sie gedeiht aber unter sehr verschiedenen klimatischen und edaphischen Verhältnissen, mit und ohne Kalk, und passt sich selbst extremen ökologischen Bedingungen an. In Mitteleuropa ist sie frosthart und aufgrund der ausgeprägten Winterruhe nicht früh- oder spätfrostgefährdet. Sie gilt als salz-, hitze- und immissionstolerant. (BUSSOTTI 1998, SCHWARZ 1937)

Die Gemeine Robinie (*Robinia pseudoacacia* L.)

Die Robinie wurde im Jahr 2020 in Deutschland zum Baum des Jahres ausgerufen, obwohl sie nicht in Deutschland beheimatet ist (sie stammt aus den östlichen USA) und zuweilen sogar als invasiv gilt. Sie wird also geschätzt und verachtet zugleich. Wenn sie einmal etabliert ist, lässt sie sich ganz schwer wieder von einem Standort entfernen, da sie sich intensiv über Wurzelbrut verjüngt. Gerade das Wachstum solcher Schösslinge, aber auch von Jungpflanzen muss als rasant bezeichnet werden. Als Schmetterlingsblütler ist sie zudem in der Lage, mit Hilfe von symbiontischen Bakterien Luftstickstoff zu binden und macht sich so recht unabhängig von der Nährstoffversorgung des Standortes. Dies kann auch als einer ihrer Vorteile gesehen werden, da sie sehr wenige Standortansprüche stellt und mit der intensiven Durchwurzelung (Herzwurzelsystem bis maximal 8 m Tiefe) auch Standorte fixieren kann. Daher wird sie weltweit mit unterschiedlichen Zielen auf zumeist schwierigsten und belasteten Standorten eingesetzt. Zudem liefert sie ein sehr dauerhaftes und schweres Holz.

Die Robinie wächst zu einem bis 30 m hohen Baum mit lockerer Krone heran. Häufig ist der Stamm nicht besonders gerade, und auch die Starkäste zeigen einen eher knickigen, fast bizarren Wuchs. Die bis zu 30 cm langen Fiederblätter weisen bis zu 19 Blättchen auf, die sich im Herbst kaum verfärben. Bei Trockenstress werden diese aber nach oben zusammengefaltet, wodurch die Oberfläche verringert wird, die Sonnenstrahlen nicht mehr senkrecht auf sie treffen und sie daher nicht so stark erwärmt werden. Die Zweige sind mit charakteristischen, paarweisen Nebenblattdornen bewehrt. Auffällig ist auch die sehr dicke und tief gefurchte graubraune Netzborke. Die Robinie ist eine Pionierbaumart, die problemlos alle Formen von Standorten besiedelt, geringe Wasseransprüche hat, aber sehr schnell volles Licht benötigt. Sie ist auch salz- und immissionstolerant, vollkommen winterhart und wird schon länger als Stadt-Straßenbaum empfohlen. (Roloff 2013, Schütt 1994, Sternberg 2004)

Die Sibirische Ulme (*Ulmus pumila* L.)

Ein Zwerg (lat.: pumilio) ist diese Ulme nicht gerade: Sie kann sehr wohl Höhen bis zu 20 m erreichen. Auf Extremstandorten kann sie aber auch strauchförmig bleiben, so variabel ist sie. Generell gilt *Ulmus pumila* als raschwüchsig. Blätter und Seitentriebe sind wie bei anderen Ulmen auch ganz auffällig zweizeilig angeordnet. Die Wachstumsgeschwindigkeit der Sibirischen Ulme ist aber sehr standortabhängig.

(Foto: A. Petersen)

Die sehr derben Blätter sind elliptisch und deutlich zugespitzt, auf der Unterseite treten die Seitenadern sehr deutlich hervor. Mit 2 bis maximal 8 cm Länge sind sie kleiner als z. B. bei der nah verwandten heimischen Feld-Ulme (*Ulmus minor*). Die Basis ist, wenn überhaupt, nur sehr leicht asymmetrisch, was sie von den meisten anderen Ulmen unterscheidet. Der Blattrand ist einfach gesägt, mit wenigen, an der Basis auch fehlenden Zähnen. Charakteristisch ist ebenfalls die sehr grobe, tiefrissige Borke, die fast derjenigen der Robinie ähnelt. Sie entwickelt ein intensives Wurzelsystem, dessen Pfahlwurzel bis in 3 m Tiefe vordringen kann.

Die Sibirische Ulme hat ein riesiges Verbreitungsgebiet in China und Korea, der Mongolei, und in Ost-Sibirien sowie dem Fernen Osten Russlands. Es erstreckt sich über 60 Längengrade und 21 Breitengrade. Da die Art aus dem Ursprungsgebiet des Erregers stammt, ist sie daran angepasst und unempfindlich gegenüber der sogenannten Holländischen Ulmenkrankheit. Sie ist eine sehr dürreharte und anspruchslose Lichtbaumart, überlebt auch Extremtemperaturen von – 40 °C und + 40 °C. Sie gedeiht noch bei Jahresniederschlägen von 200 mm sowie bei einer relativen Luftfeuchte unter 50 %. Toleriert werden auch nahezu alle Böden, pH-Werte von 5 bis 9, hohe Salzgehalte und selbst trockene Dünenstandorte. Mit ihrer Lichtbedürftigkeit, schnellem Wachstum und früher Fruktifikation gilt sie als Pionierbaumart, die auch in der Lage ist, Ruderalstandorte in Städten zu besiedeln. Sie nutzt dabei Ritzen im Straßenpflaster oder Schotterbetten aufgelassener Gleise. (Höcker 2009, Huang 1999)

Literatur

AAS, G., 2000: Quercus petraea (Mattuschka) Lieblein, 1784. Enzyklopädie der Holzgewächse 20, 1–15

ALEXANDROV, A. H., 1995: Corylus colurna L., 1753. Enzyklopädie der Holzgewächse 1, 1–8

BARTHA, D., 1995: Tilia tomentosa Moench, 1785. Enzyklopädie der Holzgewächse 1, 1–7

BARTHA, D., 1996: Fraxinus ornus L., 1753. Enzyklopädie der Holzgewächse 4, 1–7

BARTHA, D., 1998: Quercus frainetto Ten., 1813. Enzyklopädie der Holzgewächse 11, 1–8

BEAN, W. J., 1973: Trees & Shrubs hardy in the British Isles. 8th ed. John Murray Publ. London

BORATYNSKY, A., 1996: Carpinus betulus L., 1753. Enzyklopädie der Holzgewächse 5, 1–12

BOTTACI, A.; SCHIFF, S., 1999: Acer monspessulanum L., 1753. Enzyklopädie der Holzgewächse 15, 1–6

BUSSOTTI, F., 1997: Quercus cerris L., 1753. Enzyklopädie der Holzgewächse 7, 1–10

BUSSOTTI, F., 1998: Quercus pubescens Willd., 1796. Enzyklopädie der Holzgewächse 12, 1–10

DIRR, M. A.; WARREN, K. S., 2019: The Tree Book. Superior selections for Landscapes, Streetscapes and Gardens. Timber Press, Portland, Oregon, USA

FARJON, A., 2005: A Monograph of Cupressaceae and Sciadopitys. Royal Botanic Garden Kew, Richmond, Surrey, UK

GALK, 2020: Straßenbaumliste. www.galk.de/arbeitskreise/stadtbaeume/themenuebersicht/strassenbaumliste [Zugriff 1.10.2020]

GROSSONI, P., 1997: Alnus cordata (Loisel.) Loisel., 1828. Enzyklopädie der Holzgewächse 8, 1–8

HÄBERLE, K.-H., 2011: Acer campestre L., 1753. Enzyklopädie der Holzgewächse 59, 1–12

HEIDECKE, C.; PIETZARKA, U.; ROLOFF, A., 2006: Sorbus intermedia (Ehrh.) Persoon., 1807. Enzyklopädie der Holzgewächse 43, 1–7

HÖCKER, R., 2009: Ulmus pumila L. – neu im Großraum Nürnberg/Fürth. RegnitzFlora 3, 44–49

HUANG, P., 1999: Ulmus pumila L., 1753. Enzyklopädie der Holzgewächse 15, 1–6

HUANG, P., 2001: Acer mono Maxim., 1857. Enzyklopädie der Holzgewächse 25, 1–5

JABLONSKI, E., 2011: Kultivierte Linden (Tilia L., Malvaceae Juss.) in Mitteleuropa. I Arten. Mitt. DDG 96, 33–56

KORZNIKOV, K. A., 2019: Climate Envelope Models of Kalopanax septemlobus and Phellodendron amurense var. sachalinense in the Insular Part of the Russian Far East. Biol. Bull. 46, 626–635

LE HARDY DE BEAULIEU, A., 2003: An illustrated guide to maples. Timber Press, Portland/ Oregon (USA)

LE HARDY DE BEAULIEU, A.; LAMANT, T., 2010: Guide Illustré des Chênes. 2eme ed. Edilens, Geer (BEL)

MACKENTHUN, G., 2011: Celtis occidentalis L., 1753. Enzyklopädie der Holzgewächse 59, 1–10

MACKENTHUN, G., 2016: Styphnolobium japonicum (L.) Schott, 1830. Enzyklopädie der Holzgewächse 68, 1–15
MAIER, J., 1994: Sorbus aria (Linné) Crantz. Enzyklopädie der Holzgewächse 1, 1–20
METZGER, F. T.: Eastern Hophornbeam. In: BURNS, R. M.; HONKALA, B. H., 1990: Silvics of North America. Vol. 2. Hardwoods. USDA, Forest Service, Agriculture Handbook 654
MINOTTA, G., 2000: Acer opalus Mill., 1768. Enzyklopädie der Holzgewächse 22, 1–6
PIGOTT, D., 2012: Lime-trees and Basswoods. A Biological Monograph of the Genus Tilia. Cambridge Univ. Press, Cambridge (UK)
PIRC, H. 1994: Ahorne. Ulmer, Stuttgart
ROLOFF, A., 2013: Bäume in der Stadt. Ulmer, Stuttgart
ROLOFF, A., 2017: Der Charakter unserer Bäume. Ulmer, Stuttgart
SCHELLER, H., 1972: Die Linden in Gärten und Parks des unteren Maingebietes. Mitt. DDG 65, 7–42
SCHMIDT, P. A.; HECKER, U., 2020: Die wildwachsenden und kultivierten Laub- und Nadelgehölze Mitteleuropas. Quelle & Meyer, Wiebelsheim
SCHÜTT, P., 1994: Robinia pseudoacacia L., 1753. Enzyklopädie der Holzgewächse 1, 1–16
STERNBERG, G., 2004: Native Trees for North American Landscapes. Timber Press, Portland/Oregon (USA)
SCHWARZ, O., 1937: Monographie der Eichen Europas und des Mittelmeergebietes. Repertorium specierum Sonderbeiheft, Berlin-Dahlem
VAN DEN BERK, J. (ED.), 2015: Van den Berk on Trees. Van den Berk nurseries, Geldern (NL)
VAN GELDEREN, D. M.; DE JONG, P. C.; OTERDOOM, H. J., 1994: Maples of the World. Timber Press, Portland/Oregon (USA)
VERTREES, J. D., 1993: Japanische Ahorne. Ulmer, Stuttgart
WILLIAMS, C. E., 2001: Nyssa sylvatica Marsh., 1785. Enzyklopädie der Holzgewächse 23, 1–8
ZHANG, S., 1994: Metasequoia glyptostroboides Hu et Cheng, 1948. Enzyklopädie der Holzgewächse 1, 1–16

14 Kleine Baumarten: Wo haben sie Vorteile und welche?

Andreas Roloff

Kleine Baumarten werden beim Thema Trockenstress interessant(er), da sie weniger Blattfläche zu versorgen haben, langsamer wachsen und in höherem Alter weniger Baumpflege und Verkehrssicherungs-Maßnahmen erfordern. Daher soll dieses Kapitel dazu Informationen liefern:

- Was macht kleinere Baumarten attraktiv und interessant?
- Welche weiteren Baumeigenschaften sind mit der geringeren Größe gekoppelt?
- Welche trockenheits-unempfindlichen Baumarten darunter sind besonders geeignet?

Mit klein sind hier Baumarten gemeint, die i. d. R. etwa 7–10 (–15) m hoch werden. Durch diese begrenzte Größe erfordern sie deutlich andere Umgangs- und Verwendungshinweise als große Baumarten wie viele Eichen- und Lindenarten, die im Alter regelmäßig 30 m und höher werden können (Abb. 14.1).

Abb. 14.1: Große Bäume (links: Platane) schaffen an vielen Stadt-Standorten große Probleme und verbrauchen mehr Wasser als kleinere Bäume (rechts: Hainbuche und Baum-Hasel)

Abb. 14.2: Attraktive kleine Baumart Gewöhnliche Traubenkirsche im Garten

Eine solche Fragstellung wie diese lässt sich hervorragend mit der Datenbank Citree lösen (www.citree.de), wo man mit Schiebereglern die gewünschte maximale Größe und z. B. als weitere Anforderungen Schattentoleranz und bestimmte ästhetische Eigenschaften noch mit angeben kann. Die dort genannten Baumartenvorschläge kann man dann durchchecken und ggf. spezielle weitere Baumeigenschaften, die als Hintergrund zu jeder Baumart hinterlegt sind, prüfen und bewerten.
Kleine Baumarten haben oft auch folgende Eigenschaften:

- langsameres Wachstum der Triebe,
- mäßiger Stammzuwachs,
- kleine bis mittelgroße Blätter,
- geringere Blattfläche,
- geringe Kronenbreite,
- geringere Wurzelausdehnung,
- ...

Kleine Baumarten haben zudem oft folgende Vorteile:

- weniger Pflegebedarf,
- Verwendung auch in kleinen (Vor-)Gärten und engen Straßensituationen möglich (Abb. 14.2),
- weniger Nachbarstreitigkeiten,
- Handhabung bei der Pflanzung einfacher,
- Mehrstämmigkeit und Stammdefekte oft ohne Auswirkungen auf die Verkehrssicherungspflicht,
- meist auch preiswerter,
- ...

Sie sind daher dort interessant, wo absehbar größere Gehölze in nicht allzu ferner Zukunft Probleme mit dem Lichtraumprofil von Straßen, der Verschattung von Fassaden/Fenstern, mit Oberleitungen, der Gartengröße oder Sichtachsen u.ä. haben bzw. machen werden. Um dem vorzubeugen, wählt man kleinere Baumarten, die dann natürlich auch weniger Pflege- und Verkehrssicherungs-Probleme verursachen (Abb. 14.3).
Nachteile/Probleme können sein:

- das Erreichen des Lichtraumprofils (Astfreiheit für Lkw-Höhe 4,5 m) an Straßen dauert länger,
- die Wirkungen sind begrenzter (Kühlung, Filterung, Beschattung, Sicht-/Lärmschutz etc.),
- die Dauer bis zum Erreichen eines Baumhabitus' ist länger,
- ...

Abb. 14.3: Perspektivisch nur ein Standort für kleine Baumarten: Dachgärten und Innenhöfe

Kleine Baumarten bis 10 m Höhe mit Trockenstress-Toleranz sind z. B. (nach Citree, KLAM, Flora der Gehölze):
(**fett**: KLAM-„Top Favorits"; in Klammern: Höhe bis 15 m; * in Favoritenauswahl für Stadt-Straßenbäume Kap. 13)

Laubbäume

• *(Acer buergerianum**	Dreizähniger Ahorn)
• ***(Acer campestre****	**Feld-Ahorn)**
• *Acer capillipes*	Roter Schlangenhaut-Ahorn
• *Acer griseum*	Zimt-Ahorn
• *Acer monspessulanum**	Burgen-Ahorn
• *(Acer opalus**	Schneeballblättriger Ahorn)
• *Acer pensylvanicum*	Amerikanischer Schlangenhaut-Ahorn

- *(Acer rubrum* Rot-Ahorn)
- *(Acer rufinerve* Rostnerviger Schlangenhaut-Ahorn)
- ***Acer tataricum*** **Tatarischer Steppen-Ahorn**
- *(Alnus cordata** Italienische Erle)
- ***(Alnus incana*** **Grau-Erle)**
- *(Alnus x spaethii* Spaeths Erle)
- *Amelanchier arborea* Schnee-Felsenbirne
- *(Betula albosinensis* Chinesische Birke)
- ***Buxus sempervirens*** **Gew. Buchsbaum**
- *Catalpa bungei* Bunges Trompetenbaum
- *(Celtis bungeana* Bunges Zürgelbaum)
- *Celtis glabrata* Kahler Zürgelbaum
- *(Cercidiphyllum japonicum* Japanischer Katsurabaum)
- *Cercis canadensis* Kanadischer Judasbaum
- *Cercis siliquastrum* Gew. Judasbaum
- ***Cornus mas*** **Gew. Kornelkirsche**
- *Crataegus azarolus* Azaroldorn
- *Crataegus crus-galli* Hahnensporn-Weißdorn
- *Crataegus monogyna* Eingriffliger Weißdorn
- ***Crataegus x lavallei*** **Apfeldorn**
- *Crataegus orientalis* Orientalischer Weißdorn
- ***Crataegus wattiana*** **Watts Weißdorn**
- *Diospyros lotus* Lotuspflaume
- *Elaeagnus angustifolia* Schmalblättrige Ölweide
- *(Fraxinus angustifolia* Schmalblättrige Esche)
- ***(Fraxinus holotricha*** **Behaarte Esche)**
- *Fraxinus ornus** Blumen-Esche
- *Fraxinus xanthoxyloides* Afghanische Esche
- *(Gleditsia sinensis* Chinesische Gleditschie)
- *(Idesia polycarpa* Orangenkirsche)
- *Ilex aquifolium* Gew. Stechpalme (Abb. 14.4)
- *Koelreuteria paniculata** Rispiger Blasenbaum
- *(Maackia amurensis** Asiatische Maackie)
- *Maclura pomifera* Osagedorn
- *Magnolia kobus* Kobushi-Magnolie
- *Magnolia sieboldii* Siebolds Magnolie
- *Magnolia x soulangiana* Tulpen-Magnolie
- *Malus domestica* Kultur-Apfel (meist Sorten)
- *Malus floribunda* Vielblütiger Apfel
- *Malus sylvestris* Holz-Apfel
- *Malus tschoniskii* Woll-Apfel
- *(Morus alba* Weißer Maulbeerbaum)
- *(Morus nigra* Schwarzer Maulbeerbaum)

- *Nothofagus antarctica* Südbuche
- ***(Ostrya carpinifolia*** **Gew. Hopfenbuche)**
- *(Paulownia tomentosa* Chinesischer Blauglockenbaum)
- *(Phellodendron amurense* Amur-Korkbaum)
- ***(Phellodendron sachalinense**** **Sachalin-Korkbaum)**
- *Pistacia sinensis* Chinesische Pistazie
- *Prunus armeniaca* Kultur-Aprikose
- *(Prunus avium* Vogel-Kirsche)
- *Prunus cerasifera* Kirsch-Pflaume
- ***Prunus mahaleb*** **Stein-Weichsel**
- *Prunus padus* Gew. Traubenkirsche
- *Prunus sargentii* Sachalin-Kirsche
- *Prunus serrula* Mahagoni-Kirsche
- *Prunus x yedoensis* Yoshino-Kirsche
- *Pterostyrax hispida* Borstiger Flügelstorax
- *Pyrus calleryana* Chinesische Birne
- *Pyrus pyraster* Wild-Birne
- *Pyrus regelii* Regels Birne
- *Pyrus salicifolia* Weidenblättrige Birne
- *Quercus libani* Libanon-Eiche
- *Quercus pontica* Pontische Eiche
- ***Rhamnus cathartica*** **Echter Kreuzdorn**
- ***Robinia luxurians*** Üppige Robinie
- ***Robinia viscosa*** **Klebrige Robinie**
- *Salix caprea* Sal-Weide
- *(Salix matsudana* Peking-Weide)
- *Salix pentandra* Lorbeer-Weide
- *(Sassafras albidum* Seidiger Fenchelholzbaum)
- ***Sorbus aria**** **Echte Mehlbeere**
- ***(Sorbus badensis*** **Badische Mehlbeere)**
- *Sorbus decora* Labrador-Eberesche
- ***Sorbus folgneri*** **Chinesische Mehlbeere**
- *Sorbus intermedia** Schwedische Mehlbeere
- *(Sorbus latifolia* Breitblättrige Mehlbeere)
- ***Sorbus x thuringiaca*** **Thüringer Mehlbeere**
- *Sorbus vilmorinii* Vilmorins Eberesche
- *Styrax obassia* Obassia-Storaxbaum
- *Tetradium daniellii* Samthaarige Duftesche
- *(Tilia henryana* Henrys Linde)
- *(Tilia mongolica** Mongolische Linde)
- ***(Ulmus pumila**** **Sibirische Ulme)**

Abb. 14.4: Attraktive kleine immergrüne Beispiels-Baumart Stechpalme

Nadelbäume

- *(Abies koreana* Koreanische Tanne)
- *(Juniperus chinensis* Chinesischer Wacholder)
- ***Juniperus communis*** **Gew. Wacholder**
- *Juniperus oxyedrus* Baum-Wacholder
- *Juniperus rigida* Tempel-Wacholder
- ***(Juniperus scopulorum*** **Felsengebirgs-Wacholder)**
- ***Pinus aristata*** **Grannen-Kiefer**
- *(Pinus uncinata* Berg-Spirke)
- *(Platycladus orientalis* Orientlebensbaum)

Von größeren Baumarten können auch einzelne Sorten deutlich kleinwüchsiger sein. Auf trockenen Standorten verlangsamt sich zudem das Wachstum fast immer, und auch sonst größere Bäume bleiben dort kleiner.
Natürlich werden manche sagen: „Das sind doch keine richtigen Bäume!" Aber dies ist eigentlich nicht das Problem, denn viele kleine Baumarten können regelmäßig einen 1–3 m astfreien Stamm aufweisen, das wichtigste Baumkriterium zur Abgrenzung gegen-

Abb. 14.5: Attraktiver Obstbaum Süß-Kirsche mit Blüten in Augenhöhe und Erreichbarkeit der Früchte

über Sträuchern. Es ist aber auch ein bisschen Geschmackssache. Auf alle Fälle müssten die derzeit viel zu häufigen Probleme mit zu groß werdenden Bäumen nicht sein (die dann eingekürzt, gekappt und verstümmelt werden), wenn man sich vorher mehr Gedanken bei der Pflanz-Planung darüber macht. Ein Eukalyptus mit Endhöhen von 50 bis 100 m, noch dazu bei schnellem Wachstum (bis zu 3 m Höhenzuwachs pro Jahr) lässt sich nur mit unbeschreiblichem Aufwand kleinhalten, selbst wenn es einige Baumpflege-Spezialisten trotzdem hinbekommen.

Dass kleinere Gehölze auch flachere Wurzeln haben müssen, ist so pauschal nicht zutreffend, denn wir haben z. B. Wurzeln der Kriech-Weide *Salix repens* in 7 m Tiefe in Drainage-Rohren gefunden. Und Fichten wurzeln bekanntlich oft relativ flach, obwohl sie groß werden. Pfahlwurzler sind auch nicht automatisch die größten Bäume.

Kleine Bäume können attraktiv aussehen, denn z. B. die meisten Rosenfamilien- und Obstgewächse bleiben klein, sodass man die Blüten und Früchte bis ins hohe Alter gut sieht und (zum Naschen) erreichen kann (Abb. 14.5). Und ihr größter Vorteil ist sicher, dass viele dieser Baumarten mit Trockenstress und praller Sonne zumindest ziemlich gut klarkommen, etliche sogar sehr gut.

Literatur

Bruns, J.-G., 2019: Pflanzen – Sortimentskatalog. Fromm, Osnabrück

Citree 2020: Planungsdatenbank für urbane Gehölze. Professur für Forstbotanik, TU Dresden. www.citree.de [Zugriff 1.10.2020]

Gaida, W.; Grothe, H., 2000: Gehölze – Handbuch für Planung und Ausführung. Patzer, Berlin, Hannover

GALK 2020: Straßenbaumliste. www.galk.de [Zugriff 10.10.2020]

Krüssmann, G., 1970: Taschenbuch der Gehölzverwendung. Parey, Berlin, Hamburg

Pirc, H., 2009: Kleine Bäume für kleine Gärten. AV Buch, Wien

Roloff, A.; Bärtels, A., 2018: Flora der Gehölze – Bestimmung, Eigenschaften, Verwendung. 5. Aufl. Ulmer, Stuttgart

Sommer, N., 2007: Gehölzsortimente und ihre Verwendung. BdB-Handbuch V. AV-Buch, Wien

Van den Berk, Gebr., 2015: Über Bäume. 2. Aufl. Lecturis B.V./NL

von Ehren, L., 2005: Handbuch Wir lieben Bäume. Acrobat, Hamburg

von Ehren, L.; Abicht, K., 2019: Gehölze² – 180 Bäume und Sträucher für die Gartengestaltung. Ulmer, Stuttgart

Warda, H.-D., 2001: Das große Buch der Garten- und Landschaftsgehölze. 2. Aufl. Prull, Oldenburg

15 Und was ist bei zuviel Wasser?

Andreas Roloff

15.1 Einführung

Sicher wundert sich nun manche'r über dieses Thema in einem Buch über Trockenstress, und es spielt auch als Kriterium der Baumverwendung und Artensuche bisher kaum eine Rolle. Aber interessanterweise ist es durchaus bedeutsam mit Trockenstress verknüpft, denn sowohl der Klimawandel als auch zu tiefe Pflanzung, Bodenüberfahrung und viele Baumaßnahmen führen zu mehr von beidem: Vernässung im Boden wird durch Verdichtung (Abb. 15.1), Störkörper im Boden, Starkniederschläge und vor allem warme Winter verstärkt zu erheblichen Problemen für viele Bäume führen. Dabei gibt es nur verhältnismäßig wenige Baumarten, die damit keine Schwierigkeiten haben. Insofern ist davon auszugehen, dass dieses Kriterium sehr an Bedeutung gewinnen wird und soll hier abschließend mit einbezogen werden.

Hilfestellung bietet das Vorkommen in Auenwäldern: Denn Baumarten, die dort wachsen, müssen sowohl mit Überflutung als auch mit extremer Trockenheit zurechtkommen, da Auen durchaus regelmäßig extrem austrocknen bei Niedrigwasser. So ist es nicht verwunderlich, aber wenig bekannt, dass z. B. Schwarz-Pappel und Silber-Weide sehr trockenheitstolerant sind und sogar in Asphaltritzen aufwachsen können (Abb.15.2).

Abb. 15.1: Vernässungsursache Befahrung mit schweren Fahrzeugen: Bodenschäden für Jahrzehnte

Abb. 15.2: Schwarz-Pappel in Pflasterfuge im hochversiegelten Straßenbereich

15.2 Physiologische Folgen

Vernässung führt zu Sauerstoffmangel im Wurzelraum, wodurch der Gastaustausch der Wurzeln behindert wird. Bei zu langer Dauer führt dies zum Absterben von Wurzeln nach 1–2 Wochen bei empfindlichen Arten (wie Buche und Fichte), nach 1–3 Monaten bei toleranten Arten (wie Eichen, Eschen, Ulmen) oder sogar nie bei den wenigen fast vollkommen unempfindlichen Arten (wie Erle und Weide, Abb. 15.4).

Für Atmungsvorgänge wird Sauerstoff benötigt. Dieser muss zu den Wurzeln aus der Luft über die Bodenporen nachgeliefert werden, bei der Atmung entstehendes Kohlendioxid muss entsprechend abgeführt werden. Daher kommt der Luftdurchlässigkeit des obersten Bodenhorizontes die entscheidende Bedeutung zu: Die Gasdurchlässigkeit dieser Grenzschicht steuert den Gasaustausch des gesamten Wurzelraumes. Stören Bodenverdichtung oder Versiegelung den Gasaustausch zwischen Atmosphäre und Wurzeln, dann ist die Versorgung der Feinwurzeln mit Sauerstoff nicht mehr gewährleistet. In zeitweise oder dauerhaft wassergesättigten und auch in stark verdichteten Böden ist dies ein größeres Problem (Rust 2019).

Die Folge sind dann Belüftungsstörungen, verringerte Durchwurzelung und Vitalitätsverluste, die bis zum Absterben ganzer Kronenteile führen können. Bei Sauerstoffmangel stellen Bäume von Atmungs- auf Gärungsstoffwechsel um, der einen erhöhten Stoffdurchsatz benötigt, wobei Reservestoffe rascher verbraucht und giftige Endprodukte wie Methan und Milchsäure angereichert werden. Hohe CO_2-Konzentrationen im Boden führen so bei Bäumen zu einer Abnahme der Wurzelatmung und beeinträchtigen damit die Leistungsfähigkeit der Feinwurzeln, bis sie schließlich absterben. Die Grob- und Starkwurzeln verfaulen, und damit wird die Standsicherheit der Bäume kritisch (Abb. 15.3).

Abb. 15.3: Verfaulte Wurzeln einer alten Stiel-Eiche nach längerem Grundwasseranstieg auf 60 cm unter Flur

In der Folge können die Wurzeln die Krone nicht mehr ausreichend mit Wasser und Nährstoffen versorgen, Äste „vertrocknen" regelrecht und sterben ab. Wahrscheinlich ist ein großer Teil der Aufwendungen für Baumpflegemaßnahmen auf Belüftungsengpässe im Wurzelraum zurückzuführen, dies wird in der Praxis allerdings nur selten als Ursache solcher Schäden erkannt und behoben (Rust 2019).

Der häufigste Pflanzfehler zu tiefe Pflanzung (Abb. 10.9) führt ebenfalls zu Vernässungsproblemen, da sich Wasser um den Stamm ansammelt. Dies ist in Trockenzeiten natürlich sogar erwünscht, aber nasse, warme Winterphasen werden das Problem erheblich verstärken.

Vernässung führt zudem zur Verschlämmung des Bodens, da die Bodenstruktur gestört und wichtige Poren verstopft werden, vor allem bei höheren Schluffanteil (Benk et al. 2020).

15.3 Unempfindliche(re) Baumarten

Tolerante Baumarten (nach BRUNS 2020, CITREE 2020, KRÜSSMANN 1970, KIERMEIER 1991 und eigenen Erfahrungen/Erhebungen):
(**fett:** vollkommen unempfindliche Arten, in Klammern: eingeschränkte Toleranz)

- *Acer (macrophyllum, A.) negundo, A. platanoides, A. rubrum, A. saccharinum*
- *(Aesculus turbinata. A. glabra)*
- ***Alnus glutinosa,** A. hirsuta, A. incana, A. japonica, A. rubra, A. subcordata*
- *(Amelanchier arborea)*
- *Betula pendula, **B. pubescens***
- *Carpinus betulus*
- *Carya cordiformis*
- *Catalpa bignonioides, C. bungei*
- *Celtis laevigata*
- *Chamaecyparis thyoides*
- *Fraxinus excelsior, F. mandshurica, F. nigra, F. pennsylvanica, F. tomentosa*
- *Larix laricina*
- *(Liquidambar styraciflua)*
- *(Liriodendron tulipifera)*
- *(Malus domestica)*
- *Metasequoia glyptostroboides*
- *(Nyssa sylvatica)*
- *Picea mariana, P. sitchensis*
- *Pinus (strobus, P.) sylvestris*
- *Platanus x acerifolia*
- *Populus alba, P. balsamifera, P. canadensis, P. x canescens, P. laurifolia, P. maximowiczii, P. nigra, P. tremula, P. trichocarpa*
- *Prunus padus*
- *Pterocarya fraxinifolia, P. rhoifolia*
- *Quercus acutissima, Qu. bicolor, (Qu. castaneifolia, Qu. imbricaria,) Qu. michauxii, (Qu. phellos,) **Qu. palustris,** Qu. robur (, Qu. x schochiana)*
- ***Salix alba*** (Abb. 15.4), *S. babylonica, S. caprea, S. daphnoides, **S. fragilis,** S. nigra, **S. x rubens***
- ***Taxodium distichum***
- *Taxus canadensis*
- ***Thuja occidentalis** (, T.plicata)*
- *Ulmus glabra, U. x hollandica, U. laevis, U. minor*

15.4 Schlussfolgerung

Es dürfte damit deutlich geworden sein, dass das Thema „zuviel Wasser“ zunehmend mit Trockenstress-Situationen verknüpft ist und daher gemeinsam behandelt und beachtet werden sollte. Nur dann ist man auf der sicheren Seite bei Veränderungen der Wasserversorgungssituation von Bäumen. Es ist mehr als bisher auf Bodenverdichtung z. B. durch Baumaßnahmen zu achten (Abb. 15.5).

Abb. 15.4: Eine der staunässe-tolerantesten Baumarten: Silber-Weide

Literatur

BENK, J.A.; ARTMANN, S.; KUTSCHEIDT, J.; MÜLLER-INCKMANN, M.; STRECKENBAH, M.; WELTECKE, K., 2020: Praxishandbuch Wurzelraumansprache. Arbeitskreis Baum im Boden, Möhnesee

BRUNS, J.-G., 2019: Pflanzen – Sortimentskatalog. Fromm, Osnabrück

CITREE 2020: Planungsdatenbank für urbane Gehölze. Professur für Forstbotanik, TU Dresden. www.citree.de [Zugriff 1.10.2020]

KIERMEIER, P., 1991: Die Lebensbereiche der Gehölze. 2. Aufl. BdB, Pinneberg

KRÜSSMANN, G., 1970: Taschenbuch der Gehölzverwendung. Parey, Berlin, Hamburg

RUST, S., 2019: Stress bei Bäumen. In A. ROLOFF (Hrsg.): Baumpflege. 3. Aufl. Ulmer, Stuttgart, 76–85

Abb. 15.5: Bodenverdichtung durch Baumaßnahmen mit der Folge des Absterbens einer Blüten-Kirsche 10 Jahre nach der Maßnahme

16 Resümee: Was folgt aus all dem?

Andreas Roloff

Bei der Diskussion über Trockenstress-Reaktionen und -Anpassungen von Bäumen ist zu beachten, dass insbesondere Stadtbäume ihre Funktionen nicht mehr (vollständig) erfüllen können, wenn die Blätter

- ihre Spaltöffnungen geschlossen haben und demzufolge auch keine Verdunstung (Kühlung) mehr stattfindet, z. B. weil kein Wasser aus dem Boden mehr verfügbar ist;
- Schäden aufweisen oder nur kleine Blätter und kurze Triebe entwickelt werden;
- abgeworfen werden und somit keine Beschattung mehr erfolgen kann.

Wir müssen damit umgehen lernen, dass es DEN Trockenstress nicht gibt und demzufolge auch nicht DIE an Trockenstress angepasste(n) Baumart(en) geben kann. Dies ist auch die Erklärung dafür, dass bei jedem neu auftretenden Trockenstress in Zukunft immer wieder neue Überraschungen in der Baumartenreaktion eintreten können und werden. Man kann nur versuchen, sich auf die am jeweiligen Pflanzort entscheidenden Auswahlkriterien zu begrenzen, sonst bleibt am Ende irgendwann womöglich gar keine Baumart mehr übrig. So erklären sich auch die interessanten, aber durchaus z. T. nicht übereinstimmenden Ergebnisse/Erfahrungen z. B. aus GALK-Liste und Stadtgrün 2021, wie auch im Vergleich von diesen zur KLAM (Roloff et al. 2008, 2013, vgl. Kap. 12) und Citree (2020). Jedoch: umso häufiger sich bestimmte Baumarten in vielen verschiedenen

Abb. 16.1: Allee/Baumreihe mit mehr als 5 Baumarten und vielfältiger Herbstfärbung

Abb. 16.2: Blätter aus der besonnten Oberkrone einer fast 1000-jährigen Stiel-Eiche mit stark veränderter Blattform und unterseitiger Behaarung

Untersuchungen, Erhebungen und Experimenten positiv bewähren, desto mehr erhält man eine zunehmende Absicherung, wie es z. B. bei Zerr-Eiche, beim Schnurbaum und beim Ginkgo der Fall ist.

Eine (nicht neue) Grundkonsequenz aus allem in diesem Handbuch Behandelten ist, möglichst viele verschiedene solcher bestgeeigneten Baumarten zu pflanzen – dann werden sich davon immer etliche vor Ort bewähren (Krabel 2017, 2018). Dies spricht auch deutlich für zukünftige Mehrarten-Alleen mit 4–5 Baumarten (Abb. 16.1) – ein spannendes Thema, das gerade neu bearbeitet wird. Dafür wird man die Sicht auf Alleen modifizieren müssen: nicht mehr einheitliches Aussehen „aus einem Guss" hat höchste Priorität, sondern ein möglichst gut harmonierendes Wachstum der beteiligten Arten mit unterschiedlichen Ansprüchen und Wirkungen. Es kann, unvoreingenommen betrachtet, durchaus spannend werden, wenn Alleen vielfältiger aussehen: mit in mehreren Zeitabschnitten verschieden blühenden Baumarten, oder unterschiedlichen Herbstfarben und Verfärbungsperioden. Dann sehen Alleen in 50 Jahren vielleicht ganz anders aus als